Datenbasierte hybride Analyse und Gestaltung von Geschäftsprozessen

Databased Hybrid Analysis and Design of Business Processes

Von der Fakultät für Maschinenwesen
der Rheinisch-Westfälischen Technischen Hochschule Aachen
zur Erlangung des akademischen Grades eines
Doktors der Ingenieurwissenschaften
genehmigte Dissertation

vorgelegt von

Marco Schopen

Berichter/in:

Univ.-Prof. Dr.-Ing. Dipl.-Wirt. Ing. Günther Schuh
apl. Prof. Dr.-Ing. Wolfgang Boos

Tag der mündlichen Prüfung: 27. November 2023

ERGEBNISSE AUS DER PRODUKTIONSTECHNIK

Marco Schopen

Datenbasierte hybride Analyse und Gestaltung von Geschäftsprozessen

Herausgeber:
Prof. Dr.-Ing. T. Bergs
Prof. Dr.-Ing. Dipl.-Wirt. Ing. G. Schuh
Prof. Dr.-Ing. C. Brecher
Prof. Dr.-Ing. R. H. Schmitt

Band 15/2024

Bibliografische Information der Deutschen Nationalbibliothek
Die Deutsche Nationalbibliothek verzeichnet diese Publikation in der Deutschen Nationalbibliografie; detaillierte bibliografische Daten sind im Internet über https://portal.dnb.de abrufbar.

Marco Schopen:

Datenbasierte hybride Analyse und Gestaltung von Geschäftsprozessen

1. Auflage, 2024

Gedruckt auf holz- und säurefreiem Papier, 100% chlorfrei gebleicht.

Wissenschaftsverlag des Instituts für Industriekommunikation und Fachmedien
an der RWTH Aachen
Steinbachstr. 25, 52074 Aachen
Internet: www.apprimus-verlag.de, E-Mail: info@apprimus-verlag.de

Druck: CPI Druckdienstleistungen GmbH, Ferdinand-Jühlke-Straße 7 I 99095 Erfurt

ISBN 978-3-98555-217-7

D 82 (Diss. RWTH Aachen University, 2023)

Vorwort

Diese Dissertationsschrift entstand während meiner Zeit als wissenschaftlicher Mitarbeiter und Gruppenleiter am Werkzeugmaschinenlabor WZL der RWTH Aachen. Ich danke meinem Doktorvater Professor Günther Schuh für dieses Umfeld, in dem ich mich als Berater, Forscher, Dozent und Gruppenleiter fachlich und persönlich unheimlich weiterentwickeln konnte. Ich danke Professor Wolfgang Boos für die Übernahme des Koreferats, Professor Ronald Gebhardt für die Übernahme des Prüfungsvorsitzes und Professor Reinhold Kneer für die Übernahme des Beisitzes.

Meine Kolleginnen und Kollegen der Abteilung Produktionsmanagement haben diese Zeit zu einem besonderen Kapitel in meinem Leben gemacht, geprägt von harter Arbeit, steilen Lernkurven und tollen Freundschaften. Neben vielen Dienstreisen sind mir die Dissertationswochenenden, Konferenzreisen, Segelfahrten und zahlreiche Feierabendveranstaltungen in bester Erinnerung. Für einen großartigen Zusammenhalt möchte ich mich bei der Gruppe Prozessmanagement – insbesondere Marco, Sven, Yuan, Seth, Shari, Henning, Annie und Tim bedanken. Meinen Hiwis Dino, Lars, Christian, Alexander, Simon, Tina und Ole danke ich für die tatkräftige Unterstützung, die der Motor für das „Team scp“ in vielen Industrieprojekten, Veröffentlichungen und Sonderaufgaben war. Meinen Abschlussarbeitenden Florian, Efe, Alexander und Carolin danke ich für ihren wissenschaftlichen Fleiß und ihr Durchhaltevermögen in den inhaltlichen Diskussionen mit mir. Mein größter Dank gilt Seth, der meine Promotion von der ersten Idee bis zum Promotionsvortrag als Kollege, Gruppenleiter und Oberingenieur begleitet hat. Danke für deine Ideen, deinen Rat und deine kritischen Prüfungen, die mich ebenso gefordert wie gefördert haben!

In den Zeiten der Entbehrung und Belastung habe ich in meiner Familie, vor allem meiner Mutter Elke und meinem Bruder Holger, sowie meinem Trainer Manni Rückhalt gefunden. Eure Grundhaltung, mir keine Erwartungshaltung aufzuerlegen, gab und gibt mir die Freiheit mich selber zu verwirklichen. Euch widme ich diese Arbeit!

Köln, im April 2024

Marco Schopen

Inhaltsübersicht

Inhaltsverzeichnis V

Abbildungsverzeichnis XI

Tabellenverzeichnis XV

Formelverzeichnis XVII

Formelzeichenverzeichnis XIX

Abkürzungsverzeichnis XXIX

Zusammenfassung XXXI

Summary XXXIII

1 Einleitung 1

1.1 Ausgangssituation und Problemhintergrund 1
1.2 Zielsetzung der Arbeit und Konzeption der Forschungsfrage 4
1.3 Forschungsmethodischer Rahmen 6
1.4 Aufbau der Arbeit 9

2 Grundlagen und Herausforderungen des Betrachtungs- und Gestaltungsbereichs 11

2.1 Grundlagen der Geschäftsprozesse 11
2.2 Grundlagen der Geschäftsprozessverbesserung 18
2.3 Vorgehen der Prozessanalyse und -gestaltung 28
2.4 Herausforderungen in der Praxis 46
2.5 Zwischenfazit: Handlungsbedarf aus der Praxis 55

3 Bestehende Ansätze ... 57

3.1 Anforderung an bestehende Ansätze ... 57

3.2 Vorstellung und Bewertung ausgewählter Ansätze ... 61

3.3 Diskussion der Defizite bestehender Ansätze ... 80

3.4 Zwischenfazit: Forschungsdefizit und Handlungsbedarf ... 85

4 Konzeption der Methodik ... 87

4.1 Anforderungen an die Methodik ... 87

4.2 Kernidee der Arbeit ... 90

4.3 Grobkonzept zur datenbasierten hybriden Analyse und Gestaltung von Geschäftsprozessen ... 93

4.4 Zwischenfazit: Adressieren der Anforderungen durch das Grobkonzept ... 104

5 Detaillierung der Methodik ... 107

5.1 Modelle zur Identifizierung und Quantifizierung von Schwachstellen ... 108

5.2 Modelle zur Ableitung und Quantifizierung von Maßnahmen ... 135

5.3 Entscheidungsunterstützung für die Prozessanalyse und -gestaltung ... 146

5.4 Hybride Vorgehensweise zur Prozessanalyse und -gestaltung ... 172

5.5 Zwischenfazit: Detailkonzept zur datenbasierten hybriden Analyse und Gestaltung von Geschäftsprozessen ... 188

6 Anwendung und kritische Reflexion ... 191

6.1 Prototypische Anwendung der Methodik in der Praxis ... 191

6.2 Anwendung der Methodik am Fallbeispiel der Maschinenbau GmbH ... 204

6.3 Anwendung der Methodik am Fallbeispiel der Fahrzeug GmbH ... 213

6.4 Kritische Reflexion der Methodik ... 220

7 Zusammenfassung und Ausblick ... 225

8 Literaturverzeichnis ... 231

9 Anhang ... 251

9.1 Ergänzende Erläuterungen Prozessschwachstellen ... 251

9.2 Ergänzende Quantifizierungsannahmen Prozessschwachstellen ... 251

9.3 Quantifizierungsschemata für Prozessschwachstellen ... 252

9.4 Quantifizierung Parallelisierungspotenzial ... 253

9.5 Quantifizierung OPE-relevanter Kennzahlen und Zeiten 254
9.6 Ergänzende Erläuterung OPE-Potenzial Beschleunigung 257

Inhaltsverzeichnis

Inhaltsverzeichnis V

Abbildungsverzeichnis XI

Tabellenverzeichnis XV

Formelverzeichnis XVII

Formelzeichenverzeichnis XIX

Abkürzungsverzeichnis XXIX

Zusammenfassung XXXI

Summary XXXIII

1 Einleitung 1

1.1 Ausgangssituation und Problemhintergrund 1

1.2 Zielsetzung der Arbeit und Konzeption der Forschungsfrage 4

1.3 Forschungsmethodischer Rahmen 6

1.4 Aufbau der Arbeit 9

2 Grundlagen und Herausforderungen des Betrachtungs- und Gestaltungsbereichs 11

2.1 Grundlagen der Geschäftsprozesse 11

2.1.1 Terminologische Grundlagen der Geschäftsprozesse 11

2.1.2 Leistung von Geschäftsprozessen 14

2.2 Grundlagen der Geschäftsprozessverbesserung 18

2.2.1 Terminologische Grundlagen der Geschäftsprozessverbesserung 18

2.2.1.1 Klassifikation von Geschäftsprozessverbesserungen 19

2.2.1.2 Vorgehen zur Geschäftsprozessverbesserung 20
2.2.2 Methoden der Prozessaufnahme 22
2.2.2.1 Konventionelle Methoden der Prozessaufnahme 23
2.2.2.2 Datenbasierte Prozessaufnahme 25
2.3 Vorgehen der Prozessanalyse und -gestaltung 28
2.3.1 Prozessanalyse 28
2.3.1.1 Methoden der Prozessanalyse 29
2.3.1.2 Vorgehen der Prozessanalyse 31
2.3.1.3 Prozessschwachstellentypen in der Prozessanalyse 33
2.3.2 Prozessgestaltung 36
2.3.2.1 Methoden der Prozessgestaltung 38
2.3.2.2 Vorgehen der Prozessgestaltung 42
2.3.2.3 Maßnahmentypen der Prozessgestaltung 43
2.4 Herausforderungen in der Praxis 46
2.4.1 Defizitäres Methodenwissen zur Prozessanalyse und -gestaltung .. 47
2.4.2 Subjektive und aufwändige Prozessanalyse und -gestaltung 48
2.4.3 Mangelnde Quantifizierung der Geschäftsprozessleistung 50
2.4.4 Fehlende Integration von Kontextwissen 52
2.4.5 Fehlende Praxisrelevanz datenbasierter Methoden 54
2.5 Zwischenfazit: Handlungsbedarf aus der Praxis 55

3 Bestehende Ansätze 57

3.1 Anforderung an bestehende Ansätze 57
3.1.1 Wissensbezogene Anforderungen 57
3.1.2 Methodische Anforderungen 58
3.1.3 Anwendungsorientierte Anforderungen 59
3.2 Vorstellung und Bewertung ausgewählter Ansätze 61
3.2.1 Ansätze zur effizienten Prozessschwachstellenidentifizierung 61
3.2.1.1 Ansatz nach OUTMAZGIN&SOFFER (2015) 61
3.2.1.2 Ansatz nach BERGENER ET AL. (2015) 62
3.2.1.3 Ansatz nach RITTMEIER ET AL. (2019) 64
3.2.1.4 Ansatz nach GROSS ET AL. (2020) 65
3.2.2 Ansätze zur objektiven Maßnahmenableitung 66
3.2.2.1 Ansatz nach REIJERS&LIMAM MANSAR (2005) 66
3.2.2.2 Ansatz nach FALK ET AL. (2013)+(2017) 67

3.2.2.3 Ansatz nach NIEDERMANN (2015) ... 69
3.2.2.4 Ansatz nach CHERNI ET AL. (2019) ... 70
3.2.2.5 Ansatz nach KUMAR&LIU (2020) ... 72
3.2.3 Ansätze zur Quantifizierung der Geschäftsprozessleistung ... 73
3.2.3.1 Ansatz nach CHO ET AL. (2017) ... 73
3.2.3.2 Ansatz nach VAN DEN INGH ET AL. (2021) ... 74
3.2.3.3 Ansatz nach AGUIRRE ET AL. (2013) ... 75
3.2.3.4 Ansatz nach JANSEN-VULLERS ET AL. (2013) ... 76
3.2.3.5 Ansatz nach MANDERSCHEID ET AL. (2017) ... 77
3.2.4 Ansätze zur Integration von Kontextwissen ... 78
3.2.4.1 Ansatz nach SCHUH ET AL. (2011) ... 78
3.2.4.2 Ansatz nach FRONT ET AL. (2017) ... 80
3.3 Diskussion der Defizite bestehender Ansätze ... 80
3.3.1 Zusammenfassung wissensbezogener Defizite ... 82
3.3.2 Zusammenfassung methodischer Defizite ... 82
3.3.3 Zusammenfassung anwendungsorientierter Defizite ... 84
3.4 Zwischenfazit: Forschungsdefizit und Handlungsbedarf ... 85

4 Konzeption der Methodik ... 87
4.1 Anforderungen an die Methodik ... 87
4.1.1 Inhaltliche Anforderungen ... 87
4.1.2 Formale Anforderungen ... 90
4.2 Kernidee der Arbeit ... 90
4.3 Grobkonzept zur datenbasierten hybriden Analyse und Gestaltung von Geschäftsprozessen ... 93
4.3.1 Formalisierung der Prozessanalyse zur Identifizierung und Quantifizierung von Prozessschwachstellen ... 97
4.3.2 Formalisierung der Prozessgestaltung zur Ableitung und Quantifizierung von Maßnahmen ... 99
4.3.3 Datenbasierte Entscheidungsunterstützung für die Prozessanalyse und -gestaltung ... 100
4.3.4 Hybride Vorgehensweise zur Prozessanalyse und -gestaltung ... 102
4.4 Zwischenfazit: Adressieren der Anforderungen durch das Grobkonzept ... 104

5 Detaillierung der Methodik ... 107

5.1 Modelle zur Identifizierung und Quantifizierung von Schwachstellen ... 108

5.1.1 Ableitung der Datenbedarfe ... 109

5.1.1.1 Ableitung der Informationsbedarfe für die Prozessschwachstellentypen ... 111

5.1.1.2 Ableitung der Datenbedarfe aus den Informationsbedarfen 113

5.1.1.3 Konsolidierung der Datenbedarfe zu Eventlog-Anforderungen ... 115

5.1.2 Formalisierung der Prozessschwachstellenmodelle ... 116

5.1.2.1 Identifizierungsregeln als regelbasierte Beschreibung ... 116

5.1.2.2 Funktionsanforderungen zur Modellausführung ... 122

5.1.2.3 Ausgabeform identifizierter Prozessschwachstellen ... 125

5.1.2.4 Prozessschwachstellenmodelle ... 126

5.1.3 Quantifizierung der Prozessschwachstellenauswirkung ... 128

5.1.3.1 Prozesszeitmodell ... 128

5.1.3.2 Annahmen der Leistungsquantifizierung ... 129

5.1.3.3 Mathematische Formulierung der Auswirkungen ... 131

5.2 Modelle zur Ableitung und Quantifizierung von Maßnahmen ... 135

5.2.1 Zuordnung von Maßnahmen zu Prozessschwachstellentypen ... 135

5.2.2 Quantifizierung von Maßnahmenpotenzialen ... 139

5.3 Entscheidungsunterstützung für die Prozessanalyse und -gestaltung ... 146

5.3.1 Entwicklung einer Geschäftsprozessleistungskennzahl OPE ... 148

5.3.1.1 Grundlogik der Zeiteffizienz ... 148

5.3.1.2 Adaption der OEE zur OPE ... 150

5.3.2 Entwicklung eines Kalkulationsmodells für die OPE ... 153

5.3.2.1 OPE-Kalkulation auf Ebene der Prozessinstanz ... 154

5.3.2.2 OPE-Kalkulation auf Ebene des Prozessmodells ... 159

5.3.3 Aufbau einer OPE-basierten Entscheidungsunterstützung ... 160

5.3.3.1 OPE-Bewertung von Prozessschwachstellen ... 160

5.3.3.2 OPE-Bewertung von Maßnahmen ... 164

5.3.3.3 Zusammenführung zur Entscheidungsunterstützung ... 168

5.4 Hybride Vorgehensweise zur Prozessanalyse und -gestaltung ... 172

5.4.1 Anpassungsbewertung durch die Entscheidungsunterstützung ... 172

5.4.2 Gestaltung einer hybriden Vorgehensweise ... 177

5.4.2.1 Konfiguration der Entscheidungsunterstützung 178
5.4.2.2 Ausführung der Entscheidungsunterstützung 180
5.4.2.3 Prozessexploitation 183
5.4.2.4 Prozessexploration 186
5.5 Zwischenfazit: Detailkonzept zur datenbasierten hybriden Analyse und Gestaltung von Geschäftsprozessen 188

6 Anwendung und kritische Reflexion 191

6.1 Prototypische Anwendung der Methodik in der Praxis 191
6.1.1 Input der Entscheidungsunterstützung 192
6.1.2 Umsetzung der Entscheidungsunterstützung 194
6.1.2.1 Umsetzung der Lösungsmodule Prozessanalyse und Prozessgestaltung 194
6.1.2.2 Umsetzung der OPE-Quantifizierung 198
6.1.2.3 Dynamisierung 200
6.1.3 Ausgabe der Entscheidungsunterstützung 201
6.2 Anwendung der Methodik am Fallbeispiel der Maschinenbau GmbH 204
6.2.1 Input der Entscheidungsunterstützung 205
6.2.2 Prozessexploitation mithilfe der Entscheidungsunterstützung 206
6.2.3 Bewertung der Ergebnisse 211
6.3 Anwendung der Methodik am Fallbeispiel der Fahrzeug GmbH 213
6.3.1 Input der Entscheidungsunterstützung 214
6.3.2 Prozessexploitation mithilfe der Entscheidungsunterstützung 215
6.3.3 Bewertung der Ergebnisse 219
6.4 Kritische Reflexion der Methodik 220

7 Zusammenfassung und Ausblick 225

8 Literaturverzeichnis 231

9 Anhang 251

9.1 Ergänzende Erläuterungen Prozessschwachstellen 251
9.2 Ergänzende Quantifizierungsannahmen Prozessschwachstellen 251
9.3 Quantifizierungsschemata für Prozessschwachstellen 252
9.4 Quantifizierung Parallelisierungspotenzial 253
9.5 Quantifizierung OPE-relevanter Kennzahlen und Zeiten 254

9.5.1 Prozessinstanzebene 254
9.5.2 Prozessmodellebene 255
9.6 Ergänzende Erläuterung OPE-Potenzial Beschleunigung 257

Abbildungsverzeichnis

Abbildung 1.1: Einordnung der Wissenschaftssystematik nach ULRICH&HILL 6
Abbildung 1.2: Heuristischer Bezugsrahmen des Vorverständnisses 8
Abbildung 1.3: Explorativer Forschungszyklus nach TOMCZAK 9
Abbildung 1.4: Forschungsprozess nach ULRICH und Anwendung in dieser Arbeit 10
Abbildung 2.1: Forschungsausschnitt: Dimensionen der Geschäftsprozessleistung 16
Abbildung 2.2: Referenzvorgehen der Geschäftsprozessverbesserung 21
Abbildung 2.3: Referenzvorgehen für die Prozessanalyse 32
Abbildung 2.4: Prozessschwachstellentypen und Erkennbarkeitscharakteristiken 36
Abbildung 2.5: Klassifizierung der Methoden zur Prozessgestaltung 39
Abbildung 2.6: Referenzvorgehen für die Prozessgestaltung 42
Abbildung 2.7: Maßnahmentypen der Prozessgestaltung 46
Abbildung 2.8: Handlungsbedarf aus der Praxis 55
Abbildung 3.1: Zusammenfassende Bewertung bestehender Ansätze 81
Abbildung 4.1: Inhaltliche Anforderungen an die Methodik 89
Abbildung 4.2: Ordnungsrahmen der Methodik 95
Abbildung 4.3: Konzept: Datenbasierte hybride Prozessanalyse und -gestaltung ... 96
Abbildung 4.4: Struktur und Vorgehen des ersten Lösungsmoduls 98
Abbildung 4.5: Struktur und Vorgehen des zweiten Lösungsmoduls 100
Abbildung 4.6: Struktur und Vorgehen des dritten Lösungsmoduls 102
Abbildung 4.7: Struktur und Vorgehendes vierten Lösungsmoduls 103
Abbildung 5.1: Übersicht: Erstes Lösungsmodul „Prozessanalyse“ 108
Abbildung 5.2: Prozessschwachstellenmodell 109
Abbildung 5.3: Ableitung der Datenbedarfe für Prozessschwachstellentypen 110
Abbildung 5.4: Informationsbedarfe der Prozessschwachstellentypen 113
Abbildung 5.5: Beispielhafter Eventlog mit den erforderlichen Attributen 115
Abbildung 5.6: Anforderungsschablone funktionaler Anforderungen nach RUPP 122

Abbildung 5.7: Funktionsanforderungen je Prozessschwachstellentyp 125
Abbildung 5.8: Modelle der Prozessschwachstellentypen 127
Abbildung 5.9: Schematische Darstellung des Prozesszeitmodells 129
Abbildung 5.10: Prozessschwachstellenauswirkung: Redundante Aktivität 131
Abbildung 5.11: Prozessschwachstellenauswirkung: Rückschleife 132
Abbildung 5.12: Übersicht: Zweites Lösungsmodul „Prozessgestaltung“ 135
Abbildung 5.13: Prozessschwachstellentypen-Maßnahmentypen-Matrix 139
Abbildung 5.14: Maßnahmenauswirkung: Aktivitätenelimination 141
Abbildung 5.15: Maßnahmenauswirkung: Iterationsvermeidung...........................142
Abbildung 5.16: Maßnahmenauswirkung: Beschleunigung 143
Abbildung 5.17: Maßnahmenauswirkung: Integrieren..144
Abbildung 5.18: Maßnahmenauswirkung: Übergangszeitenreduktion...................145
Abbildung 5.19: Übersicht: Drittes Lösungsmodul „Entscheidungsunterstützung“ 147
Abbildung 5.20: Schematische Darstellung der Geschäftsprozessleistung 149
Abbildung 5.21: OPE-Transformation und Verlustarten-Zuordnung.....................152
Abbildung 5.22: Schematische Darstellung der Overall Process Efficiency 153
Abbildung 5.23: Rechensystem für die Geschäftsprozessleistung OPE 154
Abbildung 5.24: Prozessschwachstellenhierarchie...157
Abbildung 5.25: Benutzeroberfläche der Entscheidungsunterstützung 171
Abbildung 5.26: Übersicht: Viertes Lösungsmodul „Hybride Vorgehensweise“......172
Abbildung 5.27: Automatisierung durch die Entscheidungsunterstützung 176
Abbildung 5.28: Vorgehen zur datenbasierten hybriden Analyse und Gestaltung von Geschäftsprozessen 177
Abbildung 5.29: Vorgehen in der Sub-Phase „Konfiguration“ 180
Abbildung 5.30: Vorgehen in der Sub-Phase „Ausführung“......................................182
Abbildung 5.31: Vorgehen in der Sub-Phase „Prozessexploitation“.........................185
Abbildung 5.32: Vorgehen in der Sub-Phase „Prozessexploration“..........................188
Abbildung 6.1: Datentabellenarchitektur der Entscheidungsunterstützung...........192
Abbildung 6.2: Aufbau Datentabelle Eventlog 193
Abbildung 6.3: Aufbau Datentabelle Eventlog_erweitert 193
Abbildung 6.4: Aufbau Datentabelle Prozessschwachstellenliste: Beispiel SRED .195
Abbildung 6.5: Aufbau Datentabelle OPE_Prozessinstanz 199
Abbildung 6.6: Aufbau Datentabelle OPE_Prozessmodell 199
Abbildung 6.7: Aufbau Datentabelle Entscheidungsliste 200

Abbildung 6.8: Benutzeroberfläche der Entscheidungsunterstützung ... 202
Abbildung 6.9: Benutzeroberfläche: Prozessmodell ... 203
Abbildung 6.10: Benutzeroberfläche: Geschäftsprozessleistungsinformationen ... 203
Abbildung 6.11: Benutzeroberfläche: Entscheidungsliste ... 204
Abbildung 6.12: Ist-Prozess Auftragsabwicklung der Maschinenbau GmbH ... 207
Abbildung 6.13: Soll-Prozess Auftragsabwicklung der Maschinenbau GmbH ... 210
Abbildung 6.14: Ist-Prozess Montage der Fahrzeug GmbH ... 216
Abbildung 6.15: Soll-Prozess Montage der Fahrzeug GmbH ... 219
Abbildung 9.1: Prozessschwachstellenauswirkung: Ungewollte Aktivität ... 252
Abbildung 9.2: Prozessschwachstellenauswirkung: Unpassender Umfang ... 252
Abbildung 9.3: Prozessschwachstellenauswirkung: Übergangszeit ... 252
Abbildung 9.4: Maßnahmenauswirkung: Parallelisierung ... 254

Tabellenverzeichnis

Tabelle 5.1: Erforderliche Eventlogattribute je Prozessschwachstellentyp 115
Tabelle 5.2: Ausgabeform der Prozessschwachstellentypen 126
Tabelle 5.3: Zeitarten zur Prozessschwachstellenquantifizierung 129
Tabelle 5.4: Prozessschwachstellenauswirkungen auf Ereignisebene 134
Tabelle 5.5: Maßnahmenauswirkungen Ereignisebene 145
Tabelle 5.6: Prozessschwachstellenauswirkungen auf Prozessinstanzebene 161
Tabelle 5.7: OPE-Verluste auf Prozessinstanzebene 162
Tabelle 5.8: OPE-Verluste auf Prozessmodellebene 163
Tabelle 5.9: Maßnahmenauswirkungen auf Prozessinstanzebene 164
Tabelle 5.10: OPE-Potenziale auf Prozessinstanzebene 167
Tabelle 5.11: OPE-Potenziale auf Prozessmodellebene 167
Tabelle 5.12: Funktionalitäten der Entscheidungsunterstützung 170
Tabelle 5.13: Automatisierungspotenziale der Entscheidungsunterstützung 174
Tabelle 6.1: Spalten in der Datentabelle Prozessschwachstellenliste 194

Formelverzeichnis

Formel 5.1: Regelbasierte Beschreibung: Redundante Aktivität 118
Formel 5.2: Regelbasierte Beschreibung: Rückschleife mit zwei Aktivitäten .. 118
Formel 5.3: Regelbasierte Beschreibung: Rückschleife mit k Aktivitäten 119
Formel 5.4: Regelbasierte Beschreibung: Ungewollte Aktivität 119
Formel 5.5: Bearbeitungszeit 119
Formel 5.6: Variationskoeffizient der Bearbeitungszeit gleicher Aktivitäten .. 120
Formel 5.7: Regelbasierte Beschreibung: Unpassender Aktivitätenumfang 120
Formel 5.8: Übergangszeit 121
Formel 5.9: Regelbasierte Beschreibung: Übergangszeit 121
Formel 5.10: Regelbasierte Beschreibung: Parallelisierungspotenzial 122
Formel 5.11: Schwachstellenauswirkung: Redundante Aktivität 131
Formel 5.12: Schwachstellenauswirkung: Rückschleife 132
Formel 5.13: Schwachstellenauswirkung: Ungewollte Aktivität 133
Formel 5.14: Schwachstellenauswirkung: Unpassender Aktivitätenumfang 133
Formel 5.15: Schwachstellenauswirkung: Übergangszeit 133
Formel 5.16: Maßnahmenauswirkung: Aktivitätenelimination 141
Formel 5.17: Maßnahmenauswirkung: Iterationsvermeidung 142
Formel 5.18: Maßnahmenauswirkung: Beschleunigung 143
Formel 5.19: Maßnahmenauswirkung: Integrieren 144
Formel 5.20: Maßnahmenauswirkung: Übergangszeitenreduktion 145
Formel 5.21: Grundlogik für die Geschäftsprozessleistungskennzahl 149
Formel 5.22: Relevante Kontinuitätsverlustzeit der Prozessinstanz 157
Formel 5.23: Relevante Linearitätsverlustzeit der Prozessinstanz 158
Formel 5.24: Relevante Leistungsverlustzeit der Prozessinstanz 158
Formel 5.25: Relevante Gesamtverlustzeit der Prozessinstanz 158
Formel 5.26: OPE der Prozessinstanz 159
Formel 5.27: Prozessschwachstellenfreie Zykluszeit der Prozessinstanz 159

Formel 5.28: OPE des Prozessmodells 160
Formel 5.29: OPE-Potenzial einer Maßnahme Prozessinstanzebene 165
Formel 5.30: OPE-Potenzial der Maßnahme MBES Prozessinstanzebene 166
Formel 9.1: Schwachstellenauswirkung (DLZ): Parallelisierungspotenzial 253
Formel 9.2: Maßnahmenauswirkung (DLZ): Parallelisierung 254
Formel 9.3: Kontinuitätsverlust [%] der Prozessinstanz 254
Formel 9.4: Linearitätsverlust [%] der Prozessinstanz 254
Formel 9.5: Leistungsverlust [%] der Prozessinstanz 255
Formel 9.6: Gesamtverlust [%] der Prozessinstanz 255
Formel 9.7: Kontinuitätsgrad [%] der Prozessinstanz 255
Formel 9.8: Linearitätsgrad [%] der Prozessinstanz 255
Formel 9.9: Leistungsgrad [%] der Prozessinstanz 255
Formel 9.10: Relevante Kontinuitätsverlustzeit des Prozessmodells 255
Formel 9.11: Relevante Linearitätsverlustzeit des Prozessmodells 255
Formel 9.12: Relevante Leistungsverlustzeit des Prozessmodells 255
Formel 9.13: Relevante Gesamtverlustzeit des Prozessmodells 256
Formel 9.14: Durchschnittliche Zykluszeit des Prozessmodells 256
Formel 9.15: Prozessschwachstellenfreie Zykluszeit Prozessmodell 256
Formel 9.16: Kontinuitätsverlust [%] des Prozessmodells 256
Formel 9.17: Linearitätsverlust [%] des Prozessmodells 256
Formel 9.18: Leistungsverlust [%] des Prozessmodells 256
Formel 9.19: Gesamtverlust [%] des Prozessmodells 256
Formel 9.20: Kontinuitätsgrad [%] des Prozessmodells 256
Formel 9.21: Linearitätsgrad [%] des Prozessmodells 256
Formel 9.22: Leistungsgrad [%] des Prozessmodells 257

Formelzeichenverzeichnis

$BZ(i)$	-	Bearbeitungszeit von Ereignis i
$DLZ(m)$	-	Durchlaufzeit der Prozessinstanz m
$GeV(m)$	-	Prozentualer Gesamtverlust [%] der Prozessinstanz m
$GeV(M)$	-	Prozentualer Gesamtverlust [%] in Prozessmodell M
i	-	Ereignis
$i(m, n, t_{start}, t_{end})$	-	Ereignis i einer Prozessinstanz m mit der Aktivitätsbezeichnung n, dem Startzeitpunkt t_{start} und dem Endzeitpunkt t_{end}
i^*	-	Spezifisches Ereignis
$i(n^*)$	-	Ereignis mit der spezifischen Aktivitätsbezeichnung n^*
(i_1, i_2)	-	Tupel der beiden Ereignisse i_1 und i_2
$(i_1, i_2)_1$	-	Erste Ausführung des Tupels (i_1, i_2) innerhalb einer Prozessinstanz
(i_g, i_h)	-	Tupel der beiden Ereignisse i_g und i_h
i_*	-	Schwachstellenbehaftetes Ereignis
i_{*+1}	-	Dem schwachstellenbehaftetes Ereignis nachgelagertes Ereignis
i_{*-1}	-	Dem schwachstellenbehaftetes Ereignis vorgelagertes Ereignis
i_{*+k}	-	Letztes Ereignis einer schwachstellenbehafteten Ereignissequenz

i_k	-	Letztes Ereignis einer Ereignissequenz
I	-	Menge aller Ereignisse i
I_*	-	Menge schwachstellenbehafteter Ereignisse (z.B. Rückschleife)
$\|I\|$	-	Mächtigkeit der Menge I (für endliche Mengen entspricht dies der Anzahl der Elemente in Menge I)
$I(m^*, n^*)$	-	Menge der Ereignisse mit gleicher Aktivitätsbezeichnung in derselben Prozessinstanz
$I(n^*)$	-	Menge gleicher Prozessaktivitäten bzw. Menge der Ereignisse mit gleicher Aktivitätsbezeichnung
$I_{SRED}(m^*, n^*)$	-	Menge der *redundanten Aktivitäten* n^* in der Prozessinstanz m^*
$I_{SUNW}(n^*)$	-	Menge der *ungewollten Aktivitäten* n^*
$I_{SUNS}(n^*)$	-	Menge der Aktivitäten mit *unpassendem Aktivitätenumfang* n^*
$KoG(m)$	-	Kontinuitätsgrad [%] der Prozessinstanz m
$KoG(M)$	-	Kontinuitätsgrad [%] in Prozessmodell M
$KoV(m)$	-	Kontinuitätsverlust [%] der Prozessinstanz m
$KoV(M)$	-	Kontinuitätsverlust [%] in Prozessmodell M
$LeG(m)$	-	Leistungsgrad [%] der Prozessinstanz m
$LeG(M)$	-	Leistungsgrad [%] in Prozessmodell M
$LeV(m)$	-	Leistungsverlust [%] der Prozessinstanz m
$LeV(M)$	-	Leistungsverlust [%] in Prozessmodell M
$LiG(m)$	-	Linearitätsgrad [%] der Prozessinstanz m
$LiG(M)$	-	Linearitätsgrad [%] in Prozessmodell M
$LiV(m)$	-	Linearitätsverlust [%] der Prozessinstanz m
$LiV(M)$	-	Linearitätsverlust [%] in Prozessmodell M
m	-	Prozessinstanz
$m(i)$	-	Prozessinstanzidentifikator des Ereignisses i

m^*	-	Spezifische Prozessinstanz
M	-	Prozessmodell M als Menge aller Prozessinstanzen m
$\lvert M \rvert$	-	Mächtigkeit der Menge M (für endliche Mengen entspricht dies der Anzahl der Elemente in Menge M)
$MÜRE$	-	Maßnahmentyp *Übergangszeitenreduktion*
$MBES$	-	Maßnahmentyp *Beschleunigung*
$MELI$	-	Maßnahmentyp *Aktivitätenelimination*
$MINT$	-	Maßnahmentyp *Integrieren*
$MITE$	-	Maßnahmentyp *Iterationsvermeidung*
$MPAR$	-	Maßnahmentyp *Parallelisierung*
n	-	Aktivitätsbezeichnung
$n(i)$	-	Aktivitätsbezeichnung von Ereignis i
n^{k*}	-	Aktivitätsbezeichnung der letzten Aktivität in einer Rückschleife
N	-	Menge aller Aktivitätsbezeichnungen n
$\lvert N \rvert$	-	Mächtigkeit der Menge N (für endliche Mengen entspricht dies der Anzahl der Elemente in Menge N)
$\mathbb{N}$	-	Natürliche Zahlen (positiv, ganzzahlig)
$OPE(m)$	-	Overall Process Efficiency (OPE) der Prozessinstanz m
$OPE(M)$	-	Overall Process Efficiency (OPE) des Prozessmodells M
$OPE_{MBES}(m,n)$	-	OPE-Potenzial der *Beschleunigung* der Aktivität n für Prozessinstanz m
$OPE_{MBES}(M,n)$	-	OPE-Potenzial der *Beschleunigung* der Aktivität n für Prozessmodell M

$OPE_{MELI}(m,n)$	- OPE-Potenzial der *Aktivitätenelimination* von Aktivität n für Prozessinstanz m
$OPE_{MELI}(M,n)$	- OPE-Potenzial der *Aktivitätenelimination* von Aktivität n für Prozessmodell M
$OPE_{MINT}(m,n_1,n_2)$	- OPE-Potenzial durch das *Integrieren* von Aktivität n_1 und n_2 für Prozessinstanz m
$OPE_{MINT}(M,n_1,n_2)$	- OPE-Potenzial durch das *Integrieren* von Aktivität n_1 und n_2 für Prozessmodell M
$OPE_{MITE}(m,n_1,\ldots,n_k)$	- OPE-Potenzial durch die *Iterationsvermeidung* der Rückschleife bestehend aus den Aktivitäten n_1 bis n_k für Prozessinstanz m
$OPE_{MITE}(M,n_1,\ldots,n_k)$	- OPE-Potenzial durch die *Iterationsvermeidung* der Rückschleife bestehend aus den Aktivitäten n_1 bis n_k für Prozessmodell M
$OPE_{MÜRE}(m,n_1,n_2)$	- OPE-Potenzial durch *Übergangszeitenreduktion* zwischen Aktivität n_1 und n_2 für Prozessinstanz m
$OPE_{MÜRE}(M,n_1,n_2)$	- OPE-Potenzial durch *Übergangszeitenreduktion* zwischen Aktivität n_1 und n_2 für Prozessmodell M
$OPE_{M-Typ}(m,n)$	- Potenzial von Maßnahmentyp $M-Typ$ an Aktivität n für Prozessinstanz m
$OPE_{SRED}(m,n)$	- OPE-Verlust aller *Redundanten Aktivitäten* n für Prozessinstanz m
$OPE_{SRED}(M,n)$	- OPE-Verlust aller *Redundanten Aktivitäten* n für Prozessmodell M
$OPE_{SLOP}(m,n_1,\ldots,n_k)$	- OPE-Verlust aller *Rückschleifen* mit den Aktivitäten n bis n_k für Prozessinstanz m
$OPE_{SLOP}(M,n_1,\ldots,n_k)$	- OPE-Verlust aller *Rückschleifen* mit den Aktivitäten n bis n_k für Prozessmodell M
$OPE_{SUNS}(m,n)$	- OPE-Verlust aller Aktivitäten n mit *Unpassendem Aktivitätenumfang* für Prozessinstanz m

$OPE_{SUNS}(M,n)$	-	OPE-Verlust aller Aktivitäten n mit *Unpassendem Aktivitätenumfang* für Prozessmodell M
$OPE_{SUNW}(m,n)$	-	OPE-Verlust aller *Ungewollten Aktivitäten* n für Prozessinstanz m
$OPE_{SUNW}(M,n)$	-	OPE-Verlust aller *Ungewollten Aktivitäten* n für Prozessmodell M
$OPE_{STRA}(m,n^*,n^{**})$	-	OPE-Verlust aller *Übergangszeiten* zwischen den Aktivitäten n^* und n^{**} für Prozessinstanz m
$OPE_{STRA}(M,n^*,n^{**})$	-	OPE-Verlust aller *Übergangszeiten* zwischen den Aktivitäten n^* und n^{**} für Prozessmodell M
P	-	Menge aller Ereignistupel
$P(i_1,i_2)$	-	Menge zweier spezifischer, aufeinanderfolgender Aktivitäten i_1 *und* i_2
$P(i_1,i_2,\dots,i_k)$	-	Menge k spezifischer, aufeinanderfolgender Aktivitäten
$P_{SLOP2}(m^*,n^*,n^{**})$	-	Tupelmenge aller *Rückschleifen* bestehend aus den zwei Aktivitäten n^* und n^{**} in Prozessinstanz m^*
$P_{SLOP}(m^*,n^*,\dots,n^{k*})$	-	Tupelmenge aller *Rückschleifen* bestehend aus den Aktivitäten n^* bis n^{k*} in Prozessinstanz m^*
$P_{SPAR}(n^*,n^{**})$	-	Tupelmenge aller Aktivitäten n_1 bis n_2 mit Parallelisierungspotenzial
$P_{STRA}(n^*,n^{**})$	-	Tupelmenge aller Aktivitäten bestehend aus den Aktivitäten n^* und n^{**} zwischen denen eine Übergangszeit vorliegt
$SLOP$	-	Prozessschwachstellentyp *Rückschleife*
$SPAR$	-	Prozessschwachstelle *Parallelisierungspotenzial*
$SRED$	-	Prozessschwachstellentyp *Redundante Aktivität*
$STRA$	-	Prozessschwachstellentyp *Übergangszeit*
$SUNS$	-	Prozessschwachstellentyp *Unpassender Aktivitätenumfang*

$SUNW$	-	Prozessschwachstellentyp *Ungewollte Aktivität*
t	-	Zeitpunkt
$t_{end}(i)$	-	Endzeitpunkt von Ereignis i
$t_{start}(i)$	-	Startzeitpunkt von Ereignis i
T	-	Zeitdauer
$T_{Auswirkung}(m,n)$	-	Zur Quantifizierung des OPE-Potenzials berücksichtigte Reduktion der Gesamtverlustzeit durch die Maßnahme *Beschleunigen* an Aktivität n in der Prozessinstanz m
$T_{MBES}(i_*,m)$	-	Auswirkung der *Beschleunigung* des Ereignisses i_* in der Prozessinstanz m auf die Zykluszeit
$T_{MBES}(m,n)$	-	Auswirkung *Beschleunigung* aller schwachstellenbehafteten Aktivitäten n in der Prozessinstanz m auf die Zykluszeit
$T_{MELI}(i_*,m)$	-	Auswirkung der *Aktivitätenelimination* für das am schwachstellenbehafteten Ereignis i_* in der Prozessinstanz m auf die Zykluszeit
$T_{MELI}(m,n)$	-	Auswirkung der *Aktivitätenelimination* für alle schwachstellenbehafteten Aktivitäten n in der Prozessinstanz m auf die Zykluszeit
$T_{MINT}(i_{*-1},i_1,m)$	-	Auswirkung des *Integrierens* der beiden Ereignisse i_{*-1} und i_1 in der Prozessinstanz m auf die Zykluszeit
$T_{MINT}(m,n_1,n_2)$	-	Auswirkung des *Integrierens* der Aktivitäten n_1 und n_2 in der Prozessinstanz m auf die Zykluszeit
$T_{MITE}(i_*,\dots,i_{*+k},m)$	-	Auswirkung der *Iterationsvermeidung* bestehend aus den Ereignissen i_* bis i_{*+k} in der Prozessinstanz m auf die Zykluszeit
$T_{MPAR}(i_*,i_{**},m)$	-	Auswirkung der *Parallelisierung* der beiden Ereignisse i_* und i_{**} in der Prozessinstanz m auf die Durchlaufzeit

$T_{MITE}(m, n_1, \dots, n_k)$	-	Auswirkung der *Iterationsvermeidung* für alle Rückschleifen bestehend aus den Aktivitäten n_1 bis n_k in der Prozessinstanz m auf die Zykluszeit
$T_{MÜRE}(i_{*-1}, i_1, m)$	-	Auswirkung der *Übergangszeitenreduktion* zwischen den Ereignissen i_{*-1} und i_1 in der Prozessinstanz m auf die Zykluszeit
$T_{MÜRE}(m, n_1, n_2)$	-	Auswirkung *Übergangszeitenreduktion* zwischen allen Aktivitäten n_1 und n_2 in der Prozessinstanz m auf die Zykluszeit
$T_{relGeV}(M)$	-	Relevante Gesamtverlustzeit in Prozessmodell M
$T_{relGeV}(m)$	-	Relevante Gesamtverlustzeit in Prozessinstanz m
$T_{relKoV}(M)$	-	Relevante Kontinuitätsverlustzeit in Prozessinstanz M
$T_{relKoV}(m)$	-	Relevante Kontinuitätsverlustzeit in Prozessinstanz m
$T_{relLeV}(M)$	-	Relevante Leistungsverlustzeit in Prozessinstanz M
$T_{relLeV}(m)$	-	Relevante Leistungsverlustzeit in Prozessinstanz m
$T_{relLiV}(M)$	-	Relevante Linearitätsverlustzeit in Prozessmodell M
$T_{relLiV}(m)$	-	Relevante Linearitätsverlustzeit in Prozessinstanz m
$T_{relSLOP}(i_*, \dots, i_{*+k}, m)$	-	Verlustzeit durch eine in Prozessinstanz m prozessleistungsrelevante Prozessschwachstelle *Rückschleife*
$T_{relSRED}(i_*, m)$	-	Verlustzeit durch eine in Prozessinstanz m prozessleistungsrelevante Prozessschwachstelle *Redundante Aktivität*
$T_{relSTRA}(i_{*-1}, i_1, m)$	-	Verlustzeit durch eine in Prozessinstanz m prozessleistungsrelevante Prozessschwachstelle *Übergangszeit*

$T_{relSUNS}(i_*, m)$	-	Verlustzeit durch eine in Prozessinstanz m prozessleistungsrelevante Prozessschwachstelle *Unpassender Aktivitätenumfang*
$T_{relSUNW}(i_*, m)$	-	Verlustzeit durch eine in Prozessinstanz m prozessleistungsrelevante Prozessschwachstelle *Ungewollte Aktivität*
$T_{SLOP}(i_*, \dots, i_{*+k}, m)$	-	Auswirkung des Prozessschwachstellentyps *Rückschleife* bestehend aus den Ereignissen i_* bis i_{*+k} in der Prozessinstanz m auf die Zykluszeit
$T_{SLOP}(m, n_1, \dots, n_k)$	-	Auswirkung aller *Rückschleifen* bestehend aus den Ereignissen n bis n_k in der Prozessinstanz m auf die Zykluszeit
$T_{SPAR}(i_*, i_{**}, m)$	-	Auswirkung des Prozessschwachstellentyps *Parallelisierungspotenzial* für die beiden Ereignisse i_* und i_{**} in der Prozessinstanz m auf die Durchlaufzeit
$T_{SRED}(i_*, m)$	-	Auswirkung des Prozessschwachstellentyps *Redundante Aktivität* am schwachstellenbehafteten Ereignis i_* in der Prozessinstanz m auf die Zykluszeit
$T_{SRED}(m, n)$	-	Auswirkung aller *Redundanten Aktivität n* in der Prozessinstanz m auf die Zykluszeit
$T_{STRA}(i_{*-1}, i_*, m)$	-	Auswirkung des Prozessschwachstellentyps *Übergangszeit* zwischen den Ereignissen i_{*-1} und i_* in der Prozessinstanz m auf die Zykluszeit
$T_{STRA}(m, n_1, n_2)$	-	Auswirkung des Prozessschwachstellentyps *Übergangszeit* zwischen den Ereignissen i_{*-1} und i_* in der Prozessinstanz m auf die Zykluszeit
$T_{SUNS}(i_*, m)$	-	Auswirkung des Prozessschwachstellentyps *Unpassender Aktivitätenumfang* am schwachstellenbehafteten Ereignis i_* in der Prozessinstanz m auf die Zykluszeit

$T_{SUNS}(m,n)$	-	Auswirkung des Prozessschwachstellentyps *Unpassender Aktivitätenumfang* an allen Aktivitäten n in der Prozessinstanz m auf die Zykluszeit
$T_{SUNW}(i_*,m)$	-	Auswirkung des Prozessschwachstellentyps *Unpassender Aktivitätenumfang* am schwachstellenbehafteten Ereignis i_* in der Prozessinstanz m auf die Zykluszeit
$T_{SUNW}(m,n)$	-	Auswirkung des Prozessschwachstellentyps *Unpassender Aktivitätenumfang* am schwachstellenbehafteten Ereignis i_* in der Prozessinstanz m auf die Zykluszeit
U	-	Menge aller Aktivitätsbezeichnungen ungewollter Aktivitäten
$ÜZ(i_1,i_2)$	-	Übergangszeit zwischen zwei aufeinanderfolgenden Ereignissen i_1 und i_2
v	-	Variationskoeffizient
$v(BZ(n^*))$	-	Variationskoeffizient v der Bearbeitungszeit BZ aller Prozessaktivitäten n^*
v_{Grenz}	-	Grenzvariationskoeffizient
$\bar{x}$	-	Arithmetisches Mittel
$\bar{x}(BZ(n^*))$	-	Arithmetisches Mittel der Bearbeitungszeit BZ einer spezifischen Prozessaktivität n^*
$ZZ(m)$	-	Zykluszeit der Prozessinstanz m
$ZZ(M)$	-	Durchschnittliche Zykluszeit des Prozessmodells M
$ZZ_{Sfrei}(M)$	-	Durchschnittliche schwachstellenfreie Zykluszeit des Prozessmodells M
$ZZ_{Sfre}(m)$	-	Schwachstellenfreie Zykluszeit der Prozessinstanz m
σ	-	Stichproben-Standardabweichung
$\sigma(BZ(n^*))$	-	Stichproben-Standardabweichung der Bearbeitungszeit BZ einer spezifischen Prozessaktivität n^*

$:$	- für die gilt
$<$	- kleiner als
$\neq$	- Ungleich
$>$	- größer als
$\exists$	- es existiert
$\in$	- Element von
$\cap$	- Schnittmenge
$\wedge$	- und
$\rightarrow$	- dann gilt
$\varnothing$	- durchschnittlich
$\neg$	- nicht

Abkürzungsverzeichnis

BPI	Business Process Improvement
BPIs	Best Practice Implementation indicators
BPMN	Business Process Model and Notation
bspw.	beispielsweise
d. h.	das heißt
dBOP	deep Business Optimization Platform
engl.	englisch
et al.	Et alia, deutsch: und andere
GmbH	Gesellschaft mit beschränkter Haftung
GMQL	Generic Model Query Language
gem.	gemäß
i. A. a.	in Anlehnung an
IDEF	Integration Definition
jpg	joint photographic experts group
KoV	Kontinuitätsverlust
KPI	Key performance indicator
LeV	Leistungsverlust
LiV	Linearitätsverlust
M-Typ	Maßnahmentyp
MBES	Maßnahmentyp „Beschleunigung“
MELI	Maßnahmentyp „Aktivitätenelimination“
ME-System	Manufacturing Execution System
MINT	Maßnahmentyp „Integrieren“
MITE	Maßnahmentyp „Iterationen vermeiden“
MÜRE	Maßnahmentyp „Übergangszeitenreduktion“

o. Ä.	oder Ähnliche
OEE	Overall Equipment Effectiveness
OPE	Overall Process Efficiency
PPI	Process performance indicators
s.	siehe
S.	Seite
SBPML	semantic business process modelling language
SLOP	Prozessschwachstellentyp „Rückschleife“
SPAR	Prozessschwachstellentyp „Parallelisierungspotenzial“
SRED	Prozessschwachstellentyp „Redundante Aktivität“
STRA	Prozessschwachstellentyp „Übergangszeit“
SUNS	Prozessschwachstellentyp „Unpassender Aktivitätenumfang“
SUNW	Prozessschwachstellentyp „Ungewollte Aktivität“
SWST-Typ	Prozessschwachstellentyp
u. a.	unter anderem
vgl.	vergleiche
z. B.	zum Beispiel

Zusammenfassung

Die Leistung von Geschäftsprozessen ist ein entscheidender Wettbewerbsfaktor für produzierende Unternehmen. Aus diesem Grund führen Unternehmen Geschäftsprozessverbesserungen durch. Dabei werden in der Prozessanalyse leistungshemmende Prozessschwachstellen in Ist-Prozessen identifiziert und in der Prozessgestaltung Maßnahmen zur Steigerung der Prozessleistung abgeleitet. Informationen über die Geschäftsprozessleistung bilden dabei die zentrale Entscheidungsgrundlage.

Konventionelle Methoden zur Prozessanalyse und -gestaltung basieren auf dem Einsatz von Interviews und Workshops ohne quantifizierbare Informationen über die Geschäftsprozessleistung. Neben hohen Aufwänden unterliegen diese Vorgehensweisen bewussten und unbewussten subjektiven Einflüssen. Daraus resultieren unvollständige Prozessanalysen, nicht-standardisierte Maßnahmenableitungen und unquantifizierte Entscheidungen hinsichtlich der Geschäftsprozessleistungen. Bestehende Praxis- und Forschungsansätze erfüllen daraus abgeleitete Anforderungen nicht.

Das Ziel der vorliegenden Arbeit ist die aufwandsgerechte und objektive Analyse und Gestaltung von Geschäftsprozessen, indem Methodenwissen über die Prozessanalyse und -gestaltung zur datenbasierten Anwendung formalisiert und die Geschäftsprozessleistung quantifiziert wird. Die Methodik setzt sich aus vier Lösungsmodulen zusammen. In den ersten beiden Modulen wird Methodenwissen zur Identifizierung und Quantifizierung von Prozessschwachstellen sowie zur Ableitung und Quantifizierung von Maßnahmen formalisiert. Auf dieser Basis wird im dritten Lösungsmodul eine Entscheidungsunterstützung aufgebaut, welche die Auswirkung der Prozessschwachstellen und Maßnahmen auf eine Geschäftsprozessleistungskennzahl quantifiziert. Abschließend wird eine Vorgehensweise entwickelt, die den Einsatz der Entscheidungsunterstützung zur Prozessanalyse und -gestaltung beschreibt und Kontextwissen von Prozessbeteiligten integriert. Die Methodik wird anhand von Fallbeispielen in der Praxis validiert.

Summary

The performance of business processes is a decisive competitive factor for manufacturing companies. For this reason, companies conduct business process improvements. In the process analysis, performance-inhibiting process weaknesses in as-is business processes are identified and measures for enhancing process performance are derived in process design. Information on business process performance constitute the central foundation for decision-making.

Conventional methods for process analysis and design are based on interviews and workshops without quantifiable information on business process performance. Alongside high efforts, these approaches are subject to conscious and unconscious subjective influences. This results in incomplete process analyses, unstandardized measure derivations and unquantified decisions with regard to business process performance. Existing approaches in research and practice do not fully address the resulting requirements.

This dissertation aims to analyze and design business processes in an effort-oriented and objective approach by formalizing methodological knowledge on process analysis and design for data-based application and the quantification of business process performance. The methodology is composed of four solution modules. In the first two modules, methodological knowledge for identifying and quantifying process weaknesses and for deriving and quantifying measures are formalized. On this basis, the third solution module provides decision support quantifying the impact of process weaknesses and measures on a business process performance metric. Conclusively, a methodology is developed that describes the use of the decision support for process analysis and design and integrates contextual knowledge of process participants. The methodology is validated by case studies in practice.

1 Einleitung

Die Dissertationsschrift einleitend wird die Motivation für das Forschungsvorhaben dargelegt (vgl. Kapitel 1.1). Anschließend werden die Zielsetzung sowie die Haupt- und Teilforschungsfragen des Forschungsvorhabens beschrieben (vgl. Kapitel 1.2). Nach der Erläuterung des forschungsmethodischen Rahmens (vgl. Kapitel 1.3) schließt die Einleitung mit der Erläuterung des Aufbaus der Arbeit (vgl. Kapitel 1.4).

1.1 Ausgangssituation und Problemhintergrund

Geschäftsprozesse sind entscheidend für die Effektivität und Wettbewerbsfähigkeit von Unternehmen[1], die in zunehmend dynamischen, unsicheren und komplexen Umfeldern operieren.[2] So beschreibt MICHAEL ROSEMANN, Professor an der Queensland University of Technology, Geschäftsprozesse als „[...] die Arterien betrieblicher und betriebsübergreifender Versorgungsnetze."[3] Die Bedeutung von Geschäftsprozessen für Unternehmen ergibt sich extern aus ihrem direkten Einfluss auf die Attraktivität von Produkten und Dienstleistungen, Kundenerfahrungen und geschäftlichem Erfolg und intern aus ihrem Einfluss auf Kosten und operative Effizienz.[4] Nicht-beherrschte Geschäftsprozesse äußern sich in unzufriedenen Kunden und einer geringen Performance, beispielsweise durch Fehler, hohe Prozesskosten, hohe Bestände, lange Durchlaufzeiten und eine unzureichende Liefertreue.[5] Durch den Einfluss auf die Kundenleistung sowie die Effizienz der Leistungserbringung beeinflussen Geschäftsprozesse die Wettbewerbsfähigkeit von Unternehmen.[6] Zur Sicherstellung der Wettbewerbs-

---

[1] Vgl. Dumas, M. et al. (2021) Grundlagen des Geschäftsprozessmanagements, S. 36.

[2] Vgl. Schmelzer, H./Sesselmann, W. (2020) Geschäftsprozessmanagement in der Praxis, S. 3.

[3] Vgl. Rosemann, M. (2021) Geleitwort Grundlagen des Geschäftsprozessmanagements.

[4] Vgl. Dumas, M. et al. (2021) Grundlagen des Geschäftsprozessmanagements.

[5] Vgl. Schmelzer, H./Sesselmann, W. (2020) Geschäftsprozessmanagement in der Praxis, S. 10.

[6] Vgl. Dumas, M. et al. (2021) Grundlagen des Geschäftsprozessmanagements, S. 8.

fähigkeit und Effizienz in veränderlichen Umfeldern müssen Unternehmen ihre Geschäftsprozesse kontinuierlich verbessern.[7] MICHAEL HAMMER, einer der Vordenker des Geschäftsprozessmanagements, fasst diesen Grundgedanken mit den Aussagen „Every good process eventually becomes a bad process" und „Even a good process can be made better" treffend zusammen.[8] Um dieser Anforderung gerecht zu werden, nutzen Unternehmen Geschäftsprozessverbesserungen. POVEY definiert die Geschäftsprozessverbesserung als Bewertung, Analyse und Verbesserung von erfolgskritischen Geschäftsprozessen.[9] Analog zu Geschäftsprozessen müssen auch die Methoden zur Geschäftsprozessverbesserung dem Anspruch an Effizienz und Effektivität genügen, um regelmäßig und erfolgreich die Leistung der Geschäftsprozesse zu verbessern.[10]

Methodisch werden Geschäftsprozessverbesserungen in Phasen eingeteilt, die typischerweise der Grundlogik *Prozessidentifikation*, *Prozessaufnahme*, *Prozessanalyse*, *Prozessgestaltung*, *Prozessimplementierung* und *Prozessüberwachung* folgen (vgl. Kapitel 2.2.1.2). Dabei erfolgt in den beiden Phasen Prozessanalyse und Prozessgestaltung die entscheidende Transformation vom Ist-Prozess in den Soll-Prozess.[11] Der Ist-Prozess aus der Prozessaufnahme ist Input für die Prozessanalyse und der Soll-Prozess ist Output der Prozessgestaltung.[12] Die Prozessanalyse und -gestaltung erfolgen in der Praxis konventionell workshop- oder interviewbasiert.[13] Dabei werden in manuell oder datenbasiert modellierten Ist-Prozessen Prozessschwachstellen identifiziert und Maßnahmen zur Verbesserung des Geschäftsprozesses abgeleitet. Diese Vorgehensweise ist sehr aufwändig und bindet viele Ressourcen.[14] Häufig sind zusätzlich externe Methodenexperten wie Unternehmensberater involviert. Gleichzeitig liefert die

7 Vgl. Kumar, A./Liu, R. (2020) Business Workflow Optimization Through Process Model Redesign, S. 1.

8 Hammer, M. (2015) What is Business Process Management?, S. 12.

9 Vgl. Povey, B. (1998) The development of a best practice business process improvement methodology, S. 30.

10 Vgl. Schuh, G. et al. (2022) Performance-based Decision Support for Business Process Analysis and Design, S. 1380.

11 Vgl. Schuh, G. et al. (2021) Event Log-based Weaknesses Detection in Business Processes, S. 734; Schopen, M. et al. (2023) Data-based Measure Derivation for Business Process Design, S. 9.

12 Vgl. Dumas, M. et al. (2021) Grundlagen des Geschäftsprozessmanagements, S. 25 - 27.

13 Vgl. Fleischmann, A. et al. (2018) Ganzheitliche Digitalisierung von Prozessen, S. 150; Becker, M./Buchkremer, R. (2019) A practical process mining approach for compliance management, S. 467; Davenport, T./Spanyi, A. (2019) What Process Mining Is, and Why Companies Should Do It, S. 2.

14 Vgl. Garcia, C. et al. (2019) Getting Insights to Improve Business Processes with Agility: A Case Study Using Process Mining, S. 1338.

workshopbasierte Vorgehensweise nur unvollständige und subjektive Ergebnisse.[15] Die rein menschenbasierte Durchführung der Prozessanalyse und -gestaltung bedingt das Risiko (un-)bewusster subjektiver Einflüsse. [16] Mangels Methodenwissen bleiben möglicherweise Prozessschwachstellen unentdeckt und Maßnahmen ungenutzt.[17] Gleichzeitig halten Workshopteilnehmende erkannte Prozessschwachstellen oder Maßnahmen aus persönlichen Gründen (z. B. Angst vor Arbeitsplatzverlust) möglicherweise bewusst zurück.[18] Nicht zuletzt sind die Ergebnisse konventioneller Methoden zur Prozessanalyse und -gestaltung unquantifiziert in Bezug auf die Auswirkung von Prozessschwachstellen und Nutzenpotenziale von Maßnahmen auf die Prozessleistung, da keine Prozessdaten für die Quantifizierung herangezogen werden.[19]

Die Herausforderungen des hohen Aufwands und der Subjektivität sind der methodischen Abhängigkeit von Personen geschuldet, weshalb eine Automatisierung der Prozessanalyse und -gestaltung zweckdienlich erscheint. Die zwei zentralen Befähiger für eine Automatisierung sind die Nutzung von Prozessdaten und die personenunabhängige Formalisierung von Methodenwissen. In der Literatur existieren Ansätze zur Teilautomatisierung einzelner Aufgaben der Prozessanalyse und -gestaltung. Diese erfassen jedoch nur Teilaufgaben oder nutzen Prozessmodellierungssprachen, die in der Praxis kaum Relevanz besitzen. Kennzahlenbasierte Ansätze zur Bewertung von Geschäftsprozessdaten anhand von Prozessdaten ermöglichen eine Automatisierung, vernachlässigen jedoch die qualitative Identifizierung von Prozessschwachstellen und Ableitung von Maßnahmen. Eine holistische Teilautomatisierung für die Prozessanalyse und -gestaltung fehlt (vgl. Kapitel 3.4). Trotz der Automatisierungsbestrebungen durch datenbasierte Lösungen bleibt die Integration des Kontextwissens von Prozessbeteiligten zur Validierung automatisiert generierter Ergebnisse oder Ergänzung von Kreativlösungen erforderlich.

---

[15] Vgl. Park, S./Kang, Y. (2016) A Study of Process Mining-based Business Process Innovation, S. 734; Davenport, T./Spanyi, A. (2019) What Process Mining Is, and Why Companies Should Do It, S. 2.

[16] Vgl. Hofmann, M. (2020) Prozessoptimierung als ganzheitlicher Ansatz, S. 32; Dumas, M. et al. (2021) Grundlagen des Geschäftsprozessmanagements, S. 203 - 204.

[17] Vgl. Dumas, M. et al. (2021) Grundlagen des Geschäftsprozessmanagements, S. 347; Dumas, M. et al. (2021) Grundlagen des Geschäftsprozessmanagements, S. 224.

[18] Vgl. Hofmann, M. (2020) Prozessoptimierung als ganzheitlicher Ansatz, S. 32; Dumas, M. et al. (2021) Grundlagen des Geschäftsprozessmanagements, S. 203 - 204.

[19] Vgl. Schuh, G. et al. (2022) Performance-based Decision Support for Business Process Analysis and Design, S. 1376.

In der Praxis ist die Technologie Process Mining die relevanteste Form der datenbasierten Unterstützung im Geschäftsprozessmanagement. Eine Studie der Unternehmensberatung DELOITTE zeigt das zunehmende Interesse an und den großflächigen Einsatz von Process Mining in Unternehmen.[20] Bereits Ende 2019, und damit nur acht Jahre nach Unternehmensgründung, hatte das Unternehmen Celonis als Process Mining Anbieter eine geschätzte Nettobewertung von 2,5 Mrd. US-Dollar und erhielt den Deutschen Zukunftspreis.[21] Process Mining basiert auf der Nutzung ereignisbasierter Prozessdaten zur Generierung von Erkenntnissen über Geschäftsprozesse.[22] In Bezug auf die Geschäftsprozessverbesserung unterstützt Process Mining insbesondere die Prozessaufnahme und ermöglicht weiterführende Analysen.[23] Ein Großteil der in der Studie von DELOITTE befragten Unternehmen gaben „Geschäftsprozessverbesserung" als Erwartung an Process Mining an.[24] Process Mining liefert jedoch nur Transparenz, keine unmittelbare Verbesserung der Geschäftsprozesse.[25] Für die Prozessanalyse und -gestaltung existiert keine eventlogbasierte Unterstützung. Die vorliegende Arbeit knüpft dort an. Eine datenbasierte Unterstützung für die Prozessanalyse und -gestaltung erweitert eventlogbasierte praxisrelevante Lösungen für die Prozessaufnahme und stellt für die Prozessanalyse und -gestaltung eine aufwandsgerechte und objektive Unterstützung auf der Basis von Eventlogs bereit.

1.2 Zielsetzung der Arbeit und Konzeption der Forschungsfrage

Das übergreifende Ziel dieser Arbeit ist es, die methodische Effizienz und Effektivität von Geschäftsprozessverbesserungen zu verbessern. Im Fokus steht dabei die automatisierte Anwendung von formalisiertem Methodenwissen auf Eventlogs mittels einer datenbasierten Entscheidungsunterstützung, um in der Prozessanalyse und -gestaltung Aufwände und Subjektivität gegenüber konventionellen Ansätzen zu reduzieren. Das Ziel dieser Forschungsarbeit lässt sich wie folgt formulieren:

Ziel der Arbeit ist die Entwicklung einer anwendungsorientieren Methodik zur datenbasierten hybriden Analyse und Gestaltung von Geschäftsprozessen, die durch

[20] Vgl. Galic, G./Wolf, M. (2021) Delivering Value with Process Analytics, S. 6 - 8.

[21] Vgl. Grisold, T. et al. (2021) Adoption, use and management of process mining in practice, S. 369.

[22] Vgl. van der Aalst, W. et al. (2012) Process Mining Manifesto, S. 194.

[23] Vgl. Koch, C./Fedtke, S. (2020) Robotic Process Automation, S. 115; Reinkemeyer, L. (2020) Process Mining in a Nutshell, S. 4.

[24] Vgl. Galic, G./Wolf, M. (2021) Delivering Value with Process Analytics, S. 10.

[25] Vgl. Nguyen, G.-T. (2020) Siemens: Driving Global Change with the Digital Fit Rate in Order2Cash, S. 51.

Formalisierung von Methodenwissen in einer datenbasierten Entscheidungsunterstützung die Aufwände und Subjektivität gegenüber konventionellen Ansätzen reduziert und mit personengebundenem Kontextwissen integriert.

Zur Erreichung dieses Ziels wird eine Methodik entwickelt, die Methodenwissen über die Prozessanalyse und -gestaltung zu einer datenbasierten Entscheidungsunterstützung formalisiert und mit einer praxisorientierten Vorgehensweise mit personengebundenem Kontextwissen verbindet. Diese Methodik beinhaltet vier Lösungsmodule:

1) Ein Erklärungsmodell für die datenbasierte Identifizierung und Quantifizierung von Prozessschwachstellen zur Formalisierung der Prozessanalyse.
2) Ein Erklärungsmodell für die standardisierte Ableitung und datenbasierte Quantifizierung von Maßnahmen zur Formalisierung der Prozessgestaltung.
3) Ein Entscheidungsmodell für die prozessleistungsbezogene Priorisierung von Prozessschwachstellen und Maßnahmen als datenbasierte Entscheidungsunterstützung für die Prozessanalyse und -gestaltung.
4) Ein Gestaltungsmodell für eine hybride Vorgehensweise zur Analyse und Gestaltung von Geschäftsprozessen unter Nutzung der datenbasierten Entscheidungsunterstützung.

Gemäß dem explorativen Forschungsprozess nach KUBICEK sind zur Absicherung des Forschungsprozesses theoriegeleitete Fragen an die Realität zu stellen.[26] Für diese Forschungsarbeit lässt sich aus der einleitenden Motivation und der Zielstellung folgende Forschungsfrage ableiten:

Wie können Verbesserungen von Geschäftsprozessen datenbasiert erkannt und hybrid gestaltet werden?

Die Beantwortung dieser Forschungsfrage soll es Unternehmen erleichtern, ihre Geschäftsprozesse methodisch effizient und effektiv zu verbessern. Mittels teilautomatisierter Anwendung von formalisiertem Methodenwissen auf Eventlogs wird die Analyse und Gestaltung von Geschäftsprozessen aufwandsgerechter und objektiver. Dies erweitert die datenbasierte Unterstützung der Geschäftsprozessverbesserung, die sich bislang auf Process Mining Lösungen für die Prozessaufnahme beschränkt. Durch die entwickelte Methodik wird den Unternehmen eine datenbasierte Entscheidungsunterstützung als Werkzeug sowie eine anwendungsorientierte Vorgehensweise zur

[26] Vgl. Kubicek, H. (1977) Heuristische Bezugsrahmen, S. 12 - 20.

Verfügung gestellt, mit der Geschäftsprozesse analysiert und im Hinblick auf eine Steigerung der Geschäftsprozessleistung umgestaltet werden können.

1.3 Forschungsmethodischer Rahmen

Die strukturierte Beantwortung der aufgestellten Forschungsfrage dient der Wissenschaft, die als Prozess des systematischen Erkenntnisgewinns beschrieben wird.[27] Nach ULRICH&HILL lässt sich die Wissenschaft in die Kategorien Formal- und Realwissenschaft aufteilen. Formalwissenschaften (z. B. Mathematik) dienen der Konstruktion von Zeichensystemen mit Regeln zu ihrer Verwendung. Realwissenschaften verfolgen das Ziel, empirisch wahrnehmbare Wirklichkeitsausschnitte zu beschreiben, erklären und gestalten. Innerhalb der Realwissenschaften werden „reine" Grundlagenwissenschaften und „angewandte" Handlungswissenschaften unterschieden. Grundlagenwissenschaften verfolgen das theoretische Ziel der Erklärung empirischer Wirklichkeitsausschnitte durch Erklärungsmodelle. Handlungswissenschaften verfolgen das praktische Ziel, menschliche Handlungsalternativen zur Gestaltung sozialer und technischer Systeme zu analysieren und Entscheidungsmodelle zu entwickeln. Zu den Handlungswissenschaften zählen die Ingenieurwissenschaften und die Sozialwissenschaften wie beispielsweise die Betriebswirtschaftslehre.[28]

Das Thema der vorliegenden Arbeit, die Analyse und Gestaltung von Geschäftsprozessen, lässt sich in das ingenieurwissenschaftliche Forschungsgebiet des Produktionsmanagements einordnen.

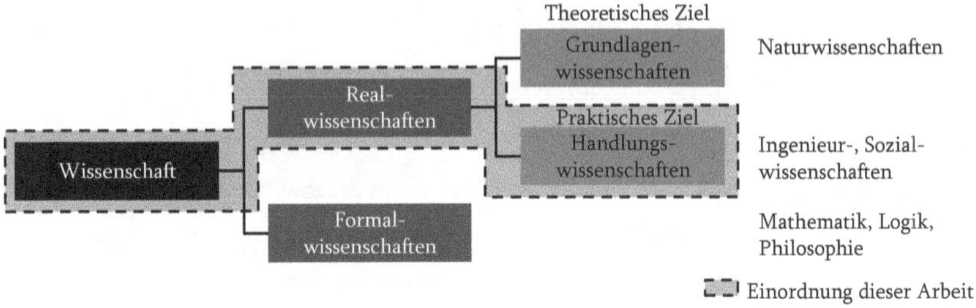

Abbildung 1.1: Einordnung der Wissenschaftssystematik nach ULRICH&HILL[29]

---

[27] Vgl. Kornmeier, M. (2007) Wissenschaftstheorie und wissenschaftliches Arbeiten, S. 4.

[28] Vgl. Ulrich, P./Hill, W. (1976) Wissenschaftstheoretische Grundlagen der Betriebswirtschaftslehre, S. 305.

[29] Vgl. Ulrich, P./Hill, W. (1976) Wissenschaftstheoretische Grundlagen der Betriebswirtschaftslehre, S. 305.

Durch die Verarbeitung von subjektiv wahrgenommenen Wirklichkeitsausschnitten gelangen bei Realwissenschaften subjektiven Werturteile in Form von normativen Aussagen in den Forschungsprozess. Diese subjektiven Einflüsse gilt es auszuschalten, zu kontrollieren oder zumindest durch Explizierung der Wertprämissen zu explizieren.[30] Für das Verständnis einer wissenschaftlichen Arbeit der Handlungswissenschaften ist daher das theoretische Vorverständnis des Autors zu explizieren.

Das Vorverständnis des Autors beruht auf seiner Tätigkeit als wissenschaftlicher Mitarbeiter und Leiter der Gruppe „Prozessmanagement" am Werkzeugmaschinenlabor WZL der RWTH Aachen University sowie Erfahrungen aus zahlreichen Beratungsprojekten bei Unternehmen der produzierenden Industrie. Zudem wurde relevante Literatur zur Geschäftsprozessverbesserung untersucht. Die kritische Reflexion der Praxis- und Forschungsrelevanz der Problemstellung mit Industrie- und Fachkollegen hat zur inhaltlichen Ausrichtung der Lösungskonzeption beigetragen. Dieses Vorverständnis des Autors wurde durch die Betreuung mehrerer wissenschaftlicher Abschlussarbeiten im Themenfeld des Forschungsvorhabens ergänzt und weiterentwickelt.

Das der Hauptforschungsfrage zugrundeliegende Vorverständnis des Autors lässt sich in einem heuristischen Bezugsrahmen nach KUBICEK abbilden. Ein heuristischer Bezugsrahmen setzt relevante Elemente, d. h. Kategorien oder Analyseeinheiten und ihre Dimensionen zwecks einer Problemstellung zueinander in Beziehung. Die sich daraus ergebende Perspektive zur Problemdefinition steuert dabei den Forschungsprozess.[31] Der heuristische Bezugsrahmen in Abbildung 1.2 expliziert die theoretische Perspektive des Forschers auf die Forschungsfrage und das Vorverständnis. Die in Kapitel 1.2 formulierte zentrale Forschungsfrage stellt ein Abbild des Vorverständnisses des Autors dar, das durch Gewinnung neuer Fragestellungen erweitert wird.

---

30 Vgl. Ulrich, P./Hill, W. (1976) Wissenschaftstheoretische Grundlagen der Betriebswirtschaftslehre, S. 306.

31 Vgl. Kubicek, H. (1977) Heuristische Bezugsrahmen, S. 18.

Abbildung 1.2: Heuristischer Bezugsrahmen des Vorverständnisses

Aus der in Kapitel 1.2 formulierten Zielstellung, der Hauptforschungsfrage und dem heuristischen Bezugsraumen werden zwecks Strukturierung des forschungsmethodischen Vorgehens folgende Teilforschungsfragen abgeleitet:

I. Wie können datenbasiert Prozessschwachstellen identifiziert und deren Auswirkungen erklärt werden?
II. Wie können Maßnahmen abgeleitet und deren Auswirkungen datenbasiert erklärt werden?
III. Wie können Verbesserungen von Geschäftsprozessen für eine Entscheidungsunterstützung quantifiziert werden?
IV. Wie sieht eine Methodik zur datenbasierten hybriden Prozessanalyse und -gestaltung aus?

Der zur Beantwortung dieser Forschungsfragen erforderliche Erkenntnisgewinn orientiert sich am explorativen Forschungszyklus nach TOMCZAK (vgl. Abbildung 1.3). Zu den aus dem explizierten Vorverständnis abgeleiteten Fragen an die Realität werden Daten gesammelt und analysiert. Das daraus neu entstehende Abbild der Realität wird kritisch geprüft und mit dem theoretischen Verständnis abgeglichen. Anschließend wird durch Differenzierung, Abstraktion und Perspektivenwechsel ein weiterentwickeltes theoretisches Verständnis erzeugt.[32] Dieses iterativen Vorgehens endet, wenn sich das erzeugte Verständnis zur Beherrschung der Problemsituation eignet.[33]

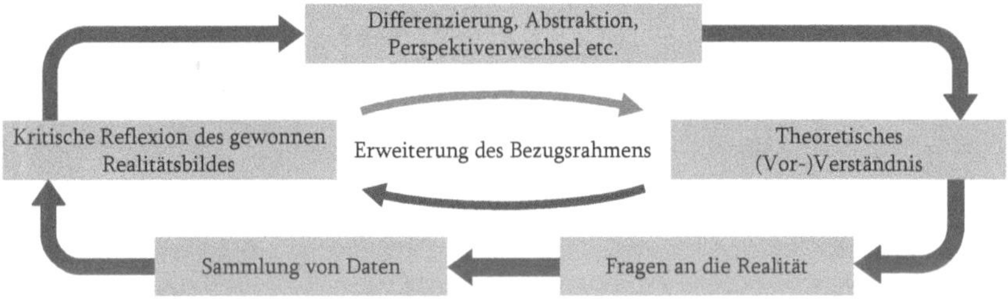

Abbildung 1.3: Explorativer Forschungszyklus nach TOMCZAK[34]

1.4 Aufbau der Arbeit

Der Aufbau der vorliegenden Arbeit folgt dem in Kapitel 1.3 beschriebenen anwendungsorientierten Ansatz und orientiert sich am Vorgehen der angewandten Forschung nach ULRICH. Durch wiederkehrenden Bezug zur Praxis soll die Anwendbarkeit kontinuierlich sichergestellt werden.[35]

Kapitel 1 erläutert die Motivation und Zielsetzung des Dissertationsvorhabens. Anschließend werden der forschungsmethodische Rahmen, die zugrundeliegenden Forschungsfragen und der resultierende Aufbau der Arbeit vorgestellt. In Kapitel 2 werden die problemrelevanten inhaltlichen Grundlagen zu Geschäftsprozessen, der Geschäftsprozessleistung, der Geschäftsprozessverbesserung sowie dem Vorgehen in der Prozessanalyse und -gestaltung vorgestellt. Kapitel 2 schließt mit den Herausforderungen des Themenfeldes als Handlungsbedarf in der Praxis. Diesem Handlungsbedarf aus der Praxis wird in Kapitel 3 der Stand der Forschung gegenübergestellt. Dazu werden bestehende Ansätze zur datenbasierten Analyse und Gestaltung von Geschäftsprozessen im Hinblick auf Anforderungen aus dem Handlungsbedarf der Praxis bewertet und der Forschungsbedarf aus Theorie- und Praxiszusammenhang abgeleitet. Aufbauend auf dem Forschungsbedarf werden in Kapitel 4 die inhaltlichen und formellen Anforderungen an das Dissertationsvorhaben formuliert. Daraus werden die

[32] Vgl. Tomczak, T. (1992) Forschungsmethoden in der Marketingwissenschaft, S. 84.
[33] Vgl. Kubicek, H. (1977) Heuristische Bezugsrahmen, S. 28 - 29.
[34] Vgl. Tomczak, T. (1992) Forschungsmethoden in der Marketingwissenschaft, S. 84.
[35] Vgl. Ulrich, H. et al. (1984) Management, S. 192 - 193.

Kernidee der Arbeit als Lösungshypothesen sowie ein viermodulares Grobkonzept für eine Methodik zur datenbasierten hybriden Analyse und Gestaltung von Geschäftsprozessen entwickelt. Die vier Lösungsmodule des Grobkonzepts für die Methodik werden in Kapitel 5 ausdetailliert. Im ersten Lösungsmodul erfolgt die Formalisierung der Prozessanalyse, im zweiten Lösungsmodul die Formalisierung der Prozessgestaltung. Im dritten Lösungsmodul wird eine Entscheidungsunterstützung und im vierten Lösungsmodul eine Vorgehensweise zur datenbasierten hybriden Analyse und Gestaltung von Geschäftsprozessen entwickelt. Diese Methodik wird in Kapitel 6 auf verschiedene Fragestellungen der Prozessanalyse und -gestaltung angewendet. Ihre Anwendung wird hinsichtlich der Anforderungen aus Kapitel 4 bewertet und kritisch reflektiert. In Kapitel 7 werden die Ergebnisse der Arbeit zusammengefasst und ein Ausblick auf weiteren Forschungsbedarf im Kontext der datenbasierten Prozessanalyse und -gestaltung gegeben. Der Zusammenhang zwischen den sieben Phasen des anwendungsorientierten Forschungsprozesses nach ULRICH und dem Aufbau dieser Arbeit ist in Abbildung 1.4 dargestellt.

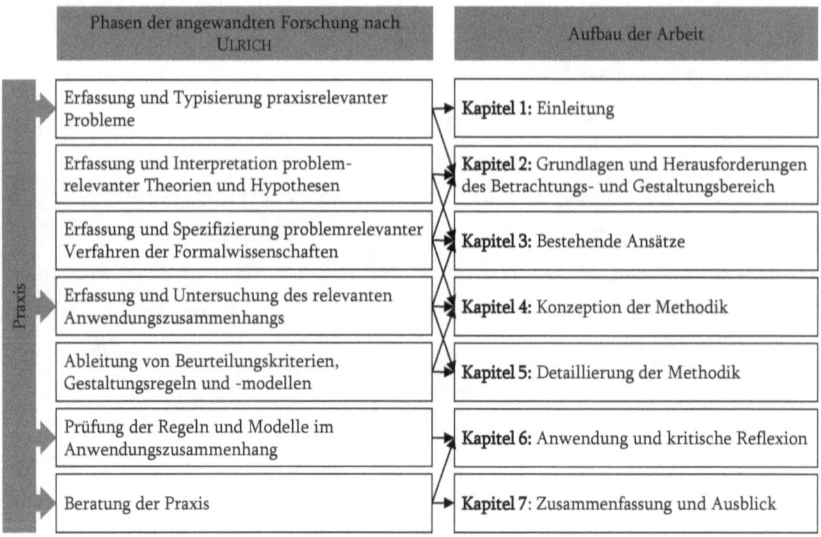

Abbildung 1.4: Forschungsprozess nach ULRICH[36] und Anwendung in dieser Arbeit

[36] Vgl. Ulrich, H. et al. (1984) Management, S. 193.

2 Grundlagen und Herausforderungen des Betrachtungs- und Gestaltungsbereichs

Ausgehend von der in Kapitel 1 beschriebenen Ausgangssituation und Zielsetzung wird in diesem Kapitel der Betrachtungs- und Gestaltungsbereich erläutert. Dazu werden in Kapitel 2.1 die Grundlagen von Geschäftsprozessen vorgestellt. Anschließend erfolgt die Vorstellung der Geschäftsprozessverbesserung (Kapitel 2.2) und detaillierend die Vorgehen der Prozessanalyse und -gestaltung (Kapitel 2.3). Darauf aufbauend werden in Kapitel 2.4 die Herausforderungen in bei der Analyse und Gestaltung von Geschäftsprozessen in der Praxis herausgearbeitet.

2.1 Grundlagen der Geschäftsprozesse

In Kapitel 2.1.1 werden zunächst terminologische Grundlagen zu Geschäftsprozessen vorgestellt. Anschließend werden in Kapitel 2.1.2 leistungsbestimmende Merkmale von Geschäftsprozessen vorgestellt.

2.1.1 Terminologische Grundlagen der Geschäftsprozesse

Für Organisationen ist die Gestaltung und Ausführung von Prozessen ein entscheidender Wettbewerbsfaktor, da sie sowohl die vom Kunden wahrgenommene Leistung als auch die Effizienz der Leistungserbringung beeinflussen.[37] Nachfolgend werden für die Begriffe *Prozesse* und *Geschäftsprozesse* Definitionen aus der Literatur vorgestellt.

Unter einem *Prozess* wird nach SCHMELZER&SESSELMANN eine „Abfolge von Aktivitäten verstanden, die aus definierten Inputs definierte Outputs erzeugen“[38]. DAVENPORT

[37] Vgl. Dumas, M. et al. (2018) Fundamentals of Business Process Management, S. 2.

[38] Schmelzer, H./Sesselmann, W. (2020) Geschäftsprozessmanagement in der Praxis, S. 63.

definiert einen Prozess als eine hinsichtlich Zeit und Ort strukturierte Aktivitätenfolge mit einem Start, Ende, definiertem Input und einem definierten Output für einen Markt oder Kunden.[39]

Als Sonderform von Prozessen werden *Geschäftsprozesse* verstanden. Für Geschäftsprozesse existieren in der Literatur eine Vielzahl von Definitionen. DUMAS ET AL. definieren den Geschäftsprozess als eine Reihe zusammenhängender Ereignisse, Aktivitäten und Entscheidungspunkte mit einer Anzahl von Akteuren und Objekten, die gemeinsam ein Ergebnis für einen oder mehrere Kunden erzielen.[40] Nach der Definition von SCHMELZER&SESSELMANN besteht ein Geschäftsprozess „[...] aus der funktionsübergreifenden Abfolge wertschöpfender Aktivitäten, die von Kunden erwartete Leistungen erzeugen und die aus der Geschäftsstrategie und den Geschäftszielen abgeleiteten Prozessziele erfüllen."[41] Dabei kann der Geschäftsprozess auch organisationsübergreifend sein und Aktivitäten von Kunden, Zulieferern und Partnern beinhalten.[42] Nach HAMMER&CHAMPY ist ein Geschäftsprozess eine Reihe von Aktivitäten, die aus einem oder mehreren Inputfaktoren einen Output mit einem Wert für den Kunden erzeugen.[43] WESKE definiert einen Geschäftsprozess als eine Reihe koordinierter Aktivitäten in einem organisatorischen und technische Umfeld zur Erreichung eines Unternehmensziels. Im Gegensatz zur Definition nach SCHMELZER&SESSELMANN wird nach WESKE ein Geschäftsprozess durch eine einzelne Organisation ausgeführt, kann jedoch Wechselwirkungen mit Geschäftsprozessen anderer Organisationen haben.[44] Die Definition von HEINE ET AL. beschreibt Geschäftsprozesse als „wiederhol- und eindeutig abgrenzbare sowie kundenfokussierte Prozesse, die jeweils beim Kundenbedarf beginnen und bei den jeweiligen Leistungen für Kunden enden."[45]

Die aufgeführten Definitionen zeigen Einigkeit über den Grundaufbau von Geschäftsprozessen als Aktivitätenfolgen und hinsichtlich der Fokussierung von Geschäftsprozessen auf den Kunden. WESKE nennt den Kundenfokus nicht explizit, sondern die Erreichung eines Unternehmensziels als Zweck von Geschäftsprozessen. Unter-

---

[39] Vgl. Davenport, T. (1993) Process innovation, S. 5.
[40] Vgl. Dumas, M. et al. (2018) Fundamentals of Business Process Management, S. 6.
[41] Schmelzer, H./Sesselmann, W. (2020) Geschäftsprozessmanagement in der Praxis, S. 64.
[42] Vgl. Schmelzer, H./Sesselmann, W. (2020) Geschäftsprozessmanagement in der Praxis, S. 67.
[43] Vgl. Hammer, M./Champy, J. (2001) Reengineering the corporation, S. 38.
[44] Vgl. Weske, M. (2019) Business Process Management, S. 5.
[45] Vgl. Heine, M. et al. (2017) Geschäftsprozessmanagement, S. 14.

schiede innerhalb der Definitionen ergeben sich hinsichtlich des Detailgrads der Beschreibung und inwiefern Geschäftsprozesse Organisationsgrenzen unterscheiden (vgl. SCHMELZER&SESSELMANN gegenüber WESKE). Für den weiteren Verlauf dieser Arbeit wird der Definition nach SCHMELZER&SESSELMANN gefolgt, da diese Geschäftsprozesse umfassend charakterisiert und neben dem Wertschöpfungscharakter auch den Zielbeitrag für die Unternehmensstrategie berücksichtigt. Ergänzend zu dieser Definition sei vor dem Hintergrund dieser Arbeit angemerkt, dass in der operativen Prozessausführung auch nicht-wertschöpfende Aktivitäten auftreten. Nachfolgend werden die Merkmale von Geschäftsprozessen vorgestellt.

Geschäftsprozesse werden auch als kundenfokussierte Prozesse oder **„End-to-End-Prozesse“** bezeichnet. Sie beginnen mit einem Kundenbedürfnis, einer Kundenerwartung oder -anforderung als **Auslöser** und enden mit der Bereitstellung einer Leistung an den Kunden. Dazu werden **Inputs** in Form personeller, finanzieller oder technischer Ressourcen sowie Dienstleistungen oder Informationen in einen oder mehrere **Prozessergebnisse (Output)** in Form von Sach-, Dienst und/oder Informationsleistungen transformiert.[46] Der Input stammt dabei aus mindestens einer Quelle und der Output wird an mindestens eine Senke weitergereicht.[47] Geschäftsprozesse bestehen aus mehreren Einzelschritten.[48] Die **Prozessausführung** beschreibt den tatsächlichen, einmaligen, unwiederholbaren und eindeutig identifizierbaren Ablauf eines Prozesses. Bei der Prozessausführung wird das **Prozessobjekt** (z. B. ein Kundenauftrag) bearbeitet.[49] Die Ressourcen Mensch und Sachmittel treten bei der Bearbeitung des Prozessobjekts als sogenannte Aktionsträger in Kombination auf.[50] Prozesse werden häufig arbeitsteilig durchgeführt.[51] Dabei werden die für die Prozessausführung erforderlichen Aktivitäten **funktionsübergreifend** – also über aufbauorganisatorische Grenzen von Funktionsorganisationen hinweg – organisatorisch gebündelt.[52] Die **Ablaufstruktur** eines Geschäftsprozesses legt die sachlich und zeitlich logische Abfolge der Aktivitäten fest. Da das Prozessergebnis ein Kundenbedürfnis erfüllen soll, müssen die

---

[46] Vgl. Schmelzer, H./Sesselmann, W. (2020) Geschäftsprozessmanagement in der Praxis, S. 65 - 66.
[47] Vgl. Schulte-Zurhausen, M. (2013) Organisation, S. 53.
[48] Vgl. Gadatsch, A. (2020) Grundkurs Geschäftsprozess-Management, S. 5.
[49] Vgl. Schmelzer, H./Sesselmann, W. (2020) Geschäftsprozessmanagement in der Praxis, S. 66.
[50] Vgl. Schulte-Zurhausen, M. (2013) Organisation, S. 53.
[51] Vgl. Gadatsch, A. (2020) Grundkurs Geschäftsprozess-Management, S. 5.
[52] Vgl. Schmelzer, H./Sesselmann, W. (2020) Geschäftsprozessmanagement in der Praxis, S. 67.

Prozessaktivitäten eines Geschäftsprozesses **wertschöpfend** sein.[53] Die Wertschöpfung, oder der Wertzuwachs des Prozesses, ist die Differenz zwischen dem Wert des Outputs und dem Wert des Inputs, wobei sich der Wert des Outputs aus der Zahlungsbereitschaft des Kunden ergibt.[54] Dadurch, dass der Output im Vorhinein definiert wird, ist ein Prozess immer **zweckbezogen** und (un)mittelbar kundenbezogen.[55] Zur Sicherung des Geschäftserfolgs sollen Geschäftsprozesse nicht nur die Kundenbedürfnisse, sondern auch weitere strategische und operative Zielvorgaben erfüllen.[56] Sie dienen damit der Unterstützung eines unternehmensbezogenen, strategischen Ziels.[57]

2.1.2 Leistung von Geschäftsprozessen

Die Sicherstellung und Erhöhung der Geschäftsprozessleistung leistet einen wesentlichen Beitrag zur Erreichung der Unternehmensziele.[58] In der Literatur werden die Begriffe Prozessleistung[59] und Prozessperformance[60] sowie englisch „process performance“[61] verwendet. Der Begriff „Leistung“ wird dabei als deutsche Übersetzung des Begriffs „Performance“ verstanden.[62] Zusätzlich wird der Prozessbegriff auf den Objektbereich der Geschäftsprozesse eingegrenzt (vgl. Kapitel 2.1.1). Daher wird im Verlauf dieser Arbeit konsistent der Begriff „Geschäftsprozessleistung“ genutzt.

Die Geschäftsprozessleistung beschreibt die Leistungsfähigkeit eines Geschäftsprozesses in Bezug auf das Erreichen seiner Effektivitäts- und Effizienzziele.[63] Unter der Prozesseffektivität wird die Erfüllung von Kunden- und Stakeholderbedürfnissen bei

53 Vgl. Schmelzer, H./Sesselmann, W. (2020) Geschäftsprozessmanagement in der Praxis, S. 67.
54 Vgl. Schulte-Zurhausen, M. (2013) Organisation, S. 52.
55 Vgl. Schulte-Zurhausen, M. (2013) Organisation, S. 53.
56 Vgl. Schmelzer, H./Sesselmann, W. (2020) Geschäftsprozessmanagement in der Praxis, S. 65.
57 Vgl. Gadatsch, A. (2020) Grundkurs Geschäftsprozess-Management, S. 5.
58 Vgl. Jeston, J. (2017) Business Process Management.
59 Vgl. Stöger, R. (2018) Prozessmanagement, S. 97.
60 Vgl. Schmelzer, H./Sesselmann, W. (2020) Geschäftsprozessmanagement in der Praxis, S. 356.
61 Vgl. Dumas, M. et al. (2018) Fundamentals of Business Process Management, S. 6.
62 Vgl. Krause, O./Mertins, K. (2006) Performance Management, S. 17 - 20.
63 Vgl. Schmelzer, H./Sesselmann, W. (2020) Geschäftsprozessmanagement in der Praxis, S. 356.

gleichzeitiger Verbesserung der Flexibilität, Kompetenzen und Beitrag zu strategischen und operativen Geschäftszielen verstanden.[64] Die Prozesseffizienz hingegen untersucht die Wirtschaftlichkeit der Leistungserstellung (z. B. Kosten) und beschreibt den Ressourcen- und Kostenaufwand zur Erreichung der Prozessziele.[65]

Die Messung der Geschäftsprozessleistung dient im weitesten Sinne der Steuerung der Geschäftsprozesse. Aus den strategischen Erfolgsfaktoren in der Geschäftsstrategie werden Prozessziele und aus diesen wiederum Vorgaben für Prozessleistungsparameter (z. B. Prozesszeit oder Termintreue) zur Messung der Prozesseffektivität und -effizienz abgeleitet.[66] Die Höhe der erforderlichen Geschäftsprozessleistung ergibt sich folglich aus der Geschäftsstrategie, den Geschäftszielen und den Kundenbedürfnissen.[67] Die Verknüpfung der Geschäftsprozessleistungskennzahlen zur Strategie sind dabei wichtig für eine zielorientierte Unternehmensführung, die sich nicht nur auf Effizienzziele wie die Reduktion von Prozesskosten beschränken sollte.[68]

Beispielhafte Einsatzgebiete für die Messung der Geschäftsprozessleistung sind nach STÖGER die Bewertung der Ist-Prozesse in der Prozessanalyse, der Abgleich von Soll- und Ist-Leistung zur Bewertung der Zielerreichung oder Entscheidungen über Ziele und Maßnahmen in der Prozessgestaltung.[69] Im BPM[70]-Lebenszyklusmodell nach DUMAS ET AL. ist die Messung der Geschäftsprozessleistung in verschiedenen Phasen relevant: Anhand der Geschäftsprozessleistung werden in der Prozessanalyse Prozessschwachstellen quantifiziert, in der Prozessgestaltung die Auswirkung verschiedener Handlungsoptionen bewertet und in der Prozessüberwachung die Zielerreichung kontrolliert.[71]

Zusätzlich zur Gliederung in Prozesseffektivität und -effizienz wird die Geschäftsprozessleistung in der der Literatur in unterschiedliche Leistungsdimensionen unterteilt.

---

64 Vgl. Schmelzer, H./Sesselmann, W. (2020) Geschäftsprozessmanagement in der Praxis, S. 67.

65 Vgl. Obermeier, S. et al. (2014) Geschäftsprozesse realisieren, S. 14; Schmelzer, H./Sesselmann, W. (2020) Geschäftsprozessmanagement in der Praxis, S. 67.

66 Vgl. Schmelzer, H./Sesselmann, W. (2020) Geschäftsprozessmanagement in der Praxis, S. 67 - 68.

67 Vgl. Schmelzer, H./Sesselmann, W. (2020) Geschäftsprozessmanagement in der Praxis, S. 356.

68 Vgl. Heckl, D./Moormann, J. (2010) Process Performance Management, S. 121.

69 Vgl. Stöger, R. (2018) Prozessmanagement, S. 97 - 98; Stöger, R. (2018) Prozessmanagement, S. 89 - 90.

70 BPM = Business Process Management, deutsch Geschäftsprozessmanagement

71 Vgl. Dumas, M. et al. (2018) Fundamentals of Business Process Management, S. 25 - 26.

In Abbildung 2.1 sind als Forschungsausschnitt unterschiedliche Leistungsdimensionen zur Bewertung der Geschäftsprozessleistung dargestellt. Weitere Leistungsdimensionen ergeben sich in der Literatur aus Übersichten zu Prozessperformanceindikatoren, wie beispielsweise nach SCHMITZ ET AL.[72]

	Leistungsdimensionen									
Autor	Zeit	Kosten	Qualität	Flexibilität	Mitarbeiter	Kundenzufrie-denheit	Termintreue	Service	Regeltreue	Ausbringungs-menge
SCHUH ET AL.	✔	✔	✔							
CHRIST	✔	✔	✔							
DUMAS ET AL.	✔	✔	✔	✔						
BECKER	✔	✔	✔	✔	✔					
SCHWAB	✔	✔	✔		✔	✔				
SCHMELZER&SESSELMANN	✔	✔	✔			✔				
HAMMER&CHAMPY		✔	✔	✔			✔			
VAN DER AALST ET AL.	✔	✔	✔	✔				✔		
ARMISTEAD	✔	✔	✔						✔	
KAPLAN&NORTON	✔	✔	✔							
HYOTYLÄINEN	✔	✔	✔							✔

Abbildung 2.1: Forschungsausschnitt: Dimensionen der Geschäftsprozessleistung[73]

[72] Vgl. Schmitz, S. et al. (2020) Definition of Process Performance Indicators for the Application of Process Mining in End-to-End Order Processing Processes, S. 676.

[73] Vgl. Armistead, C. (1999) Knowledge management and process performance, S. 143; Hammer, M./Champy, J. (2001) Reengineering the corporation, S. 54; Becker, T. (2008) Prozesse in Produktion und Supply Chain optimieren, S. 198; Kaplan, R./Norton, D. (2008) Mastering the management system, S. 7; Schuh, G. et al. (2010) Bewertung von Geschäftsprozessen in indirekten Bereichen, S. 267; Schmelzer, H./Sesselmann, W. (2013) Geschäftsprozessmanagement in der Praxis, S. 132; Schwab, J. (2013) Geschäftsprozessmanagement mit Visio, ViFlow und MS Project, S. 50; Christ, J. (2015) Intelligentes Prozessmanagement, S. 71; Hyötyläinen, T. (2015) Steps to Improved Firm Performance with Business Process Management, S. 136; van der Aalst, W. et al. (2016) Business Process Management, S. 3; Dumas, M. et al. (2018) Fundamentals of Business Process Management, S. 59; Schmelzer, H./Sesselmann, W. (2020) Geschäftsprozessmanagement in der Praxis, S. 132.

Die Aggregation der Leistungsdimensionen verdeutlicht die Heterogenität der Definition zu Leistungsdimensionen. Aufgrund ihrer häufigen Nennung in den ausgewählten Literaturquellen werden die Geschäftsprozessleistungsdimensionen Zeit, Kosten und Qualität als besonders relevant erachtet. Nach CHRIST dienen sie der Beurteilung der Prozesswirtschaftlichkeit, welche nach SCHMELZER&SESSELMANN ein Ausdruck für die Prozesseffizienz sind.[74] Die Prozesseffektivität wird gemäß der oben angeführten Definition durch Leistungsdimensionen wie beispielsweise die Flexibilität, Kundenzufriedenheit, Termintreue und Service beschrieben.

Die in Kapitel 1.2 vorgestellte Methodik des Dissertationsvorhabens berücksichtigt in der Vorgehensweise des vierten Lösungsmoduls (vgl. Kapitel 4.3.4 und Kapitel 5.4) verschiedene Leistungsdimensionen in der Prozessgestaltung. Die im dritten Lösungsmodul (vgl. Kapitel 4.3.3 und Kapitel 5.3) zu entwickelnde Entscheidungsunterstützung basiert auf der Nutzung von Eventlogs und fokussiert daher die Leistungsdimension Zeit, weshalb nachfolgend eine Definition und Erklärung der wichtigsten Zeitarten vorgenommen wird. Nach SCHMELZER&SESSELMANN beschreibt die Durchlaufzeit eines Geschäftsprozesses die Zeitspanne vom Beginn bis zum Ende eines Prozesses, sodass zeitparallele Teilprozesse nicht additiv einfließen. Die Zykluszeit dagegen ist die Summe aller Prozesszeiten (also auch der zeitparallelen Teilprozesse) und somit Ausdruck für den gesamten Zeitaufwand, der mit der Prozessausführung verbunden ist.[75] Die Prozesszeit einer Prozessaktivität setzt sich aus der Bearbeitungszeit, der Transferzeit und der Liegezeit zusammen. Während der Bearbeitungszeit findet die Erstellung des Prozessergebnisses statt. In der Transferzeit findet die Weitergabe von Zwischen- bzw. Endergebnissen statt. Als Liegezeiten werden alle Zeiten ohne Bearbeitung oder Transfer verstanden, zum Beispiel weil benötigte Inputs oder Ressourcen nicht verfügbar sind.[76] Die Transport- und Liegezeiten zwischen zwei Bearbeitungen lassen sich unter dem Begriff *Übergangszeit* zusammenfassen.[77]

---

[74] Vgl. Christ, J. (2015) Intelligentes Prozessmanagement, S. 71; Schmelzer, H./Sesselmann, W. (2020) Geschäftsprozessmanagement in der Praxis, S. 67.

[75] Vgl. Schmelzer, H./Sesselmann, W. (2020) Geschäftsprozessmanagement in der Praxis, S. 406.

[76] Vgl. Christ, J. (2015) Intelligentes Prozessmanagement, S. 73; Schmelzer, H./Sesselmann, W. (2020) Geschäftsprozessmanagement in der Praxis, S. 414.

[77] Vgl. Wiendahl, H.-P./Wiendahl, H.-H. (2020) Betriebsorganisation für Ingenieure, S. 257 - 258.

2.2 Grundlagen der Geschäftsprozessverbesserung

In Kapitel 2.1.1 werden zunächst terminologische Grundlagen zur Verbesserung von Geschäftsprozessen vorgestellt. In Kapitel 2.2.2 wird die Prozessaufnahme detailliert und zwischen konventionellen und datenbasierten Methoden unterschieden.

Im weiteren Verlauf dieser Arbeit werden die an der Geschäftsprozessverbesserung beteiligten Personen (bspw. Prozessberater, Prozessanalysten, Teilnehmende, Mitarbeitende, Führungskräfte, Fachexperten) geschlechtsneutral als „Prozessbeteiligte" (unternehmensintern) und „Methodenexperten" (unternehmensextern) bezeichnet.

2.2.1 Terminologische Grundlagen der Geschäftsprozessverbesserung

Die Notwendigkeit der Verbesserung von Geschäftsprozessen ergibt sich aus ihrer Bedeutung für die organisationale Effizienz und Effektivität von Unternehmen.[78] Fehlende oder mangelhafte Geschäftsprozesse sind häufige Ursachen für Effektivitäts- und Effizienzprobleme in Organisationen.[79] Unternehmen können sich durch leistungsfähige Geschäftsprozesse vom Wettbewerb abgrenzen, da diese neben der internen Effizienz auch die vom Kunden wahrgenommene Qualität beeinflussen.[80] Dass die Geschäftsprozessverbesserung dabei als permanente Aufgabe zu verstehen ist, verdeutlicht HAMMER mit den Aussagen „Every good process eventually becomes a bad process" und „Even a good process can be made better".[81] Dadurch soll sichergestellt werden, dass Geschäftsprozesse auch unter veränderten Rahmenbedingungen performant bleiben und Möglichkeiten zur weiteren Leistungssteigerung von Geschäftsprozessen genutzt werden.[82] Die Geschäftsprozessverbesserung wird demnach als notwendige Aufgabe zur dauerhaften Erhaltung und Verbesserung einer effektiven und effizienten Organisation sowie der Wettbewerbsfähigkeit beschrieben.

---

[78] Vgl. Dalmaris, P. et al. (2007) A framework for the improvement of knowledge-intensive business processes, S. 280.

[79] Vgl. Schmelzer, H./Sesselmann, W. (2020) Geschäftsprozessmanagement in der Praxis, S. 11.

[80] Vgl. Dumas, M. et al. (2018) Fundamentals of Business Process Management, S. 2.

[81] Hammer, M. (2015) What is Business Process Management?, S. 12.

[82] Vgl. Hammer, M. (2015) What is Business Process Management?, S. 12.

POVEY definiert die Geschäftsprozessverbesserung als Bewertung, Analyse und Verbesserung von erfolgskritischen Geschäftsprozessen.[83] Die Geschäftsprozessverbesserung ist zentraler Befähiger zur Steigerung der Effektivität und Effizienz von Unternehmen.[84] Dabei soll die Geschäftsprozessleistung im Sinne von Prozesseffektivität und Prozesseffizienz gesteigert werden (vgl. Kapitel 2.1.2). Die Geschäftsprozessverbesserung ist eine Aufgabe des Geschäftsprozessmanagements, zu dem nach SCHMELZER&SESSELMANN auch die Prozessführung, -organisation und das Prozesscontrolling zählen.[85]

Es sei darauf hingewiesen, dass in der Literatur die Begriffe Business Process Improvement[86], Business Process Management[87], Prozessverbesserung (engl. process improvement)[88], Geschäftsprozessoptimierung[89], Prozessoptimierung[90] oder auch Process redesign[91] teilweise synonym verwendet werden, um allgemein eine Verbesserung von Geschäftsprozessen zu beschreiben. Im weiteren Verlauf dieser Arbeit wird einheitlich der Begriff Geschäftsprozessverbesserung verwendet, sofern die Originalquelle keine explizite inhaltliche Differenzierung der Begriffe vornimmt.

2.2.1.1 Klassifikation von Geschäftsprozessverbesserungen

Methoden zur Geschäftsprozessverbesserung werden je nach Art und Umfang der Veränderungen am Geschäftsprozess in verschiedene Typen eingeordnet. ROSEMANN unterscheidet zwischen exploitativen und explorativen Ansätzen zur Geschäftsprozessverbesserung. Exploitative Ansätze beschäftigen sich mit der inkrementellen Geschäftsprozessverbesserung durch das Identifizieren, Quantifizieren und Abstellen

[83] Vgl. Povey, B. (1998) The development of a best practice business process improvement methodology, S. 30.

[84] Vgl. Schmelzer, H./Sesselmann, W. (2020) Geschäftsprozessmanagement in der Praxis, S. 505.

[85] Vgl. Schmelzer, H./Sesselmann, W. (2020) Geschäftsprozessmanagement in der Praxis, S. 15 - 17.

[86] Vgl. Povey, B. (1998) The development of a best practice business process improvement methodology, S. 30.

[87] Vgl. Rosemann, M. (2014) Proposals for Future BPM Research Directions, S. 1.

[88] Vgl. Hansen, H. R. et al. (2019) Wirtschaftsinformatik, S. 117.

[89] Vgl. Gadatsch, A. (2015) Geschäftsprozesse analysieren und optimieren, S. 27.

[90] Vgl. Schmelzer, H./Sesselmann, W. (2020) Geschäftsprozessmanagement in der Praxis, S. 505 - 506.

[91] Vgl. van Hee, K./Reijers, H. (2000) Using Formal Analysis Techniques in Business Process Redesign, S. 142.

von internen Prozessproblemen und negativen Abweichungen in der Prozessausführung, um Effizienzgrößen (z. B. Kosten, Prozesszeit) zu erreichen.[92] Exploitative Ansätze eignen sich insbesondere für Geschäftsprozesse in Organisationen mit statischen Marktbedingungen (z. B. Massenproduktion) und werden durch die Analyse historische Ereignisdaten sehr gut unterstützt.[93] Explorative Ansätze zielen auf die Ableitung gänzlich neuer Geschäftsprozesse und Visionen unabhängig von den aktuellen Geschäftsprozessen ab, um Innovation, Wachstum sowie wirtschaftliche und technische Chancen zu erschließen.[94] Eine andere Typisierung für Geschäftsprozessverbesserung liefern SCHMELZER&SESSELMANN. Sie unterscheiden zwischen der der inkrementellen Prozessverbesserung (Evolution) zur kontinuierlichen Performancesteigerung unter Beibehaltung der Grundstruktur des Geschäftsprozesses und der radikalen Prozesserneuerung (Revolution) mit grundlegender Veränderung oder Erneuerung eines Geschäftsprozesses zur sprunghaften Performancesteigerung (z. B. Business Process Reengineering).[95] Eine analoge Unterscheidung zwischen radikalen Prozessinnovationen und inkrementellen Prozessverbesserungen nimmt DAVENPORT vor.[96]

Der Fokus dieser Arbeit liegt auf der datenbasierten Unterstützung von exploitativen, inkrementellen Ansätzen, bei denen die Grundstruktur des Geschäftsprozesses erhalten bleibt und durch das Abstellen von identifizierten Prozessschwachstellen Leistungssteigerungen erzielt werden. Gemäß der Zielsetzung (vgl. Kapitel 1.2) ergänzen explorative Maßnahmen von Prozessbeteiligten (z. B. Kreativlösungen) die datenunterstützt erzielten Ergebnisse.

2.2.1.2 Vorgehen zur Geschäftsprozessverbesserung

In den vergangenen Jahrzehnten wurden in Literatur und Praxis eine Vielzahl an Vorgehensweisen zur Geschäftsprozessverbesserung entwickelt. Diese werden typischerweise als Phasenmodelle beschrieben und unterscheiden sich im Umfang ihrer Teilaufgaben sowie der Aggregation zu Phasen. In Vorarbeiten des Autors wurden unter-

---

92 Vgl. Rosemann, M. (2014) Proposals for Future BPM Research Directions, S. 4 - 5.
93 Vgl. Rosemann, M. (2014) Proposals for Future BPM Research Directions, S. 6.
94 Vgl. Rosemann, M. (2014) Proposals for Future BPM Research Directions, S. 7 - 8.
95 Vgl. Schmelzer, H./Sesselmann, W. (2020) Geschäftsprozessmanagement in der Praxis, S. 506 - 507.
96 Vgl. Davenport, T. (1993) Process innovation, S. 10 - 11.

schiedliche Phasenmodelle zu einem Referenzvorgehen für die Geschäftsprozessverbesserung konsolidiert.[97] Dabei wurden neun Phasenmodelle untersucht, von denen zwei Phasenmodelle weitere vier bzw. sechs Phasenmodelle konsolidieren, sodass insgesamt 17 unterschiedliche Phasenmodelle aus den Jahren 1990 bis 2020 Berücksichtigung finden. Die Konsolidierung der Phasenmodelle ergibt ein Referenzvorgehen für die Geschäftsprozessverbesserung (vgl. Abbildung 2.2), das weitestgehend dem BPM-Lebenszyklusmodell nach DUMAS ET AL.[98] entspricht.

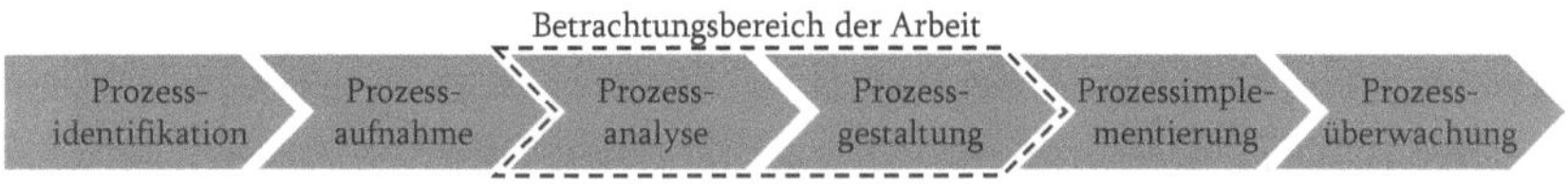

Abbildung 2.2: Referenzvorgehen der Geschäftsprozessverbesserung[99]

Nachfolgend werden die einzelnen Phasen des Referenzvorgehens für die Geschäftsprozessverbesserung vorgestellt:[100]

Das Referenzvorgehen beginnt in der Phase der *Prozessidentifikation* mit der Auswahl des zu verbessernden Geschäftsprozesses im Unternehmen. Die Auswahl erfolgt auf Basis der gegebenen Problemstellung oder durch Priorisierung von Geschäftsprozessen, bspw. anhand ihrer Potenzialträchtigkeit in einem Kernprozessportfolio[101]. In der *Prozessaufnahme* wird der Ist-Zustand des ausgewählten Geschäftsprozesses graphisch in Form eines Prozessmodells dokumentiert. In der anschließenden *Prozessanalyse* wird dieses Ist-Prozessmodell auf Schwachstellen und hinsichtlich seiner Geschäftsprozessleistung untersucht. Nach Möglichkeit werden die identifizierten Prozessschwachstellen anhand von Leistungskennzahlen quantifiziert. Die quantifizierten Prozessschwachstellen werden nach ihrer Auswirkung auf die Leistungskennzahlen und dem erwarteten Behebungsaufwand priorisiert. Auf die Prozessanalyse folgt die *Prozessgestaltung*, in der Maßnahmen zur Behebung der Prozessschwachstellen abgeleitet und ein verbesserter Soll-Prozess gestaltet werden. Dazu werden

97 Vgl. Schuh, G. et al. (2023) Procedure for Hybrid Process Analysis and Design, S. 2 - 5.

98 Vgl. Dumas, M. et al. (2018) Fundamentals of Business Process Management, S. 22 - 24.

99 i.A.a. Dumas, M. et al. (2018) Fundamentals of Business Process Management, S. 23; Schuh, G. et al. (2023) Procedure for Hybrid Process Analysis and Design, S. 2 - 5.

100 Vgl. Dumas, M. et al. (2018) Fundamentals of Business Process Management, S. 22 - 24; Schuh, G. et al. (2023) Procedure for Hybrid Process Analysis and Design, S. 2 - 5.

101 Vgl. Schuh, G. et al. (2011) Prozessmanagement, S. 374 - 375; Dumas, M. et al. (2021) Grundlagen des Geschäftsprozessmanagements, S. 30.

verschiedene geeignete Maßnahmen hinsichtlich ihrer Auswirkung auf die Leistungskennzahlen verglichen. Die vielversprechendsten Maßnahmen werden ausgewählt und kombiniert, um ein verändertes Soll-Prozessmodell zu generieren. Die ausgewählten Maßnahmen werden in der Phase der *Prozessimplementierung* vorbereitet und umgesetzt. Nach Einführung eines verbesserten Geschäftsprozesses werden relevante Prozessdaten erhoben, um den Prozess hinsichtlich seiner Leistungskennzahlen und Ziele zu analysieren und im Falle von Problemen Korrekturmaßnahmen einzuleiten. Dies erfolgt in der Phase der *Prozessüberwachung*. Dieses Vorgehen gilt es wiederholend zu durchlaufen, um neu auftretende Prozessschwachstellen zu beheben und den Geschäftsprozess kontinuierlich zu verbessern.

Das Konzept dieser Arbeit beschränkt sich auf die Prozessanalyse und -gestaltung (vgl. Abbildung 2.2). Im nachfolgenden Kapitel wird zusätzlich die Prozessaufnahme als Ausgangsbasis für die Prozessanalyse und -gestaltung beschrieben, da sich diese durch technologische Möglichkeiten wie Process Mining zunehmend verändert.

2.2.2 Methoden der Prozessaufnahme

In der Prozessaufnahme wird der aktuelle Zustand eines Geschäftsprozesses in einem Ist-Prozessmodell dokumentiert.[102] In der Literatur werden synonym die Begriffe Ist-Modellierung[103], Ist-Prozessmodellierung[104], Geschäftsprozessmodellierung[105], Geschäftsprozessbeschreibung[106] oder Prozesserhebung[107] verwendet. Die Modellierungssprache (z. B. EPK, BMPN 2.0) gibt dabei die zweckbezogene Notationsform an, die zur Beschreibung des Geschäftsprozesses verwendet wird.[108]

Ist-Prozessmodelle dienen als Ausgangsbasis für die Identifizierung von Schwachstellen und Verbesserungspotenzialen.[109] Die Prozessmodellierung ermöglicht ein gemeinsames Prozessverständnis für die verschiedenen am Geschäftsprozess und deren Verbesserung beteiligten Personen, die je nach Spezialisierung eine unterschiedlich

---

102 Vgl. Dumas, M. et al. (2018) Fundamentals of Business Process Management, S. 22.
103 Vgl. Schwegmann, A./Laske, M. (2012) Istmodellierung und Istanalyse, S. 165.
104 Vgl. Dumas, M. et al. (2021) Grundlagen des Geschäftsprozessmanagements, Proz30.
105 Vgl. Peters, R./Nauroth, M. (2019) Process-Mining im Vergleich zu anderen Methoden, S. 18.
106 Vgl. Schulte-Zurhausen, M. (2013) Organisation, S. 98.
107 Vgl. Dumas, M. et al. (2021) Grundlagen des Geschäftsprozessmanagements, Proz30.
108 Vgl. Liebetruth, T. (2020) Prozessmodellierung, S. 28.
109 Vgl. Schwegmann, A./Laske, M. (2012) Istmodellierung und Istanalyse, S. 165.

breite und tiefe Wahrnehmung des Gesamtprozesses besitzen.[110] Zudem hilft die Kenntnis des Ist-Zustands bei der Planung der Migration zu einem Sollzustand eines Prozesses.[111] Trotz dieses Nutzens wird die Prozessaufnahme in der Literatur kontrovers diskutiert. In der Praxis beobachten ROSEMANN ET AL. eine erhöhte Komplexität, wenn Unternehmen Prozessmodelle für eine Vielzahl an Nutzern und Verwendungszwecken mit diversen Modellierungstechniken und -tools erstellen.[112] Gegen die Modellierung von Ist-Prozessen spricht, dass dadurch die Kreativität bei der Lösungsfindung gehemmt wird.[113] SPECK&SCHNETGÖKE argumentieren, dass der Nutzen einer Prozessaufnahme umso geringer ist und ihr Detailgrad umso geringer sein kann, je größer der erwartete Veränderungsbedarf am Ist-Zustand des Prozesses ist.[114]

Neben der Geschäftsprozessverbesserung werden Prozessmodelle auch für weitere Zwecke wie beispielsweise die Organisationsdokumentation, die prozessorientierte Reorganisation oder die Softwareauswahl eingesetzt.[115]

2.2.2.1 Konventionelle Methoden der Prozessaufnahme

Konventionell kommen für die Prozessaufnahme die Untersuchung bestehender Prozessdokumentationen, Prozessbeobachtungen, Einzelinterviews und Workshops zum Einsatz. [116] HANSEN ET AL. empfehlen vor dem Einsatz von Beobachtungen, Interviews und Workshops die Untersuchung existierender **Prozessdokumentationen** für ein erstes Prozessverständnis. Eine Einbindung von unternehmensinternen Prozessbeteiligten ist nicht erforderlich. Es ist zu beachten, dass Prozessdokumentationen einen bereits vergangenen Prozesszustand darstellen. Die **Prozessbeobachtung** bildet eine objektive Möglichkeit zur Prozessaufnahme unter dem Vorbehalt, dass sich die Prozessteilnehmenden unter Beobachtung möglicherweise atypisch verhalten. Zudem werden durch Beobachtungen häufig nur Teile eines Geschäftsprozesses aufgenommen werden. In **Interviews** werden Prozessdetails durch Rückfragen geklärt und verstanden. Diese Methode bindet im Unterschied zu den ersten beiden Methoden jedoch

---

110 Vgl. Dumas, M. et al. (2018) Fundamentals of Business Process Management, S. 75.

111 Vgl. Schwegmann, A./Laske, M. (2012) Istmodellierung und Istanalyse, S. 165.

112 Vgl. Rosemann, M. et al. (2012) Vorbereitung der Prozessmodellierung, S. 47.

113 Vgl. Schwegmann, A./Laske, M. (2012) Istmodellierung und Istanalyse, S. 166.

114 Vgl. Speck, M./Schnetgöke, N. (2012) Sollmodellierung und Prozessoptimierung, S. 197.

115 Vgl. Rosemann, M. et al. (2012) Vorbereitung der Prozessmodellierung, S. 59.

116 Vgl. Schwegmann, A./Laske, M. (2012) Istmodellierung und Istanalyse, S. 176 - 177; Schulte-Zurhausen, M. (2013) Organisation, S. 98; Hansen, H. R. et al. (2019) Wirtschaftsinformatik, S. 113.

Kapazitäten der interviewten Personen. Die Interviews sind oft mehrfach durchzuführen, bis ein Prozessmodell vorliegt, das den Anforderungen an Richtigkeit und den Detailgrad genügt.[117] Gegenüber Workshops bieten Einzelinterviews den Vorteil der effizienten Modellierung, da Diskussionen unterschiedlicher Interessengruppen unterbleiben. Außerdem sind die Prozessbeteiligten in Einzelinterviews offener in der Kommunikation von Schwachstellen, die sie in Gruppenworkshops aus Bedenken vor negativen Konsequenzen möglicherweise nicht äußern würden. Es ist jedoch zu beachten, dass Interviews immer nur die jeweilige Perspektive einzelner Prozessbeteiligten auf den Prozess abbildet, die möglicherweise nicht von allen Prozessbeteiligten gleichermaßen akzeptiert ist.[118] Eine weitere Methode zur Prozessaufnahme ist der Einsatz von **Workshops bzw. moderierter Gruppenarbeiten**[119], bei dem die Einzelperspektiven mehrerer Prozessbeteiligten gleichzeitig zusammengeführt werden. Dies ermöglicht die Diskussion widersprüchlicher Auffassungen zum Geschäftsprozess. Neben dem erhöhten Koordinationsaufwand im Vergleich zu Interviews erfordert diese Methode auch Moderationskompetenz, um die Meinungen aller im Workshop eingebundenen Prozessbeteiligten gleichermaßen zu berücksichtigen.[120] Sowohl in Interviews als auch in Workshops werden die Ergebnisse durch die Methodenexperten dokumentiert und anschließend erneut mit den Prozessbeteiligten abgestimmt.[121]

Mit der konventionellen Prozessaufnahme gehen einige Nachteile einher. Das Vorgehen ist in der Regel sehr zeit- und ressourcenaufwändig.[122] Gleichzeitig basiert die Prozessmodellierung durch Dokumentensichtung, Interviews oder Workshops auf Stichproben und ist dadurch lückenhaft.[123] Die Repräsentanz der Stichprobe hängt vom investierten Zeit- und Ressourcenaufwand ab und wird durch Annahmen und Extrapolationen ergänzt.[124] Dies führt zu einem relativ groben Abbild der tatsächlichen Prozessrealität und dem Risiko subjektiver Einflüsse.[125]

---

[117] Vgl. Hansen, H. R. et al. (2019) Wirtschaftsinformatik, S. 113.
[118] Vgl. Schwegmann, A./Laske, M. (2012) Istmodellierung und Istanalyse, S. 176 - 177.
[119] Vgl. Schulte-Zurhausen, M. (2013) Organisation, S. 98.
[120] Vgl. Hansen, H. R. et al. (2019) Wirtschaftsinformatik, S. 113 - 114.
[121] Vgl. Schulte-Zurhausen, M. (2013) Organisation, S. 98.
[122] Vgl. Peters, R./Nauroth, M. (2019) Process-Mining im Vergleich zu anderen Methoden, S. 21.
[123] Vgl. Peters, R./Nauroth, M. (2019) Process-Mining im Vergleich zu anderen Methoden, S. 18.
[124] Vgl. Reinkemeyer, L. (2020) Process Mining in a Nutshell, S. 7 - 8.
[125] Vgl. Reinkemeyer, L. (2020) Process Mining in a Nutshell, S. 7 - 8.

2.2.2.2 Datenbasierte Prozessaufnahme

Durch die steigende Verknüpfung von physischer und digitaler Welt sowie dem Datenwachstum nimmt auch die Verflechtung von Geschäftsprozessen und Informationssystemen zu.[126] Dabei hinterlassen Geschäftsaktivitäten in Informationssystemen (z. B. ERP-Systemen) digitale Spuren, die für eine datenbasierte Prozessmodellierung genutzt werden können.[127] Process Mining beschreibt das Entdecken, Überwachen und Verbessern realer (d. h. nicht-annahmenbasierter) Prozesse durch das Gewinnen von Informationen aus Ereignisdaten in Informationssystemen.[128] Process Mining verknüpft damit die eher prozessunabhängigen Data Science Ansätze und eher modellgetriebenen und weniger faktenbasierten Ansätze der Process Science.[129] Das Ziel von Process Mining ist die Visualisierung und Analyse von Geschäftsprozessen.[130] Process Mining extrahiert die digitalen Spuren eines Prozesses und visualisiert daraus den Prozessfluss, um Transparenz über die tatsächliche Prozessausführung zu schaffen.[131]

Process Mining basiert auf der Annahme, dass die Reihenfolge von Ereignissen so aufgenommen werden kann, dass jedem Ereignis (engl. *event)* eine Aktivität zugrunde liegt und das Ereignis einer Prozessinstanz zugeordnet werden kann.[132] Diese Form der Ereignisdaten wird als *Eventlog* bezeichnet.[133] Ein Ereignis protokolliert den Start und/oder das Ende einer Aktivität für eine bestimmte Prozessinstanz.[134] Zur Beschreibung eines Ereignisses werden als Mindestanforderungen die Attribute Prozessinstanzidentifikator (engl. *case-ID*), Aktivitätsbezeichnung und Zeitstempel benötigt.[135] Diese Attribute werden im weiteren Verlauf der Arbeit als Mindestattribute und ein Eventlog mit diesen Attributen als Standardeventlog bezeichnet. Die Prozessinstanz (z. B. ein Kundenauftrag) ist dabei die zu betrachtende Entität, der die Ereignisse einer

---

[126] Vgl. van der Aalst, W. (2016) Data Science in Action, S. 4 und van der Aalst, W. (2016) Process Mining: The Missing Link, S. 25

[127] Vgl. Reinkemeyer, L. (2020) Process Mining in Action, S. 3 - 4.

[128] Vgl. van der Aalst, W. et al. (2012) Process Mining Manifesto, S. 172 und van der Aalst, W. (2016) Process Mining: The Missing Link, S. 31.

[129] Vgl. van der Aalst, W. (2016) Data Science in Action, S. 15.

[130] Vgl. Koch, C./Fedtke, S. (2020) Robotic Process Automation, S. 115.

[131] Vgl. Reinkemeyer, L. (2020) Process Mining in a Nutshell, S. 4.

[132] Vgl. van der Aalst, W. et al. (2012) Process Mining Manifesto, S. 174.

[133] Vgl. van der Aalst, W. (2016) Data Science in Action, S. 10.

[134] Vgl. van der Aalst, W. et al. (2012) Process Mining Manifesto, S. 193.

[135] Vgl. van der Aalst, W. (2021) Hybrid Intelligence: to automate or not to automate, that is the question, S. 14.

Prozessausführung zugeordnet sind.[136] Der Ablauf der Ereignisse einer Prozessinstanz wird als Spur (engl. *trace*) bezeichnet.[137] Die Gesamtheit der Prozessspuren eines Prozesses ergeben einen Eventlog.[138]

Bei der Verarbeitung von Eventlogs mithilfe von Process Mining werden drei Grundtypen der Analyse unterschieden: *discovery*, *conformance (checking)* und *(model) enhancement*. Process Mining Discovery erstellt auf Basis eines Eventlogs ein Prozessmodell von realen Prozessen. Process Mining Conformance vergleicht Eventlogs mit einem bereits vorliegenden Prozessmodell desselben Prozesses, um Abweichungen zwischen dem Prozessmodell und der realen Prozessausführung zu identifizieren. Process Mining Enhancement als dritter Grundtyp nutzt Informationen aus Eventlogs, um existierende Prozessmodelle zu erweitern oder verbessern.[139]

Für die Prozessaufnahme ist die Prozessmodellierung mit Process Mining Discovery relevant. Für die Prozessanalyse und -gestaltung können Process Mining Conformance und Enhancement nicht eingesetzt werden, da die dafür notwendigen Vergleichs-Prozessmodelle üblicherweise nicht vorliegen. Im Rahmen dieser Arbeit wird Process Mining Discovery eingesetzt, um den Geschäftsprozess als Eingangsinformation für die Prozessanalyse und -gestaltung graphisch zu modellieren.

Die Prozessaufnahme mit Process Mining bietet im Vergleich zu herkömmlichen Methoden mehrere Vorteile. Durch die automatisierte Modellierung von Ist-Prozessen reduziert Process Mining den Zeit- und Ressourcenaufwand für die Prozessaufnahme.[140] Der zweite Vorteil von Process Mining ist die Abbildung einer vollständigen, objektiven Prozesstransparenz. Konventionelle Ansätze sind lückenhaft, basieren auf Stichproben und Quantifizierungsannahmen, unterliegen dem Risiko subjektiver Einflüsse und liefern dabei nur ein grobes Abbild der Realität (vgl. Kapitel 2.2.2.1).[141]

---

[136] Vgl. van der Aalst, W. et al. (2012) Process Mining Manifesto, S. 194.

[137] Vgl. Fahland, D. (2020) Process-Mining: Prozessanalyse mit Ereignisdaten, S. 167.

[138] Vgl. Günther, C. et al. (2010) Activity Mining by Global Trace Segmentation, S. 124.

[139] Vgl. van der Aalst, W. et al. (2012) Process Mining Manifesto, S. 175.

[140] Vgl. Peters, R./Nauroth, M. (2019) Process-Mining im Vergleich zu anderen Methoden, S. 21.

[141] Vgl. Peters, R./Nauroth, M. (2019) Was ist Process-Mining, S. 18; Reinkemeyer, L. (2020) Process Mining in Action, S. 7.

Process Mining hingegen bildet tatsächlich vorgefallene Prozessausführungen und damit die gesamte Prozesskomplexität abbilden.[142] Statt wahrnemungsbasierter Stichprobenbetrachtungen liefert Process Mining eindeutige, und damit unstrittige, Einblicke in Prozesse basierend auf den Ereignisdaten tatsächlicher Prozessausführungen.[143]

Neben den erläuterten Vorteilen bringt Process Mining auch neue Herausforderungen mit sich, von denen die im Kontext dieser Arbeit relevanten Aspekte nachfolgend erläutert werden. Dem reduzierten Aufwand durch die automatisierte Prozessmodellierung steht der Aufwand für die Extraktion der häufig unstrukturierten Ereignisdaten aus verschiedenen Informationssystemen gegenüber.[144] Anwendungsseitig kritisieren SEELIGER ET AL., dass der große Umfang der untersuchten Ereignisdaten häufig zu unübersichtlichen und unpräzisen „spaghettiartigen" Visualisierungen führen.[145] Entgegen der eingangs verwendeten Definition des Process Minings als Methode zum „Verbessern" von Prozessen[146], sei zudem auf eine methodische Limitation von Process Mining hingewiesen. Laut einer Studie der Unternehmensberatung DELOITTE versprechen sich 77 % der befragten Unternehmen von Process Mining eine „Prozessverbesserung", die Technologie liefert jedoch erstmal nur Prozesstransparenz, Automatisierungspotenzial und eine Möglichkeit zur Prozessüberwachung. Prozessverbesserungen sind laut der Studie nur indirekter Nutzen von Process Mining, der zusätzlich die Ableitung und Implementierung von Verbesserungsmaßnahmen und -projekten erfordert.[147] Process Mining beschreibt den Ist-Zustand eines Geschäftsprozesses und liefert Erkenntnisse um die eigentliche Untersuchung des Problembereichs zu befähigen.[148] Der wissenschaftliche Diskurs zeigt, dass Process Mining als datenbasierte Technologie des Geschäftsprozessmanagements die Aufwände und Subjektivität in der Prozessaufnahme reduziert, darüber hinausgehend jedoch kaum Unterstützung für die Verbesserung von Geschäftsprozessen liefert.

---

[142] Vgl. Reinkemeyer, L. (2020) Process Mining in Action, S. 5.

[143] Vgl. Reinkemeyer, L. (2020) Process Mining in Action, S. 8.

[144] Vgl. van der Aalst, W. (2016) Process Mining: The Missing Link, S. 32.

[145] Vgl. Seeliger, A. et al. (2018) ProcessExplorer: An Interactive Visual Recommendation System for Process Mining, S. 1.

[146] Vgl. van der Aalst, W. et al. (2012) Process Mining Manifesto, S. 172 und van der Aalst, W. (2016) Process Mining: The Missing Link, S. 31.

[147] Vgl. Galic, G./Wolf, M. (2021) Delivering Value with Process Analytics, S. 10.

[148] Vgl. Gross, S. et al. (2020) Process Mining Supported Process Redesign: Matching Problems with Solutions, S. 24; Reinkemeyer, L. (2020) People: The Human Factor, S. 28.

2.3 Vorgehen der Prozessanalyse und -gestaltung

Die Vorstellung der Geschäftsprozessverbesserung in Kapitel 2.2 detaillierend folgt in diesem Kapitel die Vorstellung der Prozessanalyse und -gestaltung. Dazu werden die Prozessanalyse in Kapitel 2.3.1 und die Prozessgestaltung in Kapitel 2.3.2 dargelegt.

2.3.1 Prozessanalyse

In diesem Kapitel soll die Prozessanalyse als Teilschritt der Geschäftsprozessverbesserung vorgestellt werden. Im *BPM Lebenszyklusmodell* nach DUMAS ET AL. (vgl. Kapitel 2.2.1.2) ist die Phase der Prozessanalyse zwischen der Prozessaufnahme und der Prozessgestaltung verortet und ergänzt das Ist-Prozessmodell um Erkenntnisse über Schwachstellen und deren Auswirkung auf die Geschäftsprozessleistung.[149] Konkret definieren DUMAS ET AL. die Prozessanalyse als die Identifizierung, Dokumentation und, sofern möglich, Quantifizierung von Schwachstellen im Ist-Prozess.[150] Voraussetzung für die Prozessanalyse ist das Vorliegen von Geschäftsprozessmodellen.[151] Als Output liefert die Prozessanalyse eine Schwachstellenliste, die nach der potenziellen Auswirkung und dem erwarteten Lösungsaufwand priorisiert ist.[152] Einige Autoren zählen die Ursachenermittlung zu den identifizierten Schwachstellen ebenfalls zur Prozessanalyse.[153] Vereinzelt wird auch die Prozessaufnahme in die Prozessanalyse integriert und als gemeinsame Phase aufgeführt.[154] Im Rahmen dieser Arbeit werden die Prozessaufnahme und die Prozessanalyse in Anlehnung an den Referenzprozess jedoch als zwei unterschiedliche Phasen betrachtet (vgl. Kapitel 2.2.1.2).

Aus ihrer Positionierung zwischen Prozessmodellierung und Prozessgestaltung[155] ergibt sich die Relevanz der Prozessanalyse für die Geschäftsprozessverbesserung. Die reine Prozessmodellierung/-aufnahme liefert ohne eine anschließende Prozessanalyse

---

[149] Vgl. Dumas, M. et al. (2018) Fundamentals of Business Process Management, S. 22 - 23.
[150] Vgl. Dumas, M. et al. (2018) Fundamentals of Business Process Management, S. 22 - 23.
[151] Vgl. Allweyer, T. (2012) Geschäftsprozessmanagement, S. 223.
[152] Vgl. Dumas, M. et al. (2018) Fundamentals of Business Process Management, S. 22 - 23.
[153] Vgl. Hansen, H. R. et al. (2019) Wirtschaftsinformatik, S. 114; Schmelzer, H./Sesselmann, W. (2020) Geschäftsprozessmanagement in der Praxis, S. 381.
[154] Vgl. Schuh, G. (2006) Change management - Prozesse strategiekonform gestalten, S. 41; Horatzek, S. (2019) Toolbox Prozessmanagement, S. 13 - 19.
[155] Vgl. Dumas, M. et al. (2018) Fundamentals of Business Process Management, S. 22 - 23.

kaum Mehrwert.[156] Ein detailliertes Verständnis über die Stärken und Schwächen der aktuellen Prozessausführung ist Voraussetzung für die Verbesserung von Geschäftsprozessen.[157] Die Prozessanalyse liefert mit den identifizierten Schwachstellen die Grundlage für die Gestaltung verbesserter Soll-Prozesse.[158] Neben dem erhöhten Prozessverständnis dient die Prozessanalyse der Untersuchung, wie sehr die Prozesse zur Zielerreichung des Unternehmens beitragen.[159]

2.3.1.1 Methoden der Prozessanalyse

Obgleich die erläuterten Definitionen der Prozessanalyse größtenteils die Schwachstellenidentifizierung in Geschäftsprozessen als Hauptaufgabe nennen, existieren für die Prozessanalyse eine Vielzahl unterschiedlicher Methoden, die über die manuell-qualitative Schwachstellenanalyse in Prozessmodellen[160] hinausgehen. Nachfolgend werden zentrale Methoden der Prozessanalyse sowie deren Klassifizierung vorgestellt:

SCHMELZER&SESSELMANN unterscheiden statische und dynamische Prozessanalysen. **Statische Prozessanalysen** identifizieren strukturelle Schwachstellen hinsichtlich Prozessführung, -organisation, -controlling, -verbesserung, -mitarbeiter, -ressourcen und IT-Unterstützung. Beispielhafte Methoden für statische Prozessanalysen sind Reifegradanalysen oder Prozessbenchmarkings. **Dynamische Prozessanalysen** untersuchen den Ablauf und die Häufigkeit von beispielsweise Prozessaktivitäten in Geschäftsprozessen. Beispiele für dynamische Prozessanalysen sind Prozesssimulationen oder Untersuchungen von Wartezeiten, Kapazitätsauslastung, Prozesszeiten, -kosten, u. v. m. Dynamische Prozessanalysen werden umso besser durch Prozessdaten aus Informationssystemen unterstützt, je automatisierter die Geschäftsprozesse sind.[161]

---

[156] Vgl. Vergidis, K. et al. (2008) Business Process Analysis and Optimization: Beyond Reengineering, S. 76., Vgl. Becker, J. et al. (2010) Pattern-Based Semi-Automatic Analysis of Weaknesses in Semantic Business Process Models in the Banking Sector, S. 1 - 2

[157] Vgl. Dooner, M. et al. (2001) A technique for revealing and agreeing an agenda for process improvement, S. 216.

[158] Vgl. Speck, M./Schnetgöke, N. (2012) Sollmodellierung und Prozessoptimierung, S. 212; Schulte-Zurhausen, M. (2013) Organisation, S. 105; Schmelzer, H./Sesselmann, W. (2020) Geschäftsprozessmanagement in der Praxis, S. 215.

[159] Vgl. Liebetruth, T. (2020) Analyse von Prozessen und Servicequalität, S. 67.

[160] Vgl. Horatzek, S. (2019) Toolbox Prozessmanagement, S. 105 - 107.

[161] Vgl. Schmelzer, H./Sesselmann, W. (2020) Geschäftsprozessmanagement in der Praxis, S. 381.

Ähnlich dazu klassifizieren DUMAS ET AL. die Methoden der Prozessanalyse in qualitative und quantitative Ansätze. Zu den **qualitativen Prozessanalysen** zählen beispielsweise Wertschöpfungs- und Verschwendungsanalysen, die Stakeholderanalyse, die Problemdokumentation und die Ursachenanalyse.[162] Die qualitative Erfassung und Beschreibung von Prozessschwachstellen wird auch als Schwachstellenanalyse beschrieben[163]. Damit ist sie eine der direktesten Möglichkeiten der Prozessanalyse, was auch die sprachlich-inhaltliche Nähe zur Definition der Prozessanalyse (vgl. Kapitel 2.3.1) zeigt. Erweitert wird die Schwachstellenanalyse durch die Ursachenanalyse. Die Ursachenanalyse eruiert die Gründe für eine verringerte Geschäftsprozessleistung durch Prozessschwachstellen mithilfe verschiedener Methoden wie z.B. Ursache-Wirkungs-Diagramme (auch Ishikawa-Diagramme[164]) oder der 5-Why-Methode.[165] Qualitative Prozessanalysen liefern viele Prozesserkenntnisse, sind für die Ableitung von Entscheidungen jedoch meist zu unfundiert, beispielsweise hinsichtlich erwartbarer Leistungssteigerungen durch Prozessverbesserungen.[166] Die für eine quantitative Bewertung von Prozessschwachstellen erforderlichen Prozessdaten können häufig nicht oder nur mit unangemessenem Aufwand erhoben werden, sodass die Bedeutung von Prozessschwachstellen verbal argumentiert wird.[167]

Diese Nachteile adressieren **quantitative Prozessanalysen** mit dem Fokus auf Prozessleistungsindikatoren (z. B. Prozesszeiten und -kosten) wie beispielsweise die Flussanalyse, Warteschlangenuntersuchungen oder Simulationen.[168] Die Flussanalyse ist eine Reihe von Methoden zur Bestimmung der durchschnittlichen Leistung eines Gesamtprozesses (z. B. Zeit, Kosten, Fehler) durch Verknüpfung der Einzelleistungen der einzelnen Prozessaktivitäten. Dabei werden unterschiedliche Prozessausführungsvarianten mit ihrer Ausführungshäufigkeit berücksichtigt.[169] Weitere beispielhafte Methoden der Flussanalyse sind die Zykluszeiteneffizienz zur Bestimmung des wertschöpfenden Zeitanteils an der gesamten Zykluszeit oder die Methode des kritischen Pfads

---

[162] Vgl. Dumas, M. et al. (2018) Fundamentals of Business Process Management, S. 213.

[163] Vgl. Schulte-Zurhausen, M. (2013) Organisation, S. 105; Horatzek, S. (2019) Toolbox Prozessmanagement, S. 105 - 107.

[164] Vgl. Horatzek, S. (2019) Toolbox Prozessmanagement, S. 110 - 111.

[165] Vgl. Dumas, M. et al. (2018) Fundamentals of Business Process Management, S. 236 - 340.

[166] Vgl. Dumas, M. et al. (2018) Fundamentals of Business Process Management, S. 255.

[167] Vgl. Schwegmann, A./Laske, M. (2012) Istmodellierung und Istanalyse, S. 189.

[168] Vgl. Dumas, M. et al. (2018) Fundamentals of Business Process Management, S. 254.

[169] Vgl. Dumas, M. et al. (2018) Fundamentals of Business Process Management, S. 255 - 256.

zur Identifizierung von durchlaufzeitkritischen Prozessaktivitäten.[170] Zu der quantitativen Prozessanalysen gehört auch der Einsatz von Kennzahlen. Dabei werden Leistungskennzahlen für den Ist-Prozess erhoben und mit vorgegebenen Zielgrößen verglichen, um die Leistungsfähigkeit von Prozessen zu beurteilen und Schwachstellen frühzeitig zu erkennen.[171] Wie bei den qualitativen Prozessanalysen gilt es auch hinsichtlich der quantitativen Prozessanalysen einige Einschränkungen zu beachten. Quantitative Prozessanalysen basieren auf Modellen und vereinfachenden Annahmen. Die Zuverlässigkeit der Analyseergebnisse hängt von der Genauigkeit der Inputdaten sowie dem modelltreuen Verhalten der (menschlichen) Prozessteilnehmer ab. Insbesondere bei Prozesssimulationen sollten daher historische Prozessausführungsdaten genutzt werden und die Ergebnisse mit Experten validiert werden.[172] In Bezug auf die Nutzung von Kennzahlen ergänzt HORATZEK, dass diese eine Vielzahl leistungshemmender Kriterien nicht erfassen und in einer qualitativen Schwachstellenanalyse berücksichtigt werden müssen.[173]

Die Beschreibungen der qualitativen und quantitativen Prozessanalysen zeigen, dass qualitative Methoden inhaltliche Erkenntnisse über Schwachstellen in Geschäftsprozessen und deren Ursachen liefern, jedoch deren Auswirkungen nicht hinreichend quantifizieren. Quantitative Methoden der Prozessanalyse quantifizieren verschiedene Leistungsparameter von Prozessen, sind jedoch komplex, beruhen auf Annahmen sowie vereinfachenden Modellen und liefern aufgrund ihres „messenden" Charakters keine inhaltlichen Erkenntnisse über Schwachstellen. Zum Zwecke einer Prozessanalyse mit inhaltlichen Erkenntnissen und quantifizierten Leistungsauswirkungen zu Prozessschwachstellen, wird für das Lösungskonzept dieser Arbeit eine Verknüpfung der qualitativen und quantitativen Prozessanalyse verfolgt.

2.3.1.2 Vorgehen der Prozessanalyse

In Kapitel 2.3.1 wurde die Prozessanalyse definiert und hinsichtlich ihrer grundsätzlichen Aufgaben beschrieben. Zwecks Detaillierung des Referenzvorgehens für die Geschäftsprozessverbesserung (vgl. Abbildung 2.2) wurden in Vorarbeiten des Autors

---

170 Vgl. Dumas, M. et al. (2018) Fundamentals of Business Process Management, S. 261 - 268.

171 Vgl. Schulte-Zurhausen, M. (2013) Organisation, S. 109 - 110; Horatzek, S. (2019) Toolbox Prozessmanagement, S. 18.

172 Vgl. Dumas, M. et al. (2018) Fundamentals of Business Process Management, S. 287.

173 Vgl. Horatzek, S. (2019) Toolbox Prozessmanagement, S. 18.

die Aufgaben der Prozessanalyse ansatzübergreifend untersucht, zu Referenzaufgaben zusammengefasst und in eine sequenzielle Abfolge gebracht (vgl. Abbildung 2.3).[174]

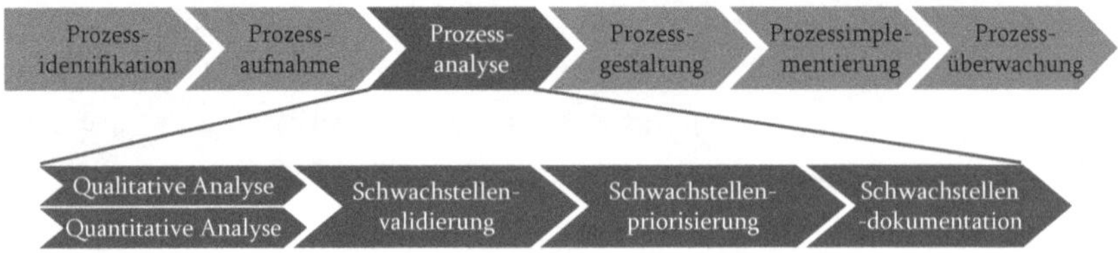

Abbildung 2.3: Referenzvorgehen für die Prozessanalyse[175]

Nachfolgend werden die Referenzaufgaben der Prozessanalyse vorgestellt:[176]

Aus der Konsolidierung der untersuchten Phasenmodelle ergeben sich für die Prozessanalyse vier referentielle Aufgaben: Die qualitative und quantitative Analyse, die Schwachstellenvalidierung, die Schwachstellenpriorisierung und die Dokumentation. Die Analyse kann durch eine Vielzahl unterschiedlicher qualitativer (z. B. Wertschöpfungsanalyse, Verschwendungsanalyse) oder quantitativer (z. B. Durchlaufzeitenanalyse, Warteschlangentheorie) Methoden erfolgen und dient der Identifizierung von Problemen in Geschäftsprozessen. Sowohl DUMAS ET AL. (Interessensgruppenanalyse) als auch SCHUH ET AL. (Aixperanto) mit dem Autor-Kritiker-Zyklus sehen explizit eine Validierung der Analyseergebnisse vor.[177] Diese dient der Überprüfung der durch Personen identifizierten Probleme. Auch bei Phasenmodellen, die eine Validierung nicht explizit nennen, ist bei der workshopbasierten Identifizierung von Prozessschwachstellen mit einer impliziten Validierung durch Diskussion der Workshopbeteiligten auszugehen. Dies bestätigen auch die Erfahrungen des Autors aus Workshops zur Prozessanalyse. Daher bildet die Schwachstellenvalidierung die zweite Referenzaufgabe der Prozessanalyse. Die dritte referentielle Aufgabe innerhalb der Prozessanalyse ist die Priorisierung von Problemen und Schwachstellen beispielsweise

[174] Vgl. Schuh, G. et al. (2023) Procedure for Hybrid Process Analysis and Design, S. 4 - 5.

[175] i.A.a. Schuh, G. et al. (2023) Procedure for Hybrid Process Analysis and Design, S. 4 - 5.

[176] Vgl. Schuh, G. et al. (2023) Procedure for Hybrid Process Analysis and Design, S. 4 - 5.

[177] Vgl. Schuh, G. et al. (2011) Prozessmanagement, S. 375 - 377; Dumas, M. et al. (2021) Grundlagen des Geschäftsprozessmanagements, S. 263 - 265.

nach der Größe ihrer Auswirkungen oder des Behebungsaufwands. Mögliche Methoden sind die Paretoanalyse oder das Auswahldiagramm.[178] Dies erfordert eine Bewertung der Probleme bzw. Schwachstellen in Geschäftsprozessen. Die letzte referentielle Aufgabe der Prozessanalyse ist die Dokumentation der priorisierten Probleme wie beispielsweise die tabellarische Auflistung im Problemregister[179].

2.3.1.3 Prozessschwachstellentypen in der Prozessanalyse

Die vorliegende Arbeit befasst sich im Rahmen der Prozessanalyse mit der Identifizierung von Schwachstellen in Geschäftsprozessen (qualitative Prozessanalyse) und Quantifizierung der daraus entstehenden Prozessleistungsverluste (quantitative Prozessanalyse). Prozessschwachstellen sind Prozessabschnitte in Geschäftsprozessen mit verringerter Leistung, Effektivität oder Qualität, die zur Vermeidung zukünftiger Problemfolgen in einen besseren Zustand überführt werden sollten.[180] Quantitativ betrachtet stellen die Prozessschwachstellen die Summe der Abweichungen zwischen Ist- und Zielleistung dar.[181]

In Vorarbeiten des Autors wurde gezeigt, dass in der Literatur eine Vielzahl an Prozessschwachstellen existiert. Die Mehrheit dieser Prozessschwachstellen sind im engeren Sinne keine generischen Prozessschwachstellen, sondern beschreiben beispielhafte Auslöser für Prozessschwachstellen. Basierend auf einer systematischen Literaturrecherche wurden in Vorarbeiten sechs Prozessschwachstellen typisiert, die Praxisrelevanz besitzen, die Geschäftsprozessleistung beeinflussen und aufgrund ihrer strukturellen Eigenschaften grundsätzlich in Eventlogs (vgl. Kapitel 2.2.2.2) erkennbar sind. Bei der Bewertung des Einflusses auf die Geschäftsprozessleistung wurden Suchergebnisse, die nur Auslöser für eine andere Prozessschwachstelle sind, mangels direktem Einfluss auf die Geschäftsprozessleistung exkludiert. Die verbleibenden Prozessschwachstellentypen (Redundante Aktivität, Rückschleife, Ungewollte Aktivität, Unpassender Aktivitätenumfang, Übergangszeit und Parallelisierungspotenzial) sowie ihre Erkennbarkeitscharakteristiken werden im Folgenden beschrieben:[182]

---

[178] Vgl. Dumas, M. et al. (2021) Grundlagen des Geschäftsprozessmanagements, S. 272 - 276.

[179] Vgl. Dumas, M. et al. (2021) Grundlagen des Geschäftsprozessmanagements, S. 267 - 269.

[180] Vgl. Coskun, S. et al. (2008) A weakness determination and analysis model for business process improvement; Bergener, P. et al. (2015) Detecting potential weaknesses in business processes, S. 28.

[181] Vgl. Becker, T. (2008) Prozesse in Produktion und Supply Chain optimieren, S. 232.

[182] Vgl. Schuh, G. et al. (2021) Event Log-based Weaknesses Detection in Business Processes, S. 736.

Unter einer **Redundanten Aktivität** wird die wiederholte Ausführung einer Prozessaktivität innerhalb einer Prozessinstanz verstanden.[183] Eine Ursache ist beispielsweise die inkorrekte Ausführung dieser Aktivität im ersten Durchlauf, sodass eine Nacharbeit erforderlich ist. Dies verursacht zusätzliche Bearbeitungszeit für die Ausführung der redundanten Aktivität und zusätzliche Übergangszeit vor der wiederholten Ausführung. Für die Erkennung dieser Prozessschwachstelle in Eventlogs muss die Prozessinstanz auf das wiederholte Auftreten von Ereignissen mit gleichen Aktivitätsbezeichnungen untersucht werden.

Der Prozessschwachstellentyp **Rückschleife** ist charakterisiert durch die wiederholte Ausführung einer Sequenz von mehreren Prozessaktivitäten innerhalb einer Prozessinstanz.[184] Eine beispielhafte Ursache für Rückschleifen ist die nachträgliche Erkennung eines Fehlers, sodass vorgelagerte Prozessaktivitäten nicht korrekt ausgeführt wurden. Analog zur redundanten Aktivität entstehen durch eine Rückschleife zusätzliche Bearbeitungs- und Übergangszeiten. Für die Erkennung von Rückschleifen in Eventlogs muss die Prozessinstanz auf das wiederholte Auftreten von Ereignissequenzen mit gleichen Aktivitätsbezeichnungen untersucht werden.

Unter den Prozessschwachstellentyp **Ungewollte Aktivität** fallen alle Prozessaktivitäten, die bereits bei einmaliger Ausführung als Prozessschwachstelle gelten.[185] Beispiele für ungewollte Aktivitäten sind die redundante Datenpflege oder nicht-wertschöpfende Aktivitäten. Dadurch entstehen nicht-notwendige Bearbeitungs- und Übergangszeiten. Dieser Prozessschwachstellentyp wird durch den Abgleich der Aktivitätsbezeichnungen der Ereignisse in Eventlogs mit einer Liste an Bezeichnungen von ungewollten Aktivitäten erkannt. Da die in den verschiedenen Informationssystemen verwendeten Aktivitätsbezeichnungen sowie deren morphologische Varianten nicht vollumfänglich bekannt sind, wird durch den Einsatz von Synonymen und Stammformreduktion (engl. *stemming*)[186] die Generizität der Liste ungewollter Aktivitäten erhöht. Es ist jedoch zu bedenken, dass die Zusammenstellung der Liste im Anwendungskontext potenziell mit Subjektivität behaftet ist.

---

[183] Vgl. Reijers, H./Liman Mansar, S. (2005) Best practices in business process redesign, S. 296; Höhenberger, S./Delfmann, P. (2015) Business Weakness Pattern Collections, S. 385 - 386.

[184] Vgl. Schuh, G. (2006) Change management - Prozesse strategiekonform gestalten, S. 65 - 66; Schuh, G. et al. (2021) Event Log-based Weaknesses Detection in Business Processes, S. 736.

[185] Vgl. Schuh, G. et al. (2021) Event Log-based Weaknesses Detection in Business Processes, S. 736.

[186] Vgl. Sandhya, N. et al. (2011) Analysis of Stemming Algorithm for Text Clustering, S. 352.

Der Prozessschwachstellentyp **Unpassender Aktivitätenumfang** beschreibt das Potenzial einer Aktivitätenbeschleunigung und betrifft die Bearbeitungszeit einer Prozessaktivität. Dabei gilt die Annahme, dass Aktivitäten mit stark streuenden Bearbeitungszeiten in historischen Prozessausführungen nur geringfügig standardisiert sind und demnach bei manchen Prozessausführungen länger als notwendig dauern. Demnach liegt in diesen Fällen Verschwendung vor und die Prozessaktivität könnte im Durchschnitt über alle Prozessausführungen durchgeführt werden. Die Erkennung von Prozessaktivitäten unpassenden Umfangs erfolgt durch Vergleich des Variationskoeffizienten der Bearbeitungszeiten einer Prozessaktivität in allen untersuchten Prozessinstanzen mit einem individuell definierbaren Grenzvariationskoeffizienten.

Der Schwachstellentyp **Übergangszeit** ist die nicht-wertschöpfende Zeit zwischen zwei konsekutiven Prozessaktivitäten und beinhaltet sowohl Warte- als auch Transportzeiten. Wartezeiten sind alle Zeiten, in denen weder eine Bearbeitung noch ein Transport des Prozessobjektes stattfindet. In Eventlogs lassen sich Übergangszeiten anhand der Zeitdifferenz zwischen dem Endzeitpunkt eines Ereignisses und dem Startzeitpunkt des nachfolgenden Ereignisses erkennen.

Der Schwachstellentyp **Parallelisierungspotenzial** beschreibt sequentiell ausgeführte Prozessaktivitäten, die potenziell parallelisierbar sind. Dies hat keinen direkten Einfluss auf die absolute Höhe der Bearbeitungs- oder Übergangszeiten der betroffenen Prozessaktivitäten, jedoch auf die Durchlaufzeit des Gesamtprozesses.[187] In Eventlogs deutet eine variierende Ereignisfolge von Prozessaktivitäten auf ein Parallelisierungspotenzial hin. Wenn beispielsweise in einer Prozessinstanz die Prozessaktivitäten A und B in der Folge A→B und in einer anderen Prozessinstanz in der Folge B→A durchgeführt werden, besteht offenbar keine sequentielle Abhängigkeit zwischen den Aktivitäten A und B, was eine Möglichkeit zur Parallelisierung indiziert. Es sei darauf hingewiesen, dass dies nur ein analyseunterstützendes Indiz für ein Parallelisierungspotenzial darstellt. Im Anwendungsfall muss validiert werden, ob eine gleichzeitige Durchführung mehrerer Prozessaktivitäten möglich und sinnvoll ist.

Abbildung 2.4 illustriert die Prozessschwachstellentypen mit ihrer Erkennbarkeitscharakteristik.

[187] Vgl. Reijers, H./Liman Mansar, S. (2005) Best practices in business process redesign, S. 298.

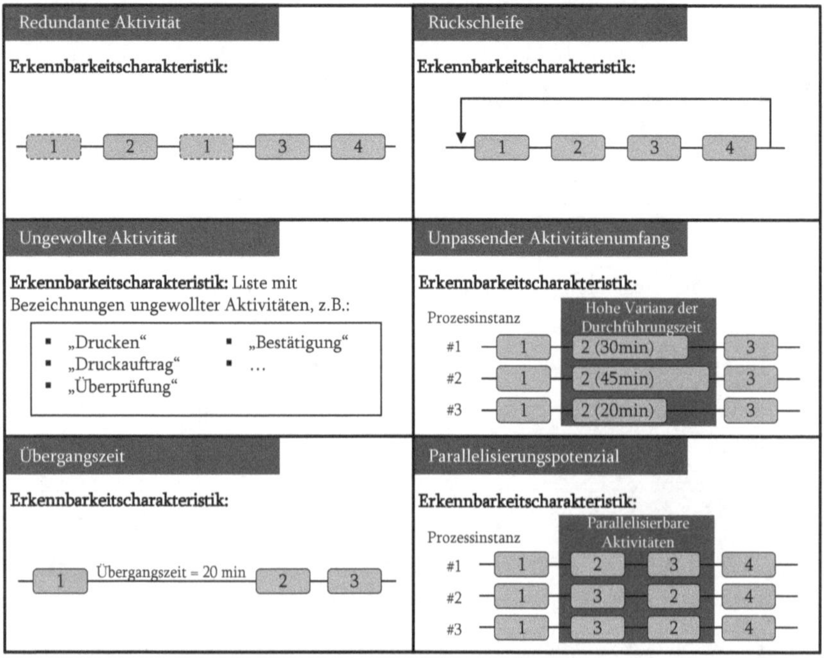

Abbildung 2.4: Prozessschwachstellentypen und Erkennbarkeitscharakteristiken

2.3.2 Prozessgestaltung

Dieses Kapitel widmet sich der Prozessgestaltung als Teilschritt der Geschäftsprozessverbesserung. In der Literatur werden die Begriffe Soll-Konzeption[188] oder Prozessdesign[189] und teilweise auch Prozessverbesserung[190] synonym verwendet. Zur Abgrenzung der Phase der Prozessgestaltung zum Gesamtvorgehen der Geschäftsprozessverbesserung wird die Phase im Rahmen dieser Arbeit als Prozessgestaltung bezeichnet. Die Prozessgestaltung folgt im *BPM Lebenszyklusmodell* nach DUMAS ET AL. auf die Prozessanalyse, deren Erkenntnisse zur Konzeption eines Soll-Prozesses zur anschließenden Prozessimplementierung genutzt werden.[191] In der Prozessgestaltung werden

[188] Vgl. Wolf, E. et al. (2013) Organisatorische Prozessoptimierung, S. 219.

[189] Vgl. Christ, J. (2015) Intelligentes Prozessmanagement, S. 42.

[190] Vgl. Dumas, M. et al. (2018) Fundamentals of Business Process Management, S. 23.

[191] Vgl. Dumas, M. et al. (2018) Fundamentals of Business Process Management, S. 23.

Lösungen entwickelt, um die in der Prozessanalyse erkannten Prozessschwachstellen und Defizite zu beheben.[192] Nach CHRIST definiert die Prozessgestaltung einen optimalen Prozessablauf, der zur Erreichung der Geschäftsziele beiträgt.[193] Konkret definieren DUMAS ET AL. die Prozessgestaltung als Identifizierung, Leistungsvergleich und Auswahl von Maßnahmen zur Behebung von Prozessschwachstellen zur Erreichung von Leistungszielen.[194] Dieses Verständnis soll für den weiteren Verlauf dieser Arbeit zugrunde gelegt werden. Wichtig ist, dass die Soll-Prozesse und deren Teilprozesse bzw. Aktivitäten auf die strategischen Unternehmensziele ausgerichtet sind.[195]

Abzugrenzen ist die Prozessgestaltung im Rahmen der Geschäftsprozessverbesserung von der initialen Prozessgestaltung, bei der die für die Unternehmensziele erforderlichen Aktivitäten in eine „zielorientierte, sachlogische, zeitliche und räumliche Reihenfolge bzw. Parallelverläufe" gebracht werden.[196] Dies gilt grundsätzlich zwar auch für die Prozessgestaltung im Rahmen der Geschäftsprozessverbesserung, in Anlehnung an das exploitative Geschäftsprozessmanagement (vgl. Kapitel 2.2.1.1) steht jedoch das Beheben von Schwachstellen in bereits bestehenden Geschäftsprozessen im Vordergrund, wie auch die Definitionen im vorigen Absatz beschreiben.

Im Hinblick auf das Ergebnis der Prozessgestaltung weisen SPECK&SCHNETGÖKE auf den zu beachtenden Unterschied zwischen Sollmodellen und Idealmodellen hin. Sollmodelle sollen innerhalb von circa sechs Monaten umsetzbar sein und der Umsetzung dienen. Idealmodelle repräsentieren hingegen einen von Randbedingungen abstrahierenden Wunschzustand, der als Fernziel dient.[197]

Hinsichtlich der Prozessgestaltung gilt es einige Anforderungen und Restriktionen zu beachten. Trotz existierender Techniken zur Unterstützung der Prozessgestaltung, hängt ihr Erfolg vor allem von den beteiligten Personen ab.[198] Es sollen bei der Prozessgestaltung Personen involviert werden, die bei der spätere Implementierung hilfreich sind.[199] Für die Akzeptanz in der Prozessimplementierung ist zudem wichtig,

[192] Vgl. Becker, T. (2008) Prozesse in Produktion und Supply Chain optimieren, S. 218.
[193] Vgl. Christ, J. (2015) Intelligentes Prozessmanagement, S. 42.
[194] Vgl. Dumas, M. et al. (2018) Fundamentals of Business Process Management, S. 23.
[195] Vgl. Speck, M./Schnetgöke, N. (2012) Sollmodellierung und Prozessoptimierung, S. 212.
[196] Bach, N. (2017) Organisation, S. 76.
[197] Vgl. Speck, M./Schnetgöke, N. (2012) Sollmodellierung und Prozessoptimierung, S. 218.
[198] Vgl. Davenport, T. (1993) Process innovation, S. 153.
[199] Vgl. Davenport, T. (1993) Process innovation, S. 153.

dass die Erwartungen und Ziele der unterschiedlichen Beteiligten (z. B. Unternehmensleitung, Anwender) transparent dargestellt werden und die Notwendigkeit und der Nutzen des Soll-Prozesses belegt wird.[200] Die Modellierung der Soll-Prozesse in der Prozessgestaltung sollte idealerweise mit der gleichen Vorgehensweise, Modellierungssprache und Werkzeugumgebung wie die Prozessaufnahme erfolgen.[201] Ebenso sollte die Bewertung der Soll-Prozesse analog zur Leistungsbewertung in der Prozessanalyse erfolgen.[202] Der Detaillierungsgrad des Soll-Prozessmodells in der Prozessgestaltung ist detaillierter als in der Prozessaufnahme und sollte so gewählt werden, dass die sich daraus ergebenden Veränderungen für die Aufbauorganisation, Tätigkeiten, Kommunikationsbeziehungen ersichtlich werden.[203]

2.3.2.1 Methoden der Prozessgestaltung

Obwohl die Prozessgestaltung die tatsächlich „verbessernde" Phase innerhalb der Geschäftsprozessverbesserung ist, ist sie hinsichtlich ihrer methodischen Vorgehensweise im Vergleich zu den anderen Phasen am geringsten entwickelt. Während vorgelagerte Phasen wie beispielsweise die Prozessaufnahme stark spezifiziert sind, wird in der Literatur nicht beschrieben, wie ein Ist-Prozess in einen Soll-Prozess überführt wird.[204] Häufig wird anstelle von Leitlinien für die Prozessgestaltung nur auf den Einsatz von Kreativität verwiesen, was SHARP&MCDERMOTT als ATAMO-Methode (Akronym für „And then, a miracle occurs") umschreiben.[205]

DUMAS ET AL. bieten mit dem „Redesign Orbit" eine Übersicht über Methoden der Prozessgestaltung (vgl. Abbildung 2.5). Darin verorten sie einzelne Methoden hinsichtlich der zugrundeliegenden **Ambition** (transaktional versus transformational), ihrer **Perspektive** auf den Geschäftsprozess (auswärtsgerichtet versus innengerichtet) und ihrer **Art** (kreativ versus analytisch). Hinsichtlich der **Ambition** beabsichtigen transformationale Methoden eine radikale Veränderung des Geschäftsprozesses, transaktionale Methoden hingegen eine inkrementelle Lösung von identifizierten Problemen. Transaktionale Methoden entsprechen demnach dem Verständnis des exploitativen Geschäftsprozessmanagements, das im Rahmen dieser Arbeit Anwendung findet (vgl.

[200] Vgl. Speck, M./Schnetgöke, N. (2012) Sollmodellierung und Prozessoptimierung, S. 196.
[201] Vgl. Gernert, C./Köppen, V. (2006) Geschäftsprozesse optimal gestalten, S. 211.
[202] Vgl. Speck, M./Schnetgöke, N. (2012) Sollmodellierung und Prozessoptimierung, S. 212 - 213.
[203] Vgl. Speck, M./Schnetgöke, N. (2012) Sollmodellierung und Prozessoptimierung, S. 197 - 198.
[204] Vgl. Dumas, M. et al. (2018) Fundamentals of Business Process Management, S. 305.
[205] Vgl. Sharp, A./McDermott, P. (2009) Workflow modeling, S. 323.

Kapitel 2.2.1.1) Die **Perspektive** unterscheidet auswärtsgerichtete Methoden, die den Blick eines unternehmensexternen Dritten einnehmen und eher Chancen und Entwicklungen außerhalb der Organisation untersuchen sowie innengerichtete Methoden, die aus Perspektive des Unternehmens die eigenen Geschäftsprozesse im Hinblick auf interne Interessen untersuchen. Letzteres trifft dabei auf den Betrachtungsbereich dieser Arbeit zu, der die Verbesserung der eigenen Geschäftsprozesse in den Mittelpunkt stellt. Als drittes Unterscheidungskriterium trennt die Unterscheidung der **Art** kreative Methoden, die insbesondere von einer kreativen Gruppendynamik in Workshops profitieren, von analytischen Methoden, die auf mathematisch-quantitative Techniken fußen.[206]

Durch die Einschränkung auf transaktionale, innengerichtete Methoden reduziert sich der anwendbare Lösungsraum des „redesign orbits" für den Betrachtungsbereich dieser Arbeit auf die Unterscheidung nach kreativen und analytischen Methoden, wie in Abbildung 2.5 gekennzeichnet ist. Nachfolgend werden für die beiden verbleibenden Kategorien jeweils eine Methode beispielhaft vorgestellt.

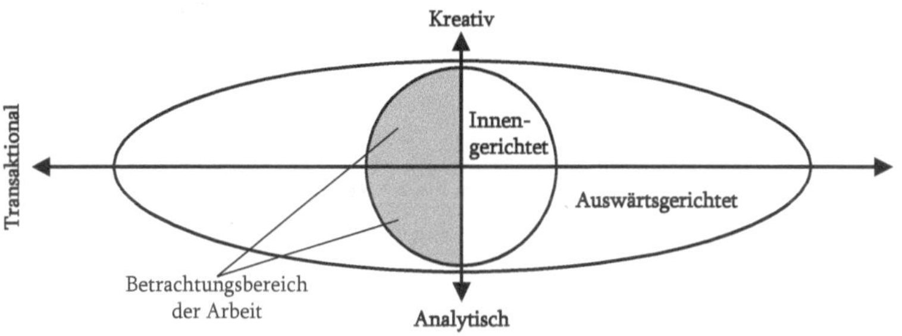

Abbildung 2.5: Klassifizierung der Methoden zur Prozessgestaltung[207]

Ein Großteil der Definitionen der Prozessgestaltung in der Literatur lassen sich in die Klasse der kreativen, transaktionalen Methoden einordnen. Sie bringen Prozessteilnehmer und Experten in moderierten Workshops zusammen, um gemeinsam kreative Lösungen für die Gestaltung verbesserter Soll-Prozesse zu entwickeln.[208] Dabei werden nach der Prozessanalyse zunächst Verbesserungsvorschläge zur Beseitigung der

---

[206] Vgl. Dumas, M. et al. (2018) Fundamentals of Business Process Management, S. 306 - 307.
[207] i.A.a. Dumas, M. et al. (2018) Fundamentals of Business Process Management, S. 306.
[208] Vgl. Gernert, C./Köppen, V. (2006) Geschäftsprozesse optimal gestalten, S. 211.

identifizierten Schwachstellen entwickelt, hinsichtlich Aufwand und Nutzen (z. B. im Hinblick auf Leistungskennzahlen) bewertet, verglichen und anschließend daraus die konkret umzusetzenden Maßnahmen ausgewählt.[209] Als methodisch strukturiertes und gut beschriebenes Beispiel für einen kreativen, transaktionalen und innengerichteten Ansatz zur Prozessgestaltung wird nachfolgend das Vorgehen nach VAN HEE&REIJERS erläutert:

Nach VAN HEE&REIJERS ist die Prozessgestaltung ein kreativer Prozess zur Erstellung neuer Soll-Prozesse. Sie ist aufgeteilt in die drei, typischerweise sequenziell zu durchlaufenden Schritte *Designplanung*, *Leistungsanalyse* und *Designverifikation*. In der *Designplanung* werden vornehmlich kreativ, aber bei Bedarf unter Zuhilfenahme formeller Analysetechniken verbesserte Soll-Prozessentwürfe entworfen. Im zweiten Schritt, der *Leistungsanalyse* werden die verschiedenen Soll-Prozessentwürfe hinsichtlich ihrer Leistungsfähigkeit untersucht und verglichen. Die Leistungsbewertung erfolgt dabei analog zur Prozessanalysephase. Da die Simulation mehrerer Soll-Prozessentwürfe oft zu zeitaufwändig ist, ist die Analyse bestimmter Leistungsindikatoren (z. B. Durchlaufzeit) effizienter. Prozesssimulationen bieten sich häufig erst zu einem späteren Zeitpunkt an, wenn ein final ausgewählter Soll-Prozessentwurf detailliert untersucht werden soll. Im dritten Schritt, der *Designverifikation*, wird der ausgewählte und detaillierte Soll-Prozessentwurf auf seine Funktionsfähigkeit überprüft, um Implementierungsrisiken zu senken. Zusätzlich zu der im zweiten Schritt durchgeführten Leistungsbewertungen sind weitere qualitativ-analytische Analysen notwendig, um die Fehlerfreiheit des Soll-Prozessentwurfes zu überprüfen.[210]

Hinsichtlich des Vorgehens in den einzelnen Schritten der Prozessgestaltung, insbesondere der Generierung von Verbesserungsvorschlägen, gibt es in der Literatur nur wenige Erläuterungen. Zur Unterstützung der kreativen Aufgaben innerhalb der Pro-

---

[209] Vgl. Wolf, E. et al. (2013) Organisatorische Prozessoptimierung, S. 219 - 220; Dumas, M. et al. (2018) Fundamentals of Business Process Management, S. 23.

[210] Vgl. van Hee, K./Reijers, H. (2000) Using Formal Analysis Techniques in Business Process Redesign, S. 145.

zessgestaltung sind in Workshops Kreativitätstechniken wie Brainstorming, Mindmapping oder, die 635-Methode[211], die SCAMPER-Technik[212] oder die Osborn-Checkliste[213] dienlich.[214] Für die Bewertung der daraus generierten Lösungsalternativen werden Portfolio- und Szenariotechniken oder Metriken eingesetzt.[215]

Alternativ zu kreativen Ansätzen zur Prozessgestaltung bietet der Einsatz von Heuristiken eine analytische und gleichzeitig transaktionale, innengerichtete Methode für die Prozessgestaltung. Dabei wird anstelle einer kreativen Lösungsfindung systematisch eine große Auswahl an Umgestaltungsprinzipien betrachtet, um aus dem Ist-Prozess einen Soll-Prozess zu generieren.[216] HANSEN ET AL. definieren eine Redesign-Heuristik als „[...] konkrete Maßnahme zur Umgestaltung eines Geschäftsprozesses, die mit der Erwartung einer Verbesserung in zumindest einer Dimension verbunden ist."[217] Als bekanntes Beispiel für den Einsatz von Heuristiken in der Prozessgestaltung wird nachfolgend das *Heuristic Process Redesign* nach DUMAS ET AL. beschrieben:

Das dreistufige Vorgehen beginnt mit der Initiierungsphase, in der zunächst durch Prozessaufnahme und -analyse der Ist-Prozess verstanden wird und Ziele für die Geschäftsprozessleistung festgelegt werden. In der darauffolgenden Designphase werden aus einer Liste von Redesign-Heuristiken diejenigen ausgewählt, die zur Erreichung der zuvor definierten Leistungsziele beitragen. Die ausgewählten Redesign-Heuristiken werden geclustert und alternative Soll-Prozessentwürfe in Form von Anwendungsszenarien gebildet. Diese Anwendungsszenarien beschreiben die zum Einsatz kommenden Redesign-Heuristiken und deren Anwendung. In der abschließenden Auswertungsphase werden die entwickelten Szenarien analog zu den Methoden der Prozessanalyse qualitativ und/oder quantitativ bewertet oder sogar simuliert. Die Auswertungsphase kann neben der Auswahl eines Anwendungsszenarien bei Nichterreichen der festgelegten Leistungsziele auch in einer Zieladaption, einer erneuten Designphase oder sogar Abbruch des Projektes führen.[218]

---

211 Vgl. Rohrbach, B. (1969) Kreativ nach Regeln–Methode 635, eine neue Technik zum Lösen von Problemen, S. 73 - 75.

212 Vgl. Eberle, B. (1996) Scamper, S. 36 - 37; Eberle, B. (1996) Scamper, S. 6 - 8.

213 Vgl. Osborn, A. (1953) Applied imagination.

214 Vgl. Gernert, C./Köppen, V. (2006) Geschäftsprozesse optimal gestalten, S. 211; Wolf, E. et al. (2013) Organisatorische Prozessoptimierung, S. 219.

215 Vgl. Gernert, C./Köppen, V. (2006) Geschäftsprozesse optimal gestalten, S. 211.

216 Vgl. Dumas, M. et al. (2018) Fundamentals of Business Process Management, S. 315.

217 Hansen, H. R. et al. (2019) Wirtschaftsinformatik, S. 118.

218 Vgl. Dumas, M. et al. (2018) Fundamentals of Business Process Management, S. 315 - 316.

Der Vergleich der beiden dargelegten Vorgehensweisen zur Prozessgestaltung zeigen ein sehr ähnliches Vorgehen. Aufbauend auf den Ergebnissen der Prozessanalyse und unter Berücksichtigung der Unternehmens- bzw. Prozessziele werden mehrere, alternative Soll-Prozesse erstellt. Diese werden hinsichtlich der Geschäftsprozessleistung bzw. Zielstellung bewertet und anschließend die am besten bewertete Alternative zur Umsetzung ausgewählt. Dies deckt sich auch mit den eingangs erläuterten Definitionen der Prozessgestaltung. Der Unterschied zwischen kreativen und analytischen Ansätzen der Prozessgestaltung betrifft folglich nur die Entwicklung der Soll-Prozessalternativen. Während kreative Ansätze in Workshops gemeinsam Ideen zur Behebung von Prozessschwachstellen entwickeln, wählen analytische Ansätze bereits vorentwickelte Maßnahmen zur Prozessverbesserung (sogenannte Redesign-Heuristiken) aus.

2.3.2.2 Vorgehen der Prozessgestaltung

Analog zur Prozessanalyse wurden in Vorarbeiten des Autors zur Detaillierung des Referenzvorgehens für die Geschäftsprozessverbesserung (vgl. Abbildung 2.2) die Aufgaben der Prozessgestaltung ansatzübergreifend untersucht, zu Referenzaufgaben zusammengefasst und in eine sequenzielle Abfolge gebracht (vgl. Abbildung 2.6).[219]

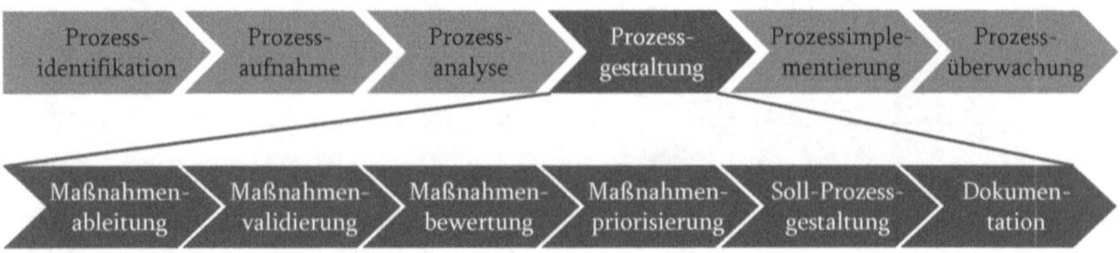

Abbildung 2.6: Referenzvorgehen für die Prozessgestaltung[220]

Nachfolgend werden die Referenzaufgaben der Prozessgestaltung vorgestellt:[221]

Die Prozessgestaltung zeigt in den untersuchten Phasenmodellen sechs referentielle Aufgaben: Die Maßnahmenableitung, die Maßnahmenvalidierung, die Maßnahmenbewertung, die Maßnahmenpriorisierung, die Soll-Prozessgestaltung und die Dokumentation. Bei der Maßnahmenableitung werden mithilfe kreativer (z. B. 7FE) oder analytischer Methoden (z. B. Verbesserungsheuristiken) Möglichkeiten zur Behebung der identifizierten Probleme und Steigerung der Geschäftsprozessleistung identifiziert

[219] Vgl. Schuh, G. et al. (2023) Procedure for Hybrid Process Analysis and Design, S. 4 - 5.
[220] i.A.a. Schuh, G. et al. (2023) Procedure for Hybrid Process Analysis and Design, S. 4 - 5.
[221] Vgl. Schuh, G. et al. (2023) Procedure for Hybrid Process Analysis and Design, S. 4 - 5.

(vgl. Kapitel 2.3.2.1). Im Falle workshopbasierter Vorgehensweisen werden die identifizierten Maßnahmen gleichzeitig validiert, da Prozessbeteiligte mit Kontextwissen an der Maßnahmenableitung bzw. Auswahl von Heuristiken beteiligt sind. Die dritte referentielle Aufgabe der Prozessgestaltung betrifft die Bewertung der identifizierten Verbesserungsmaßnahmen hinsichtlich Kriterien wie Effektivität, Machbarkeit oder Aufwand. Dies erfolgt beispielsweise durch Prozesssimulationen oder Aufwand-Nutzen-Matrizen.[222] Diese und weitere Methoden (z. B. Pugh-Matrix[223]) ermöglichen als vierte referentielle Aufgabe die Priorisierung der Verbesserungsmaßnahmen. Die fünfte referentielle Aufgabe ist die eigentliche Soll-Prozessgestaltung. Dabei werden durch die Auswahl von Verbesserungsmaßnahmen ein oder mehrere Soll-Prozesse modelliert, die um Prozessschwachstellen bereinigt sind und idealerweise die Prozessziele erreichen. Im Falle von mehreren Soll-Prozessvarianten wird nach Prüfung der Umsetzbarkeit, des Nutzens oder des Aufwands oder einer Prozesssimulation ein Soll-Prozessmodell ausgewählt. Der abschließende Schritt in der Prozessgestaltung besteht aus der Dokumentation des Soll-Prozesses in einer Prozessbeschreibung.[224]

2.3.2.3 Maßnahmentypen der Prozessgestaltung

Im Rahmen der Prozessgestaltung befasst sich die vorliegende Arbeit mit der Ableitung von Maßnahmen zur Behebung identifizierter Prozessschwachstellen und der Quantifizierung ihrer Auswirkung auf die Geschäftsprozessleistung. Der Begriff der Maßnahmen wird in der Literatur zum Geschäftsprozessmanagement zwar verwendet, jedoch nicht eigens definiert. Die Definition der Prozesverbesserungsmaßnahmen nach LOHRMANN&REICHERT als koordinierte Menge an Aktivitäten, die für eine gemeinsame Implementierung in Erwägung gezogen werden, ist nicht hinreichend spezifisch.[225] Etymologisch ist eine Maßnahme als „Handlung, Regelung o.Ä., die etwas

[222] Vgl. Hofmann, M. (2020) Prozessoptimierung als ganzheitlicher Ansatz, S. 105; Schmelzer, H./Sesselmann, W. (2020) Geschäftsprozessmanagement in der Praxis, S. 555 - 556; Dumas, M. et al. (2021) Grundlagen des Geschäftsprozessmanagements, S. 369.

[223] Vgl. Tenera, A./Pinto, L. (2014) A Lean Six Sigma (LSS) Project Management Improvement Model, S. 915.

[224] Vgl. Wagner, K./Patzak, G. (2020) Performance Excellence - der Praxisleitfaden zum effektiven Prozessmanagement, S. 164.

[225] Vgl. Lohrmann, M./Reichert, M. (2016) Effective application of process improvement patterns to business processes, S. 358.

Bestimmtes bewirken soll" definiert.[226] Darauf aufbauend soll für den Kontext dieser Arbeit folgende Arbeitsdefinition gelten:

Maßnahmen der Prozessgestaltung sind semantisch und strukturell definierte Veränderungen am Geschäftsprozess zur Behebung identifizierter Prozessschwachstellen und der damit verbundenen Verluste im Hinblick auf die Geschäftsprozessleistung.[227]

In Vorarbeiten des Autors wurde gezeigt, dass in der Literatur eine Vielzahl an Maßnahmen existieren, die jedoch einen unterschiedlichen Konkretisierungsgrad aufweisen oder nicht hinreichend generisch genug für eine Allgemeingültigkeit unabhängig vom Anwendungsfall sind. Häufig sind die beschriebenen Maßnahmen an den Kontext des spezifischen Untersuchungsfalls bzw. Geschäftsprozesses gebunden. Die Mehrheit dieser Maßnahmen sind daher eher Beispiele zur Lösung von Prozessschwachstellen und weniger generische Maßnahmen, wie sie für den Kontext dieser Arbeit relevant sind. Mittels einer systematischen Literaturrecherche wurden in Vorarbeiten sechs Maßnahmentypen definiert, mit denen die in Kapitel 2.3.1.3 definierten Prozessschwachstellentypen adressiert und die dadurch entstehenden Prozessleistungsverluste reduziert bzw. eliminiert werden. Dazu wurden die Ergebnisse der systematischen Literaturrecherche nach einer Redundanzfilterung auf ihre Relevanz hin untersucht. Dabei wurden solche Maßnahmen als relevant erachtet, die in der Literatur eindeutig in Bezug auf ihre Veränderung am Prozess definiert sind, einen Einfluss auf die Prozessstruktur und damit die Geschäftsprozessleistung besitzen und kontextunabhängig, d. h. alleine auf Basis der Informationen in einem Eventlog anwendbar sind. Die verbleibenden sechs Maßnahmentypen der Prozessgestaltung werden im Folgenden charakterisiert und ihre Auswirkung auf die in Kapitel 2.1.2 definierten Zeitarten beschrieben:[228]

Der Maßnahmentyp **Aktivitätenelimination** beschreibt das Weglassen von nichtwertschöpfenden Prozessaktivitäten, die der (Prozess-)Kunde nicht „spürt".[229] Durch die Elimination einer Aktivität werden ihre Bearbeitungszeit sowie durch sie bedingte Übergangszeit eliminiert.

---

[226] Duden (2022) Duden.

[227] Vgl. Schuh, G. et al. (2023) Procedure for Hybrid Process Analysis and Design, S. 1.

[228] Vgl. Schopen, M. et al. (2023) Data-based Measure Derivation for Business Process Design, S. 568 - 569.

[229] Vgl. Schuh, G. (2006) Change management - Prozesse strategiekonform gestalten, S. 62; Schuh, G. et al. (2011) Prozessmanagement, S. 378.

Der Maßnahmentyp **Iterationsvermeidung** beschreibt das Unterlassen wiederholter Ausführungen von Aktivitäten (d. h. redundanter Aktivitäten) oder Aktivitätensequenzen (d. h. Rückschleifen) für eine „schleifenfreie" Prozessausführung.[230] Der Maßnahmentyp eliminiert folglich die Bearbeitungszeiten und betroffene Übergangszeiten der wiederholten Aktivitäten(-sequenzen).

Unter dem Maßnahmentyp **Beschleunigung** wird im Kontext dieser Arbeit die Reduktion der Bearbeitungszeit einer Prozessaktivität verstanden. In der Literatur werden Automatisierung oder Standardisierung als beispielhafte Möglichkeiten zur Beschleunigung beschrieben.[231]

Durch den Maßnahmentypen **Integration** werden mehrere Prozessaktivitäten zu einer Prozessaktivität kombiniert.[232] Diese Maßnahme erfordert neben der reinen Zusammenfassung eine Änderung der Aufgabenstruktur und „Gesinnungsänderung" der Prozessbeteiligten, weshalb SCHUH sie als besonders potentialträchtig aber auch schwer umsetzbar beschreibt.[233] Dadurch werden Schnittstellen und Wartezeiten reduziert.[234] Durch die Integration von Prozessaktivitäten der Koordinationsaufwand und ermöglicht einen unmittelbaren Wissensaustausch.[235] Durch die Integration von zwei Prozessaktivitäten wird die dazwischen befindliche Übergangszeit eliminiert.

Die Reduktion von Transport- und Liegezeiten wird in der Literatur als Ziel angesehen, um zeitliche Effizienzgewinne und Durchlaufzeitenverkürzungen zu erzielen. [236] Transport- und Liegezeiten zwischen zwei Arbeitssystemen werden unter dem Begriff Übergangszeit zusammengefasst (vgl. Kapitel 2.1.2).[237] Für den Kontext dieser Arbeit wird unter dem Maßnahmentypen **Übergangszeitenreduktion** die Reduktion der Zeit zwischen dem Ende einer Aktivität und dem Beginn der Folgeaktivität verstanden.

---

[230] Vgl. Schuh, G. (2006) Change management - Prozesse strategiekonform gestalten, S. 63 - 64; Gadatsch, A. (2020) Grundkurs Geschäftsprozess-Management, S. 38.

[231] Vgl. Reijers, H./Liman Mansar, S. (2005) Best practices in business process redesign, S. 302; Schuh, G. (2006) Change management - Prozesse strategiekonform gestalten, S. 63.

[232] Vgl. Schuh, G. et al. (2011) Prozessmanagement, S. 378.

[233] Vgl. Schuh, G. (2006) Change management - Prozesse strategiekonform gestalten, S. 63.

[234] Vgl. Wagner, K./Patzak, G. (2020) Performance Excellence - der Praxisleitfaden zum effektiven Prozessmanagement, S. 154.

[235] Vgl. Stöger, R. (2018) Prozessmanagement, S. 121.

[236] Vgl. Schuh, G. (2006) Change management - Prozesse strategiekonform gestalten, S. 65; zur Mühlen, M./Hansmann, H. (2012) Workflowmanagement, S. 373.

[237] Vgl. Wiendahl, H.-P./Wiendahl, H.-H. (2020) Betriebsorganisation für Ingenieure, S. 257 - 258.

Unter dem Maßnahmentypen **Parallelisierung** wird die zeitgleiche Ausführung von Prozessaktivitäten verstanden, die aus inhaltlichen, organisatorischen oder personellen Abhängigkeiten keine sequenzielle Bearbeitungsreihenfolge erfordern. Durch Parallelisierung wird die Durchlaufzeit reduziert.[238] Die Bearbeitungszeit wird durch die Parallelisierung nicht verändert.

Abbildung 2.7 illustriert die Maßnahmentypen graphisch.

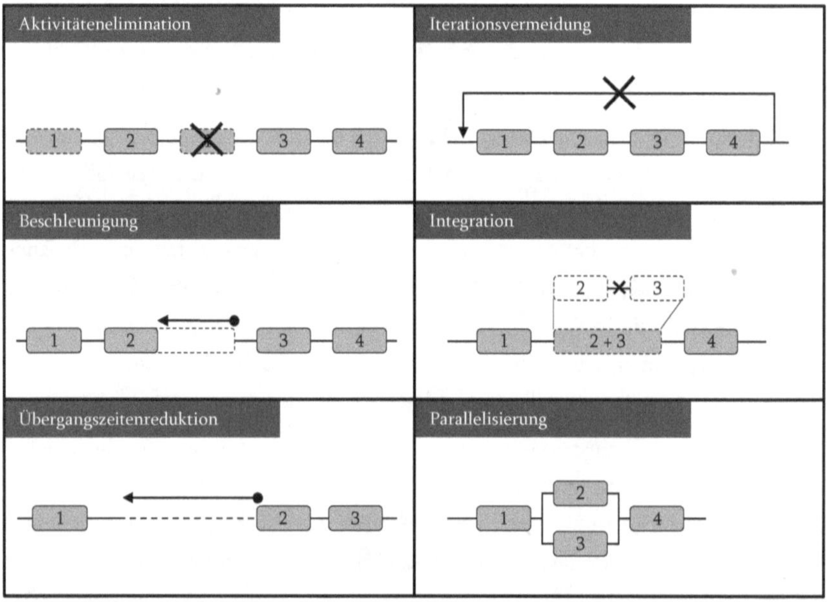

Abbildung 2.7: Maßnahmentypen der Prozessgestaltung

2.4 Herausforderungen in der Praxis

In den Kapiteln 2.1, 2.2 und 2.3 wurden die Prozessanalyse und -gestaltung als bedeutende Phasen für die Verbesserung von Geschäftsprozessen vorgestellt. Die Wichtigkeit dieser beiden Phasen ergibt sich daraus, dass in ihnen sämtliche zu analysierenden, bewertenden und gestaltenden Tätigkeiten zur Überführung eines modellierten Ist-Prozesses in einen verbesserten Soll-Prozess stattfinden. Im folgenden Kapitel

[238] Vgl. Wagner, K./Patzak, G. (2020) Performance Excellence - der Praxisleitfaden zum effektiven Prozessmanagement, S. 154.

werden die wichtigsten Herausforderungen bei der Analyse und Gestaltung von Geschäftsprozessen untersucht. Die Herausforderungen werden dabei in fünf vollständige und überschneidungsfreie Herausforderungscluster eingeordnet. Das erste Cluster untersucht **wissensbezogene** Herausforderungen hinsichtlich der Verfügbarkeit von Methodenwissen über die Prozessanalyse und -gestaltung. Das zweite und dritte Herausforderungscluster berücksichtigen **methodische** Herausforderungen, die insbesondere bei konventionellen Methoden zur Prozessanalyse und -gestaltung auftreten. Im vierten und fünften Cluster werden **anwendungsorientierte** Herausforderungen bei der Durchführung der beiden Phasen im Rahmen der Geschäftsprozessverbesserung untersucht.

2.4.1 Defizitäres Methodenwissen zur Prozessanalyse und -gestaltung

Die Untersuchung von Prozessmodellen zur Schwachstellenidentifizierung und auch die Prozessgestaltung erfolgen manuell anhand von personengebundenem Domänenwissen[239], sodass die Ergebnisqualität vom Wissen und der Erfahrung der Beteiligten abhängt.[240] Dass diese Wissensabhängigkeit trotz der Verfügbarkeit moderner Technologien wie Process Mining (vgl. 2.2.2.2) weiterhin gilt, belegt eine globale Studie von Deloitte mit 106 Führungskräften aus IT und Wirtschaft. Darin gaben 85 % der Teilnehmenden an, dass Prozesswissen eine kritische Fähigkeit für die Implementierung von Process Mining und Analyse von Process Mining Ergebnissen darstellt.[241] Geschäftsprozessverbesserungen erfolgen häufig wahrnehmungsbasiert, das Wissen über erprobte Maßnahmentypen fehlt häufig.[242] Um mit Process Mining Mehrwert zu schaffen, müssen Beteiligte die Ergebnisse übersetzen und Analysen in greifbare Ergebnisse und Prozessoptimierungen überführen.[243] Die mit der Wissensabhängigkeit einhergehende Herausforderung für die Prozessanalyse und -gestaltung besteht in der Verfügbarkeit des Wissens über Prozessschwachstellen und -maßnahmen bei Prozess-

[239] Vgl. Seeliger, A. et al. (2018) ProcessExplorer: An Interactive Visual Recommendation System for Process Mining, S. 6; Dumas, M. et al. (2021) Grundlagen des Geschäftsprozessmanagements, S. 363.

[240] Vgl. Rittmeier, F. et al. (2019) Process Weakness Patterns, S. 532 - 533; Schmelzer, H./Sesselmann, W. (2020) Geschäftsprozessmanagement in der Praxis, S. 38.

[241] Vgl. Galic, G./Wolf, M. (2021) Delivering Value with Process Analytics, S. 30.

[242] Vgl. Cherni, J. et al. (2019) Towards Improving Business Processes, S. 280.

[243] Vgl. Galic, G./Wolf, M. (2021) Delivering Value with Process Analytics, S. 30.

beteiligten. Selbst interne Prozessberater haben im Vergleich zu externen Prozessberatern häufig methodische Wissens- und Erfahrungsdefizite.[244] Die Studie von DELOITTE belegt, dass auch in Bezug auf Process Mining das Fehlen von Prozesswissen eine der größten Herausforderungen für die Unternehmen darstellt.[245] Folglich stellt *inhomogenes und defizitäres Methodenwissen der Prozessbeteiligten über Prozessschwachstellen- und Maßnahmentypen* eine Herausforderung dar.

Im Rahmen der Prozessgestaltung werden zur Behebung der in der Prozessanalyse identifizierten Prozessschwachstellen geeignete Maßnahmen abgeleitet (vgl. Kapitel 2.3.2). Das Vorgehen zur Verbesserung eines Geschäftsprozesses in der Prozessgestaltung ist methodisch nur gering entwickelt.[246] Die Maßnahmenableitung erfolgt häufig unsystematisch, sodass geeignete Maßnahmen möglicherweise unberücksichtigt bleiben.[247] Die Herausforderung bei der Auswahl geeigneter Maßnahmen zur Adressierung der Probleme aus der Prozessanalyse bleibt auch mit der Verfügbarkeit von Process Mining bestehen. Die meisten Process Mining Techniken sind deskriptiv und bieten keine Empfehlungen zur Auswahl von Maßnahmen zur Geschäftsprozessverbesserung.[248] Dies bleibt weiterhin den Beteiligten überlassen.[249] Diese Herausforderung für die Prozessanalyse und -gestaltung in der Praxis wird als *unzureichend standardisierte Zuordnung von geeigneten Maßnahmentypen zur Behebung von Prozessschwachstellen*typen zusammengefasst.

2.4.2 Subjektive und aufwändige Prozessanalyse und -gestaltung

Die Kernaufgabe der Prozessanalyse ist die Identifizierung von Prozessschwachstellen in Prozessmodellen (vgl. auch 2.3.1). BECKER&BUCHKREMER kritisieren den hohen Zeitaufwand bei der Identifizierung defizitärer Prozessausführungen in Interviews, Workshops oder Beobachtungen.[250] Neben dem Zeitaufwand entsteht für die Analyse

[244] Vgl. Schmelzer, H./Sesselmann, W. (2020) Geschäftsprozessmanagement in der Praxis, S. 273.

[245] Vgl. Galic, G./Wolf, M. (2021) Delivering Value with Process Analytics, S. 30.

[246] Vgl. Dumas, M. et al. (2021) Grundlagen des Geschäftsprozessmanagements, S. 356 - 357.

[247] Vgl. Dumas, M. et al. (2021) Grundlagen des Geschäftsprozessmanagements, S. 347.

[248] Vgl. Andrews, R. et al. (2020) A Comparative Process Mining Analysis of Road Trauma Patient Pathways, S. 19.

[249] Vgl. Gross, S. et al. (2020) Process Mining Supported Process Redesign: Matching Problems with Solutions, S. 24.

[250] Vgl. Becker, M./Buchkremer, R. (2019) A practical process mining approach for compliance management, S. 467.

von Ist-Prozessen ein hoher Kostenaufwand.[251] Eine Möglichkeit zur Aufwandsreduktion in der Prozessanalyse ist die semi-automatisierte Schwachstellenidentifizierung durch den Einsatz von Schwachstellenmustern.[252] Für deren Einsatz in der Praxis wurden jedoch keine Belege gefunden. Die Anwendung von Process Mining für die Prozessmodellierung liefert Transparenz über die volle Komplexität von Geschäftsprozessen.[253] Diese erhöhte Komplexität erhöht auch die Aufwände im Umgang mit dieser Transparenz.[254] Als Herausforderung für die Praxis lässt sich daher ein *hoher Aufwand zur Identifizierung von Prozessschwachstellen in Prozessmodellen* festhalten.

In der Praxis wird die Analyse und Gestaltung von Geschäftsprozessen manuell, beispielsweise in Form von Workshops durchgeführt.[255] In Kapitel 2.4.1 wurde hergeleitet, dass das dazu erforderliche Wissen bei den Prozessbeteiligten häufig nicht in ausreichendem Maße vorliegt. Die Verbesserung von Geschäftsprozessen erfolgt oft wahrnehmungsbasiert.[256] Wahrnehmungen sind aber lediglich personenindividuelle Interpretationen von Eindrücken und weichen möglicherweise stark von der objektiven Realität ab.[257] Die beiden Phasen der Prozessanalyse und -gestaltung werden als subjektiv eingestuft.[258] Das Involvieren von Prozessbeteiligten, beispielsweise in Interviews, birgt die Gefahr einer Ergebnisverzerrung durch die Perspektiven der Befragten.[259] Die Ergebnisse von Workshops und Interviews können zum einen unbewussten Einflüssen durch falsche Wahrnehmungen und Annahmen und zum anderen auch bewussten Einflüssen beispielsweise aus Angst um Macht, Einfluss oder Position unterliegen.[260] Schlussfolgernd stellen *subjektive Einflüsse bei der Prozessschwachstellenidentifizierung und Maßnahmenableitung durch konventionelle Methoden* eine weitere Herausforderung in der Praxis dar.

---

[251] Vgl. Schmelzer, H./Sesselmann, W. (2020) Geschäftsprozessmanagement in der Praxis, S. 217.

[252] Vgl. Höhenberger, S./Delfmann, P. (2015) Business Weakness Pattern Collections, S. 380.

[253] Vgl. Reinkemeyer, L. (2020) Process Mining in a Nutshell, S. 6.

[254] Vgl. Reinkemeyer, L. (2020) Challenges, Pitfalls, and Failures, S. 38.

[255] Vgl. Dumas, M. et al. (2021) Grundlagen des Geschäftsprozessmanagements, S. 363.

[256] Vgl. Cherni, J. et al. (2019) Towards Improving Business Processes, S. 280.

[257] Vgl. Robbins, S./Judge, T. (2013) Essentials of Organizational Behavior, S. 80.

[258] Vgl. Netjes, M. (2010) Process improvement: the creation and evaluation of process alternatives, S. 2 - 3; Davenport, T./Spanyi, A. (2019) What Process Mining Is, and Why Companies Should Do It, S. 2.

[259] Vgl. Dumas, M. et al. (2021) Grundlagen des Geschäftsprozessmanagements, S. 224.

[260] Vgl. Hofmann, M. (2020) Prozessoptimierung als ganzheitlicher Ansatz, S. 32; Dumas, M. et al. (2021) Grundlagen des Geschäftsprozessmanagements, S. 203 - 204.

2.4.3 Mangelnde Quantifizierung der Geschäftsprozessleistung

Die Prozessanalyse und -gestaltung sind auf die Steigerung der Geschäftsprozessleistung ausgerichtet (vgl. Kapitel 2.3.1 und 2.3.2), sodass diese als zentrale Zielgröße zur Bewertung von Geschäftsprozessen dient (vgl. Kapitel 2.1.2). Da die Prozessmodelle konventioneller Ansätzen des Geschäftsprozessmanagements jedoch manuell modelliert werden, ist die Geschäftsprozessleistung nicht präzise messbar.[261] Viele wissenschaftliche Ansätze zur Prozessleistungsmessung sind hinsichtlich ihrer Operationalisierung nicht ausreichend detailliert beschrieben, zudem fällt die Auswahl geeigneter Leistungsindikatoren zur Messung der Geschäftsprozessleistung in der Praxis schwer.[262] Ein zusätzliches Defizit ist, dass die Prozessleistung häufig nicht holistisch gemessen wird.[263] Da die vorliegende Arbeit die mangelnde datenbasierte Unterstützung der Prozessanalyse und -gestaltung in Bezug auf die Geschäftsprozessleistung adressiert (vgl. Kapitel 1.2), ist der *Mangel einer holistischen Kennzahl zur Beschreibung der Geschäftsprozessleistung* eine weitere Herausforderung aus der Praxis.

Auch wenn das Ziel der Geschäftsprozessverbesserung der verbesserte Soll-Prozess ist, muss zunächst verstanden werden, wie der Ist-Prozess abläuft und welche Prozessleistungsverluste vorliegen.[264] Im Rahmen der Prozessanalyse werden im Ist-Prozess Schwachstellen identifiziert und deren Auswirkung auf die Geschäftsprozessleistung möglichst quantifiziert (vgl. Kapitel 2.3.1). In Bezug auf Geschäftsprozesse liefert die rein qualitative Prozessanalyse zwar Erkenntnisse über Geschäftsprozesse, ist als Entscheidungsgrundlage jedoch zu unpräzise.[265] Bei konventionellen Methoden der Prozessanalyse erfolgt mangels verfügbarer oder wirtschaftlich erhebbarer Daten häufig keine Bewertung von Schwachstellen.[266] Für die automatisierte Bewertung von

---

261 Vgl. Quick, D. et al. (2019) How Intelligent Processes Differentiate Best-Run Businesses in the Digital Economy, S. 5.

262 Vgl. van Looy, A./Shafagatova, A. (2016) Business process performance measurement: a structured literature review of indicators, measures and metrics, S. 2,12.

263 Vgl. Shah, L. et al. (2012) (Value, Risk)-based Performance Evaluation of Manufacturing Processes, S. 1586.

264 Vgl. Davenport, T./Spanyi, A. (2019) What Process Mining Is, and Why Companies Should Do It, S. 2; Schmelzer, H./Sesselmann, W. (2020) Geschäftsprozessmanagement in der Praxis, S. 506.

265 Vgl. Dumas, M. et al. (2021) Grundlagen des Geschäftsprozessmanagements, S. 299.

266 Vgl. Schwegmann, A./Laske, M. (2012) Istmodellierung und Istanalyse, S. 189.

Schwachstellen in Geschäftsprozessen fehlt eine methodische Unterstützung.[267] Da mit der Nutzung von Process Mining auf Basis von Eventlogs – zumindest in Bezug auf die Prozesszeit – eine umfangreichere Datenbasis verfügbar wird, ergeben sich möglicherweise neue Möglichkeiten zur Quantifizierung von Schwachstellen. Bisherige quantitative Leistungsmessungen im Anwendungsgebiet von Process Mining beschränken sich auf die Messung von Prozessperformanceindikatoren für Geschäftsprozesse.[268] Die dedizierte Bewertung der Prozessleistungsverluste durch einzelne Prozessschwachstellen erfordert eine Verknüpfung der qualitativen und quantitativen Prozessanalyse. Die *Quantifizierung der Auswirkung von Prozessschwachstellen auf die Geschäftsprozessleistung* stellt daher eine Herausforderung für diese Arbeit dar.

In der Prozessgestaltung gilt es abgeleitete Maßnahmen hinsichtlich ihres Beitrags zur Steigerung der Geschäftsprozessleistung und Erreichung von Leistungszielen zu vergleichen (vgl. Kapitel 2.3.2). Bei der workshopbasierten Prozessgestaltung ist nicht bewertbar, inwiefern ein entwickelter Soll-Prozess besser als der Ist-Prozess ist.[269] Eine Untersuchung verschiedener Leistungsmesssysteme für Geschäftsprozesse bestätigt den Bedarf nach einer Lösung zum Vergleich der tatsächlichen mit der erwarteten Geschäftsprozessleistung.[270] Zudem fehlen einheitliche Kennzahlen und Ansätze zur Messung der Geschäftsprozessverbesserung.[271] Konventionelle Ansätze quantifizieren Verbesserungen nicht.[272] Soll-Prozesse werden häufig erfahrungsbasiert-qualitativ bewertet, die quantitativen Auswirkungen von Prozessverbesserungsmaßnahmen sind aufgrund komplexer Wirkungszusammenhänge vorab nur schwer abschätzbar.[273] Eine Studie zur Anwendung von Process Mining in der Praxis belegt, dass die Bewertung und Vorhersage der Auswirkungen von Verbesserungsmaßnahmen weiterhin

---

[267] Vgl. Hariyanti, E. et al. (2021) Information security vulnerability prediction based on business process model using machine learning approach, S. 2.

[268] Vgl. Schuh, G. et al. (2020) Data-based description of process performance in end-to-end order processing.

[269] Vgl. Netjes, M. (2010) Process improvement: the creation and evaluation of process alternatives, S. 1.

[270] Vgl. van Looy, A./Shafagatova, A. (2016) Business process performance measurement: a structured literature review of indicators, measures and metrics, S. 14.

[271] Vgl. Fakorede, O./Davies, P. (2020) Quantitative Measurable Concepts to Visualize Business Process Improvement, S. 147 - 148.

[272] Vgl. Park, S./Kang, Y. (2016) A Study of Process Mining-based Business Process Innovation, S. 734.

[273] Vgl. Speck, M./Schnetgöke, N. (2012) Sollmodellierung und Prozessoptimierung, S. 220.

schwerfällt und Process Mining nur bedingt eine faktenbasierte Entscheidungsfindung unterstützt.[274] Für die Alternativenauswahl im Rahmen der Soll-Prozessgestaltung existiert in der Theorie kein umfassender Ansatz und Process Mining Algorithmen helfen bei dieser Fragestellung nicht.[275] Schlussfolgernd ist die *Fehlende Quantifizierung des Nutzenpotenzials durch Maßnahmen für die Geschäftsprozessleistung* eine Herausforderung für die Prozessgestaltung in der Praxis.

2.4.4 Fehlende Integration von Kontextwissen

In Kapitel 2.4.1 wurde dargelegt, dass die Analyse und Gestaltung von Geschäftsprozessen eine Wissensabhängigkeit aufweisen. Defizite der Prozessbeteiligten beim Methodenwissen wurden dabei als Herausforderung für eine systematische, wiederholbare und personenunabhängige Durchführung der beiden Phasen benannt. Workshop- und interviewbasierte Methoden hinsichtlich ihrer Objektivität zwar kritikwürdig, liefern jedoch Informationen über historische Entwicklungen, den organisatorischen Kontext oder Ziele von unterschiedlichen Anspruchsgruppen.[276] Dieses Kontextwissen der Prozessbeteiligten ist wertvoll für die Analyse und Gestaltung von Geschäftsprozessen. Bei der konventionellen, qualitativen Prozessanalyse wird zur Identifizierung von Prozessschwachstellen das Wissen der Prozessteilnehmenden durch Interviews integriert.[277] Auch semi-automatisierte Lösungen für die Prozessanalyse erfordern weiterhin die Integration von Kontextwissen, um im Einzelfall zu entscheiden, ob eine automatisiert identifizierte Schwachstelle im Untersuchungskontext wirklich eine Schwachstelle ist.[278] Auch die in der Prozessgestaltung identifizierten Maßnahmen gelten zunächst als hypothetische Maßnahmen, deren Sinnhaftigkeit und Realisierbarkeit es im Anwendungsfall noch zu validieren gilt. Dabei müssen neben der Realisierbarkeit, der Aufwand, das Verbesserungspotenzial und die sich daraus ergebende Amortisation und die Realisierungsdauer berücksichtigt werden.[279] Auch mit der Verfügbarkeit von Process Mining bleibt die Integration von Kontext-

[274] Vgl. Grisold, T. et al. (2021) Adoption, use and management of process mining in practice, S. 376 - 377.
[275] Vgl. van den Ingh, L. et al. (2021) Assessing performance of mined business process variants, S. 676 - 678.
[276] Vgl. Dumas, M. et al. (2021) Grundlagen des Geschäftsprozessmanagements, S. 203 - 204.
[277] Vgl. Dumas, M. et al. (2021) Grundlagen des Geschäftsprozessmanagements, S. 263 - 265.
[278] Vgl. Bergener, P. et al. (2015) Detecting potential weaknesses in business processes, S. 26 - 27.
[279] Vgl. Hierzer, R. (2020) Prozessoptimierung 4.0, S. 175.

und Domänenwissen von unternehmensinternen Mitarbeitenden wichtig für das Prozessverständnis.[280] Die generierten Prozessmodelle werden mit Domänenwissen analysiert.[281] Dabei ist die Einbeziehung von Prozessteilnehmenden in die Entscheidungsfindung sinnvoll.[282] Nicht zuletzt unterstützt die Integration von Prozesteilnehmenden mit spezifischem Domänenwissen den Umsetzungserfolg, da diese dessen Effizienz signifikant beeinflussen.[283] Schlussfolgernd wird als Herausforderung in der Prozessanalyse und -gestaltung daher die *defizitäre Validierung der Prozessanalyse und -gestaltung durch kontextspezifisches Expertenwissen* festgehalten.

Die Prozessgestaltung ist in vielen Fällen ein kreatives Vorgehen (vgl. Kapitel 2.3.2). Wenngleich damit Nachteile in Bezug auf die Objektivität einhergehen (vgl. Kapitel 2.4.2), kann die Integration von Prozessteilnehmenden in die Prozessgestaltung hilfreich sein. In der Praxis haben Unternehmen den Wert des Wissens von Mitarbeitern für die Verbesserung von Geschäftsprozessen erkannt.[284] Eine kontextunabhängige, methodische Standardisierung der Prozessgestaltung kann dazu führen, dass die Kreativität der Prozessbeteiligten unterbunden wird und nur suboptimale Ergebnisse erzielt werden.[285] Aus der Prozessmodellierung ist bekannt, dass evidenzbasierte Methoden im Allgemeinen zwar objektiver, mangels Integration von Mitarbeiterwissen und -erfahrung in der Reichhaltigkeit der Ergebnisse jedoch schwächer als interview- oder workshopbasierte Ansätze sind.[286] Partizipative Methoden der Prozessgestaltung hingegen nutzen Kreativitätstechniken wie beispielsweise das Brainstorming, um Teilnehmende zur Lösungsfindung zu integrieren (vgl. Kapitel 2.3.2.1). Sie setzen die Kreativität von Mitarbeitern, insbesondere die der Prozessbeteiligten oder derjenigen mit tiefem Prozesswissen frei.[287] Unter dem Konzept *Hybrid Intelligence* beschreibt

---

[280] Vgl. Fluxicon (2022) Lean-Six-Sigma_and_Process-Mining_Part-1, S. 7.

[281] Vgl. Seeliger, A. et al. (2018) ProcessExplorer: An Interactive Visual Recommendation System for Process Mining, S. 6.

[282] Vgl. Grisold, T. et al. (2021) Adoption, use and management of process mining in practice, S. 381.

[283] Vgl. Reinkemeyer, L. (2020) Process Mining in a Nutshell, S. 8.

[284] Vgl. Fischer, M. et al. (2020) Strategy archetypes for digital transformation: Defining meta objectives using business process management, S. 4.

[285] Vgl. Seethamraju, R./Marjanovic, O. (2009) Role of process knowledge in business process improvement methodology: a case study, S. 923.

[286] Vgl. Dumas, M. et al. (2021) Grundlagen des Geschäftsprozessmanagements, S. 203 - 204.

[287] Vgl. Dumas, M. et al. (2021) Grundlagen des Geschäftsprozessmanagements, S. 363.

auch VAN DER AALST, dass datenbasierte Methoden nicht als Ersatz sondern Erweiterung der menschlichen Intelligenz zu betrachten sind. Menschen haben die einzigartige Fähigkeit flexibel, kreativ und intuitiv auf völlig neue Situationen zu reagieren, da sie Erfahrungen domänenübergreifend anwenden.[288] Maschinelle Intelligenz ist hingegen besonders geeignet für die Lösung repetitiver Aufgaben mit Verarbeitung großer Datenmengen, Erkennung komplexer Muster oder Gewichtung multipler Kriterien in statistischen Analysen.[289] Daher macht es auch im Zeitalter von Process Mining Sinn, Prozessteilnehmende in den Entscheidungsprozess einzubeziehen.[290] Für die Prozessanalyse und -gestaltung ergibt sich die Herausforderung der *mangelnden Berücksichtigung nicht-standardisierter Verbesserungsideen der Prozessbeteiligten.*

2.4.5 Fehlende Praxisrelevanz datenbasierter Methoden

In Kapitel 2.2.2.2 wurde Process Mining als datenbasierte Methode für die Prozessaufnahme vorgestellt. Aufgrund der zunehmenden Marktdurchdringung kann Process Mining in der Praxis als die relevanteste datenbasierten Unterstützung für das Geschäftsprozessmanagement eingestuft werden.[291] Als Datenbasis nutzt Process Mining Eventlogs, die in betrieblichen Informationssystemen verfügbar sind (vgl. Kapitel 2.2.2.2). Folglich werden Eventlogs als praxisrelevanteste Daten über Geschäftsprozesse verstanden. Die Einsatzgebiete von Process Mining beschränken sich in der Praxis auf die Modellierung von Geschäftsprozessen im Rahmen der Prozessaufnahme, teilweise kombiniert mit weiterführenden Analysen (z. B. Zeiten, Auftretenszusammenhänge).[292] Für die im Kapitel 2.3 vorgestellten Aufgaben der Prozessanalyse und -gestaltung existieren in der Praxis keine eventlogbasierten Lösungen. Als Herausforderung wird demnach der *Mangel praxisrelevanter Methoden zur Erweiterung eventlogbasierter Prozessaufnahmen* festgehalten.

---

[288] Vgl. van der Aalst, W. (2021) Hybrid Intelligence: to automate or not to automate, that is the question, S. 9.

[289] Vgl. van der Aalst, W. (2021) Hybrid Intelligence: to automate or not to automate, that is the question, S. 9.

[290] Vgl. Grisold, T. et al. (2021) Adoption, use and management of process mining in practice, S. 381.

[291] Vgl. Galic, G./Wolf, M. (2021) Delivering Value with Process Analytics, S. 6 - 8; Grisold, T. et al. (2021) Adoption, use and management of process mining in practice, S. 369.

[292] Vgl. Koch, C./Fedtke, S. (2020) Robotic Process Automation, S. 115; Reinkemeyer, L. (2020) Process Mining in a Nutshell, S. 4.

2.5 Zwischenfazit: Handlungsbedarf aus der Praxis

In Kapitel 2.4 wurden die Herausforderungen der Prozessanalyse und -gestaltung in der Praxis anhand von Fach- und Forschungsliteratur hergeleitet und als allgemein praxisrelevant validiert. Abbildung 2.8 fasst den sich daraus ergebenden Handlungsbedarf zusammen:

Wissen	**Methodenwissen** über Prozessschwachstellen und Maßnahmen	• Inhomogenes und defizitäres Methodenwissen der Prozessbeteiligten über Prozessschwachstellen- und Maßnahmentypen • Unzureichend standardisierte Zuordnung von geeigneten Maßnahmentypen zur Behebung von Prozessschwachstellentypen
Methode	**Aufwandsgerechte** und **objektive** Prozessschwachstellen-identifizierung und Maßnahmenableitung	• Hoher Aufwand zur Identifizierung von Prozessschwachstellen in Prozessmodellen • Subjektive Einflüsse bei der Prozessschwachstellenidentifizierung und Maßnahmenableitung durch konventionelle Methoden
	Quantifizierung der **Geschäftsprozessleistung**	• Mangel einer holistischen Kennzahl zur Beschreibung der Geschäftsprozessleistung • Fehlende Quantifizierung der Auswirkungen von Prozessschwachstellen auf die Geschäftsprozessleistung • Fehlende Quantifizierung der Nutzenpotenziale durch Maßnahmen für die Geschäftsprozessleistung
Anwendung	Integration von **Kontextwissen**	• Defizitäre Validierung der Prozessanalyse und -gestaltung durch kontextspezifisches Expertenwissen • Mangelnde Berücksichtigung nicht-standardisierter Verbesserungsideen der Prozessbeteiligten
	Praxisrelevante Erweiterung bestehender Methoden	• Mangel praxisrelevanter Methoden zur Erweiterung eventlog-basierter Prozessaufnahmen

Abbildung 2.8: Handlungsbedarf aus der Praxis

3 Bestehende Ansätze

Nachdem in Kapitel 2 die Grundlagen des Betrachtungs- und Gestaltungsbereichs dargestellt wurden, werden in diesem Kapitel bestehende Literaturansätze zur Prozessanalyse und -gestaltung untersucht. Dazu werden zunächst aus den in Kapitel 2.4 dargelegten Herausforderungen in der Praxis in Kapitel 3.1 Anforderungen an bestehende Ansätze abgeleitet. In Kapitel 3.2 werden die wichtigsten Ansätze vorgestellt und in Kapitel 3.3 ansatzübergreifend hinsichtlich der abgeleiteten Anforderungen bewertet. Abschließend werden in Kapitel 3.4 das sich daraus ergebende Forschungsdefizit und der Handlungsbedarf beschrieben.

3.1 Anforderung an bestehende Ansätze

Durch kritische Reflexion der in Kapitel 2.4 abgeleiteten Herausforderungen in der Praxis ergeben sich zentrale Anforderungen an eine Methodik zur datenbasierten hybriden Analyse und Gestaltung von Geschäftsprozessen. Diese Anforderungen werden in die drei Kategorien wissensbezogene, methodische und anwendungsorientierte Anforderungen eingeteilt. Nachfolgend werden sie und ihre Bewertungsrichtwerte zur Beurteilung des Forschungsstandes vorgestellt.

3.1.1 Wissensbezogene Anforderungen

Die erste Anforderung an bestehende Ansätze liegt in der Bereitstellung von *Methodenwissen über Prozessschwachstellen- und Maßnahmentypen*. Das Methodenwissen soll relevante Typen von Prozessschwachstellen und Maßnahmen eindeutig charakterisieren, sodass sie formalisierbar werden. Die Anforderung wird als voll erfüllt eingestuft, wenn explizit unterschiedliche Prozessschwachstellen oder Maßnahmen der Prozessgestaltung hinsichtlich ihrer semantischen und strukturellen Eigenschaften beschrieben werden. Werden nur beispielhafte Typen an Prozessschwachstellen und Maßnahmen genannt oder deren Eigenschaften nur implizit beschrieben, wird die Anforderung als teilweise erfüllt bewertet.

Die zweite Anforderung beschreibt die *standardisierte Zuordnung von Maßnahmentypen zu Prozessschwachstellentypen.* Diese Zuordnung soll Prozessschwachstellentypen zur Behebung geeignete Maßnahmentypen zuweisen, um die Prozessgestaltung zu standardisieren. Die Anforderung wird als voll erfüllt bewertet, wenn sämtliche vorgestellte Maßnahmentypen der Prozessgestaltung einer oder mehreren Prozessschwachstellentypen zugeordnet sind. Wird diese Zuordnung nur für einzelne Beispiele durchgeführt, wird die Anforderung als teilweise erfüllt beschrieben.

3.1.2 Methodische Anforderungen

Als dritte Anforderung wird die Nutzung *datenbasierter Methoden zur aufwandsgerechten und objektiven Schwachstellenidentifizierung* berücksichtigt. Diese Anforderung erfordert die Identifizierung von Prozessschwachstellen anhand von Daten des untersuchten Geschäftsprozesses. Die Nutzung datenbasierter Methoden soll eine (Teil-)automatisierung der Prozessschwachstellenidentifizierung ermöglichen. Die manuelle Integration von Kontextwissen zur Interpretation von Prozessdaten oder Prozessmodellen soll möglichst gering sein. Die reine Anwendung von Process Mining Discovery-Algorithmen auf Eventlogs oder die wertneutrale Ausgabe von Prozesszeiten werden mangels diagnostizierender Auswertung ausgeschlossen. Zwecks Nachvollziehbarkeit soll die methodische Vorgehensweise erläutert werden. Die Anforderung ist voll erfüllt, wenn die datenbasierte Schwachstellenidentifizierung nachvollziehbar beschrieben wird, aufwandsgerecht erfolgt und kein subjektives Kontextwissen erfordert. Fehlt eines dieser Merkmale, gilt die Anforderung als teilweise erfüllt.

Die *objektive Maßnahmenableitung durch Nutzung datenbasierter Methoden* erfordert als vierte Anforderung die standardisierte Ableitung von Maßnahmen anhand von Daten des Geschäftsprozesses bei möglichst geringer Integration von subjektivem Kontextwissen. Die Anforderung ist voll erfüllt, wenn die datenbasierte Maßnahmenableitung nachvollziehbar beschrieben wird und kein subjektives Kontextwissen erfordert. Fehlt eines dieser Merkmale, gilt die Anforderung als teilweise erfüllt.

Eine *holistische Kennzahl zur Beschreibung der Geschäftsprozessleistung* stellt die fünfte Anforderung dar. Sie soll die Quantifizierung der Prozessanalyse ermöglichen und nachvollziehbare Transparenz über die Leistung eines Geschäftsprozesses geben. Diese Anforderung erfordert die Quantifizierung der Geschäftsprozessleistung in einer holistischen, d. h. den gesamten Geschäftsprozess bewertenden, und relativen

Kennzahl, die das Verhältnis der Ist-Leistung zur Ideal-Leistung ausgibt. Als relative Kennzahl soll die Geschäftsprozessleistungskennzahl zudem für sehr ähnliche Geschäftsprozesse einen Leistungsvergleich über unterschiedliche Entitäten (z. B. Unternehmen) trotz unterschiedlicher Absolutwerte (z. B. Durchlaufzeit) ermöglichen. Zwecks Nachvollziehbarkeit soll die Berechnungslogik der Geschäftsprozessleistung detailliert beschrieben werden. Die Anforderung ist voll erfüllt, wenn eine zentrale Geschäftsprozessleistungskennzahl vorliegt, diese das Verhältnis der Ist-Leistung zur Ideal-Leistung ausgibt und deren Berechnungslogik nachvollziehbar beschrieben wird. Fehlen einzelne Merkmale, gilt die Anforderung als teilweise erfüllt.

Als sechste Anforderung wird die *Quantifizierte Auswirkung von Prozessschwachstellen auf die Geschäftsprozessleistung* berücksichtigt. Diese Anforderung verknüpft die qualitative mit der quantitativen Prozessanalyse und soll die Fokussierung auf schwerwiegende Prozessschwachstellen ermöglichen. Dies erfordert die quantitative Beschreibung der Auswirkung von Prozessschwachstellentypen und deren Berücksichtigung in einer Geschäftsprozessleistungskennzahl. Die Anforderung gilt als vollständig erfüllt, wenn die Auswirkungen definierter Prozessschwachstellentypen quantifiziert und ihre Berücksichtigung als Prozessleistungsverluste in einer Geschäftsprozessleistungskennzahl nachvollziehbar beschrieben werden. Fehlen einzelne Merkmale, gilt die Anforderung als teilweise erfüllt

Die siebte Anforderung berücksichtigt die *Quantifizierung der Nutzenpotenziale durch Maßnahmen für die Geschäftsprozessleistung.* Analog zur Quantifizierung der Prozessleistungsverluste durch Prozessschwachstellen sollen hierdurch besonders nutzenversprechende Maßnahmen priorisiert ausgewiesen werden. Die Anforderung gilt als voll erfüllt, wenn die Auswirkungen definierter Maßnahmentypen auf eine holistische Geschäftsprozessleistungskennzahl (s. Anforderung 4) quantifiziert werden, was eine Priorisierung ermöglicht. In anderen Fällen gilt die Anforderung als nicht beziehungsweise nur teilweise erfüllt.

3.1.3 Anwendungsorientierte Anforderungen

Die achte Anforderung beschreibt die *Kontextuale Validierung der Prozessschwachstellen und Maßnahmen.* Dies erfordert, dass datenbasiert abgeleitete Ergebnisse durch Prozessbeteiligte auf ihre Richtigkeit im jeweiligen Untersuchungskontext überprüft werden. Beispielsweise müssen Prozessbeteiligte die auf Basis von strukturellen Eigenschaften identifizierten Prozessschwachstellen dahingehend validieren, ob diese im untersuchten Geschäftsprozess auch tatsächlich als Prozessschwachstellen einzustufen sind. Bezogen auf die Prozessgestaltung muss für vorgeschlagene Maßnahmen validiert werden, inwiefern diese im Kontext des untersuchten Geschäftsprozesses realisierbar und wirtschaftlich sind. Die Anforderung wird als vollständig erfüllt bewertet, wenn explizit eine Vorgehensweise zur Validierung der Ergebnisse aus der Prozessanalyse und -gestaltung inklusive Möglichkeit zur Ergebnisanpassung erläutert wird. Wird nur die Validierungsmöglichkeit erwähnt, jedoch keine Vorgehensweise beschrieben, gilt die Anforderung als teilweise erfüllt.

Die neunte Anforderung betrifft die *Berücksichtigung nicht-standardisierter Verbesserungsideen von Prozessbeteiligten*. Dadurch sollen zusätzlich zu Standardmaßnahmen der Prozessgestaltung weitere Lösungsideen der Prozessbeteiligten auf Basis von Kontextwissen und Kreativität zugelassen werden. Diese Anforderung erfordert die Möglichkeit der nachträglichen Anpassung standardisiert abgeleiteter Maßnahmen in der Prozessgestaltung und Ergänzung weiterer Lösungsideen und Anpassungen am Soll-Prozess. Dies soll in einer Vorgehensweise zur Prozessgestaltung beschrieben sein. Sind diese Merkmale vollständig erläutert, wird die Anforderung als erfüllt bewertet. Fehlen einzelne Merkmale, gilt die Anforderung als teilweise erfüllt.

Die zehnte Anforderung Nutzung von *Eventlogs als Datenbasis für die Prozessanalyse und -gestaltung* soll die Praxisrelevanz und Skalierbarkeit der Methodik sicherstellen. Zugrunde liegt die Annahme, dass im Zuge der Marktdurchdringung von Process Mining-Lösungen und der regelmäßigen Verfügbarkeit in betrieblichen Informationssystemen der Eventlog die relevanteste Form von Daten über Geschäftsprozesse darstellt. Durch die Anforderung soll sichergestellt werden, dass die Methodik eventlogbasierte Lösungen für die Prozessaufnahme (z. B. Process Mining Discovery) um eine Unterstützung für die Prozessanalyse und -gestaltung ergänzt, die dieselbe Datengrundlage verwendet. Die Anforderung gilt als erfüllt, wenn eine Umsetzung für Eventlogs detailliert beschrieben ist. Wird lediglich die Anwendbarkeit auf Eventlogs oder von Process Mining erwähnt, gilt die Anforderung als teilweise erfüllt.

3.2 Vorstellung und Bewertung ausgewählter Ansätze

Nach Herleitung der Anforderungen an bestehende Ansätze in Kapitel 3.1 werden in diesem Kapitel ausgewählte Ansätze des aktuellen Forschungsstands zum Themenkontext der Forschungsarbeit vorgestellt. Diese Ansätze wurden in Vorarbeiten des Autors durch mehrere systematische Literaturrecherchen zu den Themen Entscheidungsunterstützung in der Prozessgestaltung, Prozessschwachstellenidentifizierung, Maßnahmenableitung sowie Geschäftsprozessleistung identifiziert und mithilfe von Vorwärts- und Rückwärtssuchen ergänzt. Aus diesen Literaturrecherchen wurden die Ansätze mit der höchsten Erfüllung der in Kapitel 3.1 vorgestellten Anforderungen ausgewählt. Weitere Ansätze zum Themenbereich finden sich in den Vorarbeiten des Autors.[293] Das Ergebnis dieser Vorgehensweise ist eine vollständige und überschneidungsfreie Übersicht über den Stand der Forschung zum Themenbereich dieser Arbeit. Analog zur Strukturierung der Teilforschungsfragen und Lösungsmodule (vgl. Kapitel 1.2 und 1.3) erfolgt die Vorstellung der Ansätze gegliedert nach Ansätzen zur Prozessschwachstellenidentifizerung (vgl. Kapitel 3.2.1), zur Maßnahmenableitung (vgl. Kapitel 3.2.2), bezüglich der Geschäftsprozessleistung (vgl. Kapitel 3.2.3) und zur Integration von Kontextwissen (vgl. Kapitel 3.2.4).

3.2.1 Ansätze zur effizienten Prozessschwachstellenidentifizierung

3.2.1.1 Ansatz nach OUTMAZGIN&SOFFER (2015)[294]

Vorgehen: Der Forschungsbeitrag von OUTMAZGIN&SOFFER beschreibt die Identifizierung von Ausweichlösungen (engl. „workarounds“) mithilfe von Process Mining in Eventlogs. Ausweichlösungen in Geschäftsprozessen treten auf, wenn Mitarbeitende bewusst vom vorgegebenen Prozessablauf abweichen. Im ersten Schritt werden basierend auf einer qualitativen, explorativen Studie aus Vorarbeiten sechs generische Typen von Ausweichlösungen (z. B. Umgehen von Prozessabschnitten) definiert. Neben deren Beschreibung und Praxisbeispielen werden auch situative Faktoren aufgelistet,

---

[293] Vgl. Schuh, G. et al. (2021) Event Log-based Weaknesses Detection in Business Processes; Schopen, M. et al. (2022) Databased Decision Support for the Design of Business Processes in Manufacturing Companies; Schuh, G. et al. (2022) Performance-based Decision Support for Business Process Analysis and Design; Schopen, M. et al. (2023) Data-based Measure Derivation for Business Process Design; Schuh, G. et al. (2023) Procedure for Hybrid Process Analysis and Design.

[294] Vgl. Outmazgin, N./Soffer, P. (2016) A process mining-based analysis of business process work-arounds.

in deren Zusammenhang die jeweilige Ausweichlösung auftritt. (z. B. lange Aktivitätendauer). Im zweiten Schritt wird versucht, für die sechs generischen Typen Muster (engl. „pattern") zu spezifizieren, die das Auftreten des jeweiligen Typs in einem Eventlog indizieren. Beispielsweise wird die Ausweichlösung „Umgehen von Prozessabschnitten" in einem Eventlog erkannt, wenn das Muster „Aktivität wird zeitlich vor der im Prozessmodell vorgegebenen Vorgängeraktivität durchgeführt" auftritt. Die Muster für die Ausweichlösungen werden in einer mathematischen Notation regelbasiert beschrieben und über Bedingungsfilter implementiert werden. Mithilfe der Process Mining Lösung Fluxicon Discovery werden die Muster auf Eventlogs zu fünf Prozessen mit über zwei Jahren Eventlog-Historie aus drei Organisationen angewandt. Dazu wurden die Muster als Bedingungsfilter implementiert. Für zwei der sechs generischen Typen an Ausweichlösungen kann kein Muster spezifiziert werden. Die vier verbleibenden Muster werden nur einzeln angewandt, das gleichzeitige Erkennen mehrerer Muster in einer Prozessinstanz wird nicht durchgeführt. Ergänzend zur Identifizierung von Ausweichlösungen in Eventlogs werden durch Korrelationsanalysen zwischen den Ausweichlösungstypen und den aufgelisteten situativen Faktoren Hypothesen zum Auftretenszusammenhang gebildet. Abschließend wird darauf hingewiesen, dass die automatisierte Erkennung von Mustern in Eventlogs potenziell sowohl falsch-positive als auch falsch-negative Ergebnisse liefert.

Bewertung: Die Publizierenden stellen Methodenwissen zu Ausweichlösungen in Geschäftsprozessen bereit. Diese werden im weiteren Sinne als Prozessschwachstellen verstanden werden, decken andere Prozessschwachstellentypen jedoch nicht ab. Deshalb ist die Anforderung der Bereitstellung von Methodenwissen nur teilweise erfüllt. Durch die Umwandlung in Muster und Anwendung mit Process Mining sind die Anforderungskriterien der Nutzung datenbasierter Methoden zur aufwandsgerechten und objektiven Schwachstellenidentifizierung sowie der Nutzung von Eventlogs voll erfüllt. Weitere Anforderungen werden nicht adressiert.

3.2.1.2 Ansatz nach Bergener et al. (2015)[295]

Vorgehen: Der Ansatz der (semi-)automatisierten Schwachstellenerkennung in (semantischen) Prozessmodellen durch Musterabgleich (engl. pattern-matching) wurde

[295] Vgl. Bergener, P. et al. (2015) Detecting potential weaknesses in business processes.

erstmals 2010 von BECKER ET AL. mit Fokus auf den Finanzsektor publiziert und seitdem schrittweise weiterentwickelt.[296] In der jüngsten Publikation des Ansatzes stellen BERGENER ET AL. eine domänenunabhängige Methodik vor.[297] Ziel des Ansatzes ist es, den manuellen Aufwand zur Identifizierung von Prozessschwachstellen durch eine (Teil-)Automatisierung zu reduzieren. Da Prozessschwachstellen teilweise kontextabhängig sind, wird keine vollständige Automatisierung, sondern eine Entscheidungsunterstützung entwickelt. Aufbauend auf dieser muss durch Prozessanalysten bewertet werden, ob es sich bei einer automatisiert identifizierten Prozessschwachstelle tatsächlich um eine Prozessschwachstelle mit Einfluss auf die Geschäftsprozessleistung handelt.[298] Der Ansatz besteht aus drei Komponenten: Eine semantische Prozessmodellierung, die Schwachstellenmuster und ein „Pattern-Matching"-Algorithmus. Die semantische Prozessmodellierungssprache (engl. semantic business process modelling language – SBPML) setzt Prozessmodelle aus vorher definierten Prozessblöcken zusammen. Dies ermöglicht die algorithmische Erkennung der Semantik von Prozessmodellen trotz des Einsatzes von natürlicher Sprache und befähigt damit die Anwendung von Schwachstellenmustern. [299] Die zweite Komponente des Ansatzes ist eine Datenbank mit Schwachstellenmustern, welche gemeinsam mit den Prozessmodellen den Input für einen Pattern-Matching-Algorithmus bildet. Eine solche Datenbank wurde von HÖHENBERGER&DELFMANN in einer empirischen Studie aufgebaut.[300] Der Pattern-Matching-Algorithmus als dritte Komponente des Ansatzes wird in einer generischen Modell-Abfrage-Sprache (engl. generic model query language – GMQL) entwickelt. Durch die Verwendung der GQML kann der Ansatz an verschiedene semantische Prozessmodellierungssprachen angepasst werden.[301]

Bewertung: Der Ansatz stellt Methodenwissen über generische Prozessschwachstellentypen bereit. Durch die Modellierung dieser Prozessschwachstellentypen in Mustern und den „Pattern-Matching"-Algorithmus wird eine datenbasierte und damit objektive, aufwandsgerechte Schwachstellenidentifizierung beschrieben. Diese beiden Anforderungen sind damit voll erfüllt. Die Methode wird jedoch für eine spezifische

---

296 Vgl. Becker, J. et al. (2010) Pattern-Based Semi-Automatic Analysis of Weaknesses in Semantic Business Process Models in the Banking Sector, S. 3 - 8.

297 Vgl. Bergener, P. et al. (2015) Detecting potential weaknesses in business processes, S. 28 - 48.

298 Vgl. Bergener, P. et al. (2015) Detecting potential weaknesses in business processes, S. 26 - 27.

299 Vgl. Pfeiffer, D. (2007) Constructing comparable conceptual models with domain specific languages, S. 886 - 887.

300 Vgl. Höhenberger, S./Delfmann, P. (2015) Business Weakness Pattern Collections, S. 5 - 14.

301 Vgl. Bergener, P. et al. (2015) Detecting potential weaknesses in business processes, S. 27.

Modellierungssprache angewandt, sodass die Anforderung der Nutzung von Eventlogs nicht erfüllt ist. Es wird beschrieben, dass die identifizierten Prozessschwachstellen als Ergebnisse der Mustererkennung anschließend noch manuell validiert werden müssen. In der durchgeführten Fallstudie erfolgt dies durch einen Unternehmensexperten. Genauer wird die Validierung nicht beschrieben, weshalb diese Anforderung als teilweise erfüllt bewertet wird. Weitere Anforderungen werden nicht adressiert.

3.2.1.3 Ansatz nach Rittmeier et al. (2019)[302]

Vorgehen: Der Ansatz nach Rittmeier et al. adressiert die Herausforderung, Digitalisierungspotenziale in Geschäftsprozessen systematisch zu identifizieren. Ziel des Ansatzes ist die Beschreibung typischer Digitalisierungspotenziale in Form von Schwachstellenmustern, die deren automatisierte Identifizierung in BPMN2.0-Prozessmodellen[303] ermöglicht. Neben der erzielbaren Zeiteinsparung sollen durch Schwachstellenmuster die Ergebnisqualität vom Wissen und der Erfahrung der Prozessanalysten entkoppelt werden.[304] Der Ansatz gliedert sich angelehnt an den Business Process Management Lifecycle nach Dumas et al.[305] in die Phasen Prozessmodellierung, Prozessanalyse und Prozessneugestaltung. In der Prozessaufnahme wird über einen Katalog an Leitfragen sichergestellt, dass bereits bei der Prozessmodellierung alle relevante Anforderungen zur Identifizierung von Digitalisierungspotenzialen berücksichtigt werden. Mangels einer Funktion zur Beschreibung des Informationsträgers in herkömmlichen Modellierungssprachen, erweitert der Ansatz die Modellierungssprache BPMN 2.0 um das Attribut „Informationsträgertyp“.[306] Die Analyse der Prozessmodelle auf Digitalisierungspotenziale wird anhand von Schwachstellenmustern durchgeführt. Dazu definieren Rittmeier et al. erste Schwachstellenmuster, die auf Digitalisierungspotenziale in Geschäftsprozessen hinweisen und in den erweiterten BPMN 2.0-Prozessmodellen erkennbar sind. Jedes Schwachstellenmuster enthält zudem Empfehlungen, wie die jeweiligen Schwachstellenmuster durch Digitalisierungsmaßnahmen adressiert werden.[307]

[302] Vgl. Rittmeier, F. et al. (2019) Process Weakness Patterns.
[303] Vgl. vom Brocke, J./Rosemann, M. (2015) Handbook on Business Process Management 1, S. 219.
[304] Vgl. Rittmeier, F. et al. (2019) Process Weakness Patterns, S. 532 - 533.
[305] Vgl. Dumas, M. et al. (2018) Fundamentals of Business Process Management, S. 22 - 24.
[306] Vgl. Rittmeier, F. et al. (2019) Process Weakness Patterns, S. 534 - 538.
[307] Vgl. Rittmeier, F. et al. (2019) Process Weakness Patterns, S. 538 - 541.

Bewertung: Der Ansatz beschreibt die Modellierung von Digitalisierungspotenzialen in Mustern, die als spezielle Form von Prozessschwachstellen verstanden werden Zudem werden mit Empfehlungen zum Heben dieser Digitalisierungspotenziale im weiteren Sinne auch Maßnahmen für die Prozessgestaltung beschrieben. Sowohl die Digitalisierungspotenziale als auch die Empfehlungen sind nur als Spezialfälle innerhalb des Anforderungsbereiches zu bewerten. Innerhalb des eingeschränkten Betrachtungsbereiches liegt eine eindeutige Zuordnung der Empfehlungen zu Digitalisierungspotenzialen vor. Eine algorithmische Anwendung der Muster wird nicht beschrieben, sondern auf frühere Ansätze verwiesen. Bezüglich der Ableitung der Empfehlungen wird darauf verwiesen, dass diese früheren Ansätze dahingehend erweiterbar sind. Der Ansatz zielt auf eine Anwendung der Muster auf Prozessmodelle in der Modellierungssprache BPMN2.0 ab, weshalb die Anforderung der Nutzung von Eventlogs nicht erfüllt ist. Weitere Anforderungen werden nicht adressiert.

3.2.1.4 Ansatz nach GROSS ET AL. (2020)[308]

Vorgehen: Der Ansatz nach GROSS ET AL. adressiert die Forschungsfrage, welche Prozessschwachstellen mit Process Mining identifiziert werden können und was geeignete Gegenmaßnahmen sind. Dazu wird zunächst literaturbasiert eine Liste von Prozessschwachstellentypen abgeleitet und durch die Publizierenden geprüft, ob diese mithilfe von Process Mining erkennbar sind. Es wird nicht erläutert, anhand welcher Kriterien diese Prüfung erfolgt. Die verbleibenden Prozessschwachstellenkategorien sind *Engpässe*, *Rückschleifen*, *nicht-konformes Verhalten*, *falscher Start- oder Endzeitpunkt*, *Komplexität* und *Verschwendung*. Für die Erkennung der Prozessschwachstellen mit Process Mining werden Indikationen gegeben, wie sie in Prozessmodellen erkannt werden können. Für die relevanten Prozessschwachstellen werden anschließend Kriterien definiert, die eine Best Practice zur Lösung der Schwachstelle erfüllen müssen. Im darauffolgenden Schritt werden Best Practices der Prozessgestaltung nach REIJERS/ LIMAM MANSAR[309] in einem durch die Publizierenden entwickelten zweistufigen Verfahren den Prozessschwachstellen zugeordnet. Dabei werden manchen Prozessschwachstellen auch mehrere Best Practices zugeordnet.

---

[308] Vgl. Gross, S. et al. (2020) Process Mining Supported Process Redesign: Matching Problems with Solutions.

[309] Vgl. Reijers, H./Liman Mansar, S. (2005) Best practices in business process redesign.

Bewertung: Die Publizierenden stellen in ihrem Ansatz Methodenwissen über Prozessschwachstellen- und Maßnahmentypen bereit, mangels präziser Charakterisierung (z. B. in Schwachstellenmustern) wird dies jedoch nur als nahezu erfüllt bewertet. Die standardisierte Zuordnung von geeigneten Maßnahmentypen zu Prozessschwachstellentypen ist voll erfüllt. Die Prozessschwachstellentypen werden im Hinblick auf eine Anwendung mit Process Mining geprüft. Es wird erwähnt, woran die Schwachstellentypen in einem Prozessmodell mit Process Mining erkennbar sind. Da jedoch keine Formalisierung in Mustern erfolgt und die Erkennung nur qualitativ beschrieben wird, ist das Anforderungskriterium zur Nutzung datenbasierter Methoden zur aufwandsgerechten und objektiven Schwachstellenidentifizierung nur teilweise erfüllt. Ebenso ist die Anforderung der Nutzung von Eventlogs mangels Detaillierung nicht voll erfüllt. Weitere Anforderungen werden nicht adressiert.

3.2.2 Ansätze zur objektiven Maßnahmenableitung

3.2.2.1 Ansatz nach REIJERS&LIMAM MANSAR (2005)[310]

Vorgehen: Dieser Ansatz liefert einen Ordnungsrahmen und Best-Practices für das *Business Process Redesign*. Der Ordnungsrahmen basiert auf einer Literaturanalyse und enthält die Elemente *Kunden, Produkte,* den *Geschäftsprozess* mit einer *operativen Sicht* und einer *Verhaltenssicht* sowie die *Organisation* mit den Elementen *Struktur* und *Mitarbeiter, Information* und *Technologie.* Ziel des Ordnungsrahmens ist das Aufzeigen von Zusammenhängen bei Geschäftsprozessen sowie die Klassifikation von Best Practices. Der zweite Fokus des Ansatzes liegt auf der Vorstellung von Best Practices als Maßnahmen zur Behebung von Schwachstellen in Geschäftsprozessen. Die Best Practices werden aus einer Literaturanalyse abgeleitet, die berücksichtigten Ansätze wiederum spiegeln auch Erfahrungen aus der Industrie oder Beratungskontexten wider. Die Best Practices beziehen sich zwar auf explorative Ansätze zur Geschäftsprozessverbesserung, sind jedoch auch für die exploitative Verbesserung existierender Geschäftsprozesse geeignet. Die Publizierenden beschreiben insgesamt 29 Best Practices, klassifizieren diese und bewerten sie hinsichtlich ihrer Auswirkungen auf Kosten, Qualität, Flexibilität und Zeit. Beispielhafte Best Practices sind die Aufgabenelimination, die Integration mehrerer Aufgaben zu einer Aufgabe oder die Parallelisierung. Obwohl das Werk nach REIJERS&LIMAM MANSAR aus dem Jahr 2005 stammt,

---

[310] Vgl. Reijers, H./Liman Mansar, S. (2005) Best practices in business process redesign.

greifen viele aktuelle Ansätze zur Geschäftsprozessverbesserung deren systematisierte Übersicht von Best Practices auf. Die weiterhin geltende und hohe Relevanz der Best Practices für das Geschäftsprozessmanagement bestätigen GROSS ET AL. in ihrem Werk.[311] Daher wird dieser Ansatz weiterhin berücksichtigt.

Bewertung: Der Ansatz stellt Methodenwissen über eine umfangreiche und klassifizierte Übersicht an Maßnahmen der Prozessgestaltung bereit. Zudem werden deren Anwendung sowie Vor- und Nachteile ergänzt, sodass die daraus implizit gegebene Zuordnung von Maßnahmentypen zu Prozessschwachstellentypen als teilweise erfüllt bewertet wird. Der Ansatz bewertet die Auswirkung der Best Practices auf vier Zieldimensionen Kosten, Qualität, Flexibilität und Zeit qualitativ auf einer Skala, sodass ein Vergleich von Best Practices möglich ist. Da die Bewertung jedoch qualitativ, und generisch ohne Berücksichtigung des untersuchten Geschäftsprozesses und der identifizierten Prozessschwachstellen erfolgt, wird diese Anforderung als geringfügig erfüllt bewertet. Weitere Anforderungskriterien werden nicht adressiert.

3.2.2.2 Ansatz nach FALK ET AL. (2013)[312]+(2017)[313]

Vorgehen: Der Ansatz nach FALK ET AL. verfolgt das Ziel, die Verbesserung von Geschäftsprozessen von Ist- zu Soll-Prozessen zu spezifizieren, um deren Effizienz und Effektivität zu erhöhen.[314] Dazu wird ein Katalog von Prozessverbesserungsmustern entwickelt, bei der manuellen Verbesserung von Geschäftsprozessen unterstützen soll. FALK ET AL. definieren Prozessverbesserungsmuster als eine wiederverwendbare Lösung für typische Probleme in Geschäftsprozessen (s. auch FOWLER[315]). Die Wiederverwendbarkeit der Lösungen für gleichartige Umstände soll Zeit und Aufwände bei der Lösungsfindung einsparen.[316] Gleichzeitig soll der Einsatz von Prozessverbesserungsmustern den beteiligten Personen als Leitlinie dienen.[317] Vor diesem Hintergrund entwickeln FALK ET AL. zunächst ein Metamodell zur Beschreibung verschiedener Charakteristika von Prozessverbesserungsmustern (z. B. Name, Beispiel, Problem,

[311] Vgl. Gross, S. et al. (2020) Process Mining Supported Process Redesign: Matching Problems with Solutions, S. 27.
[312] Vgl. Falk, T. et al. (2013) Patterns as an Artifact for Business Process Improvement.
[313] Vgl. Falk, T. (2017) Evaluation of a pattern-based approach for business process improvement.
[314] Vgl. Falk, T. et al. (2013) Patterns For Business Process Improvement, S. 2.
[315] Vgl. Fowler, M. (2010) Analysis patterns, S. 8.
[316] Vgl. Falk, T. et al. (2013) Patterns For Business Process Improvement, S. 4.
[317] Vgl. Falk, T. et al. (2013) Patterns For Business Process Improvement, S. 4.

Lösung, Auswirkung, Leistungsindikator).[318] Anhand dieses Metamodells werden Best Practices für die Verbesserung von Geschäftsprozessen aus der Literatur (u. a. nach REIJERS&LIMAM MANSAR[319]) als Muster formuliert.[320] In einem gesonderten Experiment validieren FALK ET AL. den Effekt der Prozessverbesserungsmuster auf die Effektivität von Verbesserungsprojekten. Das Experiment zeigt einerseits, dass durch den Einsatz von Mustern die durchschnittliche Effektivität von Verbesserungsprojekten zunimmt. Andererseits werden die Resultate mit der höchsten Effektivität in Projekten ohne Muster erzielt. Dies erklären FALK ET AL. damit, dass Verbesserungsmuster primär inkrementelle Verbesserungen beabsichtigen, kreative Ansätze zur Prozessverbesserung jedoch radikalere Verbesserungen ermöglichen. Zudem zeigt sich, dass sich die benötigte Zeit für die Erkennung der Verbesserungspotenziale durch den Einsatz von Mustern reduziert und demnach die Effizienz von Prozessverbesserungen durch den Ansatz gesteigert wird.[321]

Bewertung: Die Publizierenden entwickeln ein Metamodell zur Beschreibung charakteristischer Attribute von Maßnahmen in Form von Prozessverbesserungsmustern. Dies leistet einen methodischen Mehrwert zur Bereitstellung von Methodenwissen über Prozessschwachstellen- und Maßnahmentypen. Ebenso sieht das Metamodell die Zuordnung von Prozessverbesserungsmustern zum zugrundeliegenden Problem und Anwendungskontext vor, im weiteren Sinne also eine Zuordnung von Maßnahmentypen zu Prozessschwachstellentypen. Durch die Attribute „Auswirkungen" und „Leistungsindikator" ist eine Bewertung des Nutzens von Prozessverbesserungsmustern bzw. Maßnahmentypen möglich. Da diese Merkmale jedoch nur als Attribute für das Metamodell festgelegt werden und eine Operationalisierung lediglich anhand von zwei Beispielen erfolgt, wird den zugehörigen Anforderungskriterien nur eine geringe Erfüllung zuerkannt. In der aufbauenden Veröffentlichung wird beschrieben, dass die Prozessverbesserungsmuster durch Analysten angewandt werden. Da dies eine kontextuale Validierung impliziert, wird dieses Anforderungskriterium als teilweise erfüllt bewertet. Weitere Anforderungskriterien werden nicht adressiert.

[318] Vgl. Falk, T. et al. (2013) Patterns For Business Process Improvement, S. 7 - 10.

[319] Vgl. Reijers, H./Liman Mansar, S. (2005) Best practices in business process redesign.

[320] Vgl. Falk, T. et al. (2013) Patterns as an Artifact for Business Process Improvement, S. 93 - 94.

[321] Vgl. Falk, T. (2017) Evaluation of a pattern-based approach for business process improvement, S. 250 - 253.

3.2.2.3 Ansatz nach NIEDERMANN (2015)[322]

Vorgehen: NIEDERMANN entwickelt mit der *Deep Business Optimization Platform (dBOP)* ein datenbasierte Entscheidungsunterstützung zur evolutionären[323] Verbesserung von Geschäftsprozessen.[324] Der Ansatz gliedert sich in drei Ebenen: Die Datenintegrationsebene, die Analyseebene und die Verbesserungsebene. Die **Datenintegrationsebene** verknüpft objektorientierte Prozessausführungsdaten mit subjektorientierten Betriebsdaten über die ausführenden Prozessinstanzen zu einem Prozessmodell zusammen.[325] In der **Analyseebene** wird dieses Prozessmodell in einem vierschrittigen Analyseverfahren um weitere Erkenntnisse wie Kennzahlen, spezielle Prozessverläufe, die Prozessähnlichkeit oder Modelle zur Erklärung und Simulation bestimmter Prozessverhalten ergänzt. Die Erkenntnisse der Analyseebene werden in einem sogenannten Prozesserkenntnisspeicher abgelegt.[326] In der **Optimierungsebene** werden vorab katalogisierte Prozessverbesserungsmuster auf die angereicherten Prozessmodelle angewandt. Dazu spezifiziert der Anwendende zunächst die Ziele und Restriktionen der Optimierung. Auf dieser Basis werden potenziell geeignete Verbesserungsmuster aus dem Katalog vorgeschlagen. In den angereicherten Prozessmodellen werden Prozessinstanzen bzw. -abschnitte identifiziert, auf die diese Verbesserungsmuster potenziell anwendbar sind.[327] Zu jedem vorgeschlagenen Verbesserungsmuster werden die Auswirkungen auf das Prozessmodell und die initial definierten Zieldimensionen angezeigt.[328] Sofern der Anwendende einen Vorschlag für geeignet hält und bestätigt, wird das Prozessmodell automatisch dahingehend angepasst.[329] Da nach jeder Anpassung des Prozessmodells für die nachfolgenden Vorschläge die Erkennung von Verbesserungsmustern erneut durchgeführt werden muss, ist das Vorgehen iterativ und sequentiell. Die Optimierung endet, wenn keine Verbesserungsmuster mehr

[322] Vgl. Niedermann, F. (2015) Deep Business Optimization.

[323] Evolutionäre Geschäftsprozessverbesserungen sind analog zu inkrementellen oder exploitativen Ansätzen, vgl. Abschnitt 2.2.1.1.

[324] Vgl. Niedermann, F. (2015) Deep Business Optimization, S. 3 - 4.

[325] Vgl. Niedermann, F. (2015) Deep Business Optimization, 21, 75-76.

[326] Vgl. Niedermann, F. (2015) Deep Business Optimization, S. 80 - 81.

[327] Vgl. Niedermann, F. (2015) Deep Business Optimization, S. 22 - 23.

[328] Vgl. Niedermann, F. (2015) Deep Business Optimization, S. 136 - 137.

[329] Vgl. Niedermann, F. (2015) Deep Business Optimization, S. 22 - 23.

erkannt werden oder der Anwendende die Optimierung manuell beendet.[330] Jeder Anpassungsvorschlag durch die Deep Business Optimization Platform muss – unabhängig vom Formalisierungsgrad eines Prozesses – durch einen Anwendenden überprüft werden. Die Deep Business Optimization Platform ist daher ein semi-automatisierter Ansatz zur Unterstützung des Anwenders.[331]

Bewertung: Der Ansatz stellt Methodenwissen über Maßnahmentypen (hier: Verbesserungsheuristiken) bereit. Über die Beschreibung, wie die Anwendbarkeit der Heuristiken in Prozessen detektiert wird, findet implizit auch eine Zuordnung zu Prozessschwachstellentypen statt, die jedoch nur als teilweise erfüllt bewertet wird. Die Heuristikvorschläge werden datenbasiert abgeleitet und hinsichtlich ihrer Auswirkungen, d. h. auch ihres Nutzens bewertet. Der Ansatz erfüllt ebenfalls zu großen Teilen die Anforderung einer kontextualen Validierung, da Anwendende noch die vorgeschlagenen Verbesserungsheuristiken auswählen müssen. Hier fehlt jedoch eine detaillierte Beschreibung des Vorgehens. Im Ansatz wird die Anwendung auf prozess- bzw. objektorientierte Daten beschrieben, jedoch nicht genauer spezifiziert. Daher wird die Anforderung der Nutzung von Eventlogs als teilweise erfüllt bewertet. Weitere Anforderungen werden nicht adressiert.

3.2.2.4 Ansatz nach Cherni et al. (2019)[332]

Vorgehen: Der KPI4BPI-Ansatz (Key Performance Indicators for Business Process Improvement) nach Cherni et al. verknüpft die Analyse von Geschäftsprozessen auf der Basis von Kennzahlen (engl. *key performance indicators (KPIs)*) mit Process Mining Ansätzen. Mithilfe des KPI4BPI-Ansatzes sollen Anwendende Abweichungen von Prozess-KPIs hinsichtlich Qualität, Kosten, Zeit und Qualität schnell identifizieren können. Zudem soll der Anwendende in der Prozessgestaltung durch die die automatisierte Anwendung von erprobten Verbesserungsmustern unterstützt werden.[333] Der KPI4BPI-Ansatz orientiert sich an dem Business Process Management Lifecycle nach Weske[334] und erweitert jede der vier Phasen (Re)Design, Configuration, Enactment und Evaluation um eigene Aspekte wie KPI-Zielwerte, Process Mining und Verbesserungsmuster. In der (Re)Design-Phase werden für das Prozessmodell KPI-Zielwerte

---

330 Vgl. Niedermann, F. (2015) Deep Business Optimization, S. 136 - 137.

331 Vgl. Niedermann, F. (2015) Deep Business Optimization, S. 127.

332 Vgl. Cherni, J. et al. (2019) Towards Improving Business Processes.

333 Vgl. Cherni, J. et al. (2019) Towards Improving Business Processes, S. 279 - 280.

334 Vgl. Weske, M. (2012) Introduction, S. 12.

bezogen auf den gesamten Prozess, Prozessabschnitte oder einzelne Prozesselemente definiert. In der Konfigurationsphase werden die Berechnungsformeln für die KPIs sowie die Speicherung der Ergebniswerte festgelegt. In der Ausführungsphase werden für Prozessausführung die KPIs berechnet und die Ergebniswerte gespeichert. Mithilfe von Process Mining werden in der Auswertungsphase korrelierende KPIs für spezifische Prozessausführungen erhoben und durch Konformitätsanalysen Abweichungen der erreichten KPIs zu den Ziel-KPIs aus der (Re)Design-Phase ermittelt. Dabei können mit Process Mining auch die zu verbessernden Prozessabschnitte lokalisiert werden. Zusätzlich stellt eine Process Mining Lösung in der Auswertungsphase für jede erkannte KPI-Abweichung Verbesserungsmuster für die Prozessgestaltung bereit. Nach Durchlaufen der vier Phasen soll der Anwendende in der (Re-)Design-Phase die vorgeschlagenen Verbesserungen nach eigener Einschätzung umsetzen und den erweiterten Business Process Management Lifecycle erneut durchlaufen. Verbesserungsvorschläge ohne Einschränkungen oder Entscheidungsbedarf sollen automatisiert umgesetzt werden. In der Konfigurationsphase müssen durch die Änderungen gegebenenfalls die Berechnungslogiken der KPIs neu definiert werden.[335]

Bewertung: Der Ansatz nutzt Process Mining als datenbasierte Methode, um Abweichungen von Ziel-KPIs zu messen. Diese KPIs werden jedoch nicht näher spezifiziert. Ein Hinweis auf den Zusammenhang mit Prozessschwachstellentypen ist nicht gegeben. Für identifizierte KPI-Abweichungen werden automatisiert geeignete Verbesserungsheuristiken als Maßnahmen zur Prozessgestaltung vorgeschlagen. Es werden jedoch weder die Heuristiken noch die Vorgehensweise zu deren Ableitung erläutert. Durch die Messung von KPI-Abweichungen werden Prozessleistungsverluste quantifiziert. Da jedoch die Verknüpfung zu qualitativen Prozessschwachstellen fehlt, ist die Quantifizierung der Auswirkungen von Prozessschwachstellen auf die Geschäftsprozessleistung nur teilweise erfüllt. Es wird beschrieben, dass die identifizierten Verbesserungsheuristiken durch Anwendende beobachtet, ausgewählt und implementiert werden müssen. Mangels nähergehender Beschreibung gilt auch das Anforderungskriterium der kontextualen Validierung deshalb nur als bedingt erfüllt. Der Ansatz nutzt Process Mining, sodass die Anforderung der Nutzung von Eventlogs erfüllt ist. Wie für die anderen Anforderungskriterien wird jedoch auch diese Anforderung mangels detaillierter Beschreibung nur als teilweise erfüllt bewertet.

---

[335] Vgl. Cherni, J. et al. (2019) Towards Improving Business Processes, S. 281 - 283.

3.2.2.5 Ansatz nach KUMAR&LIU (2020)[336]

Vorgehen: Der Ansatz entwickelt eine Methode zur Bewertung unterschiedlicher Prozessverbesserungsmuster in Bezug auf Zeit, Kosten und Qualität. Einführend werden die strukturellen und zeitlichen Rahmenbedingungen von möglichen Aktivitätensequenzen in Prozessmodellen beschrieben[337]. Aufbauend auf zehn Prozessverbesserungsmustern nach REIJERS&LIMAM MANSAR[338] werden sechs Prozessverbesserungsmuster aufgrund ihrer Praxisrelevanz und ihrem Einflusses auf die Prozessstruktur ausgewählt, beschrieben und qualitativ hinsichtlich ihres Einflusses auf Zeit, Kosten und Qualität bewertet.[339] In einer Redesign-Matrix wird für jede Prozessaktivität die Anwendbarkeit der sechs Prozessverbesserungsmuster bewertet und dadurch der Lösungsraum möglicher Redesign-Szenarien festgelegt. Anschließend werden für jedes Redesign-Szenario die potenziellen Kosten und der potenzielle Nutzen qualitativ und die veränderten Zeiten der Aktivitäten mathematisch beschrieben.[340] Diese Beschreibung der Prozessverbesserungsmuster ermöglicht im Folgeschritt ein ganzzahliges Optimierungsmodell, das die verschiedenen Redesign-Szenarien hinsichtlich einer Zielfunktion als gewogenen Durchschnitt aus Zeit, Kosten, Qualität und Flexibilität bewertet.[341] Der Ansatz bezieht sich dabei auf die Prozessmodellierung in BPMN und wird auch als Beitrag zur Anwendung mit Process Mining bezeichnet, jedoch nicht näher beschrieben. Gemäß der abschließenden Umsetzungsarchitektur werden die Ergebnisse des Optimierungsmodells Anwendenden als Empfehlungen bereitgestellt, die dynamisch über deren Umsetzung entscheiden.[342]

Bewertung: Die Publizierenden stellen basierend auf Vorarbeiten anderer Autoren Wissen über Maßnahmentypen der Prozessgestaltung bereit. Eine Zuordnung zu Prozessschwachstellentypen erfolgt nicht explizit, jedoch gibt es eine Bewertung der Prozessverbesserung in einer Anwendbarkeits-Matrix, sodass dieses Anforderungskriterium als teilweise erfüllt bewertet wird. Die Zielfunktion des Optimierungsmodells

[336] Vgl. Kumar, A./Liu, R. (2020) Business Workflow Optimization Through Process Model Redesign.

[337] Vgl. Kumar, A./Liu, R. (2020) Business Workflow Optimization Through Process Model Redesign, S. 4 - 6.

[338] Vgl. Limam Mansar, S./Reijers, H. (2007) Best practices in business process redesign: use and impact, S. 199.

[339] Vgl. Kumar, A./Liu, R. (2020) Business Workflow Optimization Through Process Model Redesign, S. 6 - 7.

[340] Vgl. Kumar, A./Liu, R. (2020) Business Workflow Optimization Through Process Model Redesign, S. 7 - 9.

[341] Vgl. Kumar, A./Liu, R. (2020) Business Workflow Optimization Through Process Model Redesign, S. 9 - 10.

[342] Vgl. Kumar, A./Liu, R. (2020) Business Workflow Optimization Through Process Model Redesign, S. 14.

berücksichtigt unterschiedliche Leistungsdimensionen von Prozessen für die einzelnen Prozessverbesserungsmuster, beschreibt jedoch nicht die Gesamtleistung des Prozesses. Daher ist hinsichtlich der Geschäftsprozessleistungskennzahl nur eine geringfügige Anforderungserfüllung gegeben. Die Bewertung unterschiedlicher Prozessverbesserungsalternativen nach ihrem Nutzen ist größtenteils erfüllt. Die kontextuale Validierung der Ergebnisse durch einen Anwendenden wird erwähnt, jedoch nicht näher erläutert. Die Anwendbarkeit in Zusammenhang mit Process Mining wird erwähnt, mangels Detaillierung wird das Anforderungskriterium der Nutzung von Eventlogs jedoch nur als geringfügig erfüllt bewertet. Weitere Anforderungskriterien werden nicht adressiert.

3.2.3 Ansätze zur Quantifizierung der Geschäftsprozessleistung

3.2.3.1 Ansatz nach Cho et al. (2017)[343]

Vorgehen: Die Publizierenden entwickeln einen Ordnungsrahmen zur Bewertung der Best Practices von Prozessverbesserungsmustern nach Reijers&Limam Mansar[344] in der Prozessgestaltung. Der Ordnungsrahmen enthält zwei Arten von Indikatoren. Mithilfe von *Best Practice Implementation indicators (BPIs)* soll die Anwendung der Best Practices nach Limam Mansar&Reijers in Prozessmodellen bewertet werden. Anhand von *Process Performance indicators* (PPIs) sollen die dadurch erzielten Prozessverbesserungen gemessen werden. Der Ansatz beruht auf dem Einsatz von Process Mining und definiert implizit Datenbedarfe für die Berechnung der BPIs und PPIs.[345] Es werden 17 BPIs definiert, mit denen durch Einsatz von Process Mining Techniken die 29 Best Practices in Prozessmodellen nachgewiesen werden. Dabei wird auch angegeben, wenn außer dem Eventlog noch zusätzliche Informationen benötigt werden.[346] Zur Bewertung der Auswirkung der Best Practices auf die Geschäftsprozessleistung werden 13 PPIs in den Zieldimensionen Zeit, Kosten, Qualität und Flexibilität

---

[343] Vgl. Cho, M. et al. (2017) Evaluating the effect of best practices for business process redesign: An evidence-based approach based on process mining techniques.

[344] Vgl. Limam Mansar, S./Reijers, H. (2007) Best practices in business process redesign: use and impact, S. 199.

[345] Vgl. Cho, M. et al. (2017) Evaluating the effect of best practices for business process redesign: An evidence-based approach based on process mining techniques, S. 93 - 94.

[346] Vgl. Cho, M. et al. (2017) Evaluating the effect of best practices for business process redesign: An evidence-based approach based on process mining techniques, S. 98 - 105.

definiert.[347] Im Rahmen von zwei Fallstudien in einem Krankenhaus und einem Reisebüro wird der Ordnungsrahmen erprobt und validiert.[348]

Bewertung: Der Ansatz verweist auf die Best Practices von REIJERS&LIMAM MANSAR und stellt kein eigenes, neues Methodenwissen über Prozessschwachstellen- und Maßnahmentypen bereit. Die BPIs stellen keine datenbasierte Maßnahmenableitung dar, sondern ermitteln lediglich retrograd, ob und in welchem Umfang eine Best Practice angewandt wurde. Es wird keine gesamtheitliche Kennzahl für die Geschäftsprozessleistung, sondern eine Vielzahl an PPIs definiert, die ein breites Spektrum der mehrdimensionalen Geschäftsprozessleistung abbilden. Die Anforderung der Quantifizierung einer Prozessleistungskennzahl wird daher als geringfügig erfüllt bewertet. Es erfolgt keine Priorisierung von Maßnahmen nach dem Nutzenpotenzial, jedoch findet eine Beschreibung der Auswirkung von Best Practices auf die Geschäftsprozessleistung statt. Deshalb wird diese Anforderung als teilweise erfüllt bewertet. Der Ansatz bezieht sich auf Eventlogs und den Einsatz von Process Mining, verzichtet im Detail jedoch auf Beschreibungen der Maßnahmen und Geschäftsprozessleistungsindikatoren auf Datenebene. Die Anforderung der Nutzung von Eventlogs wird daher als größtenteils erfüllt bewertet.

3.2.3.2 Ansatz nach VAN DEN INGH ET AL. (2021)[349]

Vorgehen: VAN DEN INGH ET AL. entwickeln einen Ansatz, um Prozessvarianten hinsichtlich deren Leistung bezogen auf die Leistungsdimensionen Zeit, Kosten, Qualität und Flexibilität zu bewerten. Dazu werden in einem ersten Schritt für jede Leistungsdimension messbare Leistungsindikatoren aus der Literatur oder mithilfe von Domänenexperten identifiziert. Im zweiten Schritt wird für häufig vorkommende Prozessvarianten die Geschäftsprozessleistung analysiert. Dazu bilden Domänenexperten anhand der Messungen der im ersten Schritt identifizierten Leistungsindikatoren in jeder Leistungsdimension eine metrische Reihenfolge. Darauf aufbauend wird per Regressionsanalye der Zusammenhang zwischen den Werten der Leistungsindikatoren und der Bewertung in der Leistungsdimension beschrieben und so in eine Punktzahl

[347] Vgl. Cho, M. et al. (2017) Evaluating the effect of best practices for business process redesign: An evidence-based approach based on process mining techniques, S. 105 - 109.

[348] Vgl. Cho, M. et al. (2017) Evaluating the effect of best practices for business process redesign: An evidence-based approach based on process mining techniques, S. 109 - 116.

[349] Vgl. van den Ingh, L. et al. (2021) Assessing performance of mined business process variants.

überführt. Im dritten Schritt bewerten Befragte mithilfe der Conjoint-Analyse, welche Ausprägung in den verschiedenen Leistungsdimensionen als beste Gesamtleistung zu bewerten ist. Die Publizierenden haben das Vorgehen in einer Softwarelösung implementiert, das Process Mining Lösungen nutzt.[350]

Bewertung: Der Ansatz beschreibt ein Vorgehen zur Quantifizierung der Geschäftsprozessleistung in einer zentralen, leistungsdimensionsübergreifenden Kennzahl. Die Berechnung der zugrundeliegenden Leistungsindikatoren wird jedoch nicht beschrieben, weshalb die Anforderung nur als teilweise erfüllt bewertet wird. Das Vorgehen wurde bereits mit Process Mining Lösungen implementiert, was auf eine eventlogbasierte Berechnung schließen lässt. Mangels einer detaillierten Beschreibung wird die Anforderung der Nutzung von Eventlogs nur als größtenteils erfüllt. Weitere Anforderungen werden nicht adressiert.

3.2.3.3 Ansatz nach AGUIRRE ET AL. (2013)[351]

Vorgehen: Die Publizierenden entwickeln einen methodischen Ansatz zur Integration von Process Mining und Simulationstechniken für die Prozessgestaltung.[352] Das Vorgehen gliedert sich in die vier Phasen Projektverständnis, Prozessanalyse, Prozessgestaltung und Implementierung. In der ersten Phase werden anhand von Geschäftsprozessleistungsindikatoren das Problem beschrieben, der Betrachtungsrahmen festgelegt, Stakeholder identifiziert, das Delta zwischen Ist- und Soll-Leistung ermittelt und Projektziele festgelegt. In der Prozessanalyse wird anhand von Eventlogs mithilfe von Process Mining der Ist-Prozess modelliert, dieser anschließend datenbasiert Leistungs- und Data Mining-Analysen unterzogen und abschließend werden partizipativ Ursachen analysiert. In der dritten Phase „Prozessgestaltung" wird zunächst ein Simulationsmodell generiert. Für den untersuchten Prozess werden alternative, verbesserte Soll-Prozesse erstellt und anschließend per Simulation „Was-wäre-wenn"-Analysen durchgeführt. In der letzten Phase wird eine ausgewählte Lösung implementiert.[353]

[350] Vgl. van den Ingh, L. et al. (2021) Assessing performance of mined business process variants, S. 679 - 683.

[351] Vgl. Aguirre, S. et al. (2012) Combination of Process Mining and Simulation Techniques for Business Process Redesign: A Methodological Approach.

[352] Vgl. Aguirre, S. et al. (2012) Combination of Process Mining and Simulation Techniques for Business Process Redesign: A Methodological Approach, S. 24.

[353] Vgl. Aguirre, S. et al. (2012) Combination of Process Mining and Simulation Techniques for Business Process Redesign: A Methodological Approach, S. 29 - 33.

Die Analyse der Geschäftsprozessleistung erfolgt mittels deskriptiver Statistik von Leistungsindikatoren, in einer durchgeführten Fallstudie, beispielsweise die Zykluszeit. Auf Basis der daraus generierten Erkenntnisse werden fallweise weitere Data Mining-Analysen durchlaufen.[354]

Bewertung: Der Ansatz beschreibt ein generisches Vorgehen zur Geschäftsprozessverbesserung unter Einsatz von Process Mining und Simulationstechniken. Das Vorgehen wird jedoch nur geringfügig ausdetailliert. Durch die „Was-wäre-wenn"-Analysen lassen sich die Nutzenpotenziale generierter Soll-Prozesse untersuchen. Die Anforderung zur Priorisierung von Maßnahmen nach dem Nutzenpotenzial zur Steigerung der Geschäftsprozessleistung wird daher als teilweise erfüllt bewertet. Es wird nicht beschrieben, wie die Maßnahmenableitung erfolgt. Da eine standardisierte oder automatisierte Maßnahmenableitung nicht erwähnt wird, wird von einer manuellen Erstellung der Soll-Prozessalternativen ausgegangen, sodass die Berücksichtigung nichtstandardisierter Lösungsideen der Prozessbeteiligten implizit gegeben ist. Mangels expliziter Beschreibung wird dieses Anforderungskriterium jedoch nur als geringfügig erfüllt bewertet. Da der Ansatz Process Mining nutzt, ist der Einsatz von Eventlogs gegeben. Mangels detaillierter Beschreibung wird die Anforderung nur als größtenteils erfüllt bewertet.

3.2.3.4 Ansatz nach Jansen-Vullers et al. (2013)[355]

Vorgehen: Die Publizierenden stellen einen simulationsbasierten Ansatz zur Quantifizierung der Leistungsauswirkungen bei der Umsetzung von Best Practices der Prozessgestaltung vor, um die Auswahl und Kombination der potenzialträchtigsten Best Practices zu erleichtern.[356] Das Vorgehen gliedert sich in acht Schritte und beginnt mit der Projektdefinition und dem Aufbau eines anpassbaren und mit Leistungsindikatoren messbaren Ist-Modells, anhand dessen die Best Practices simuliert werden. Anschließend erfolgt die Validierung des Ist-Modells durch Vergleich der Ist-Simulation mit Ergebnissen von Warteschlangenmodellen. Nach der Adaption des Ist-Modells mithilfe von Best Practices zur Prozessgestaltung nach Reijers[357] wird durch die

[354] Vgl. Aguirre, S. et al. (2012) Combination of Process Mining and Simulation Techniques for Business Process Redesign: A Methodological Approach, S. 36.
[355] Vgl. Jansen-Vullers, M. et al. (2008) Quantifying the Performance of Workflows.
[356] Vgl. Jansen-Vullers, M. et al. (2008) Quantifying the Performance of Workflows, S. 332.
[357] Vgl. Reijers, H. (2003) Design and Control of Workflow Processes, S. 208 - 228.

Definition von Prozessvariablen, Messperioden und Messdauern die Prozesssimulationen vorbereitet. Nach Ausführung der Prozesssimulationen wird analysiert, ob die erstellten Prozessvarianten einen signifikanten Leistungsunterschied zum Originalmodell aufweisen. Im letzten Schritt werden die Ergebnisse der Analyse interpretiert und die quantitativen Ergebnisse der Prozesssimulationen mit anderen Untersuchungen aus der Forschung verglichen.[358]

Bewertung: Der Ansatz beschreibt ein simulationsbasiertes Vorgehen zur Priorisierung von Maßnahmen(-kombinationen) für die Prozessgestaltung, sodass die Anforderung nach Nutzenquantifizierung als größtenteils erfüllt bewertet wird. Dies erfolgt anhand von Geschäftsprozessleistungskennzahlen. Da diese nicht näher erläutert werden und kein Hinweis auf eine zentrale Geschäftsprozessleistungskennzahl vorliegt, wird die Anforderung nach der Beschreibung der Prozessleistung in einer zentralen, betriebstypologisch unabhängig vergleichbaren Kennzahl als geringfügig erfüllt bewertet. Weitere Anforderungskriterien werden nicht adressiert.

3.2.3.5 Ansatz nach Manderscheid et al. (2017)[359]

Vorgehen: Die Publizierenden präsentieren einen Ansatz zur computerunterstützten Objektivierung der Prozessgestaltung durch den Einsatz evolutionärer Algorithmen. Mithilfe evolutionärer Algorithmen sollen verbesserte Soll-Prozessvarianten erzeugt werden. Dazu werden basierend auf den besten existierenden Prozessvarianten neue Prozessvarianten erstellt, indem Aktivitäten und Schnittstellen in Subprozessen ersetzt werden. Die Bewertung der neuen Prozessvarianten erfolgt anhand einer „Fitness“-Funktion mit vordefinierten Bewertungskriterien. Der Evolutionszyklus endet bei Erreichen eines (möglicherweise lokalen) Optimums oder bei manueller Unterbrechung der Optimierung. Der Ansatz nutzt einen Greedy-Algorithmus zur zufallsbasierten Erzeugung neuer Prozessvarianten und kann auf durchführbare Prozessvarianten beschränkt werden. Durch Festlegung einer hohen, aber abnehmenden Mutationswahrscheinlichkeit und einer niedrigen, aber zunehmenden Crossover-Wahrscheinlichkeit kann ein zu Beginn breiter Lösungsraum mit zunehmender Lösungskonvergenz für die evolutionären Algorithmen sichergestellt werden. Die Bewertung

---

[358] Vgl. Jansen-Vullers, M. et al. (2008) Quantifying the Performance of Workflows, S. 334 - 335.

[359] Vgl. Manderscheid, J. et al. (2017) Design it like Darwin 2.0 - An Evolutionary Algorithm for Automatic Process Redesign.

der erzeugten Prozessvarianten, die sogenannte „Fitness“, erfolgt mithilfe gewichteter Durchschnitte der aktivitätenbezogenen Cash-Flows und Zeitabschätzungen.[360] Detailliertere Beschreibungen zur Bewertung finden sich im zugrundeliegenden Ansatz von AFFLERBACH ET AL.[361]

Bewertung: Der Ansatz stellt eine algorithmische Unterstützung der Prozessgestaltung vor. Es werden keine Maßnahmen abgeleitet, sondern zufallsbasiert durch evolutionäre Algorithmen neue Prozessvarianten erstellt. Die objektive Maßnahmenableitung durch Nutzung datenbasierter Methoden wird daher als teilweise erfüllt bewertet. Für die generierten Prozessvarianten werden die Zeit- und Kostenauswirkungen miteinander verglichen. Sowohl die Anforderung „Beschreibung der Geschäftsprozessleistung in einer holistischen Kennzahl“ als auch die „Priorisierung von Maßnahmen nach dem Nutzenpotenzial zur Steigerung der Geschäftsprozessleistung“ werden mangels detaillierter Beschreibung als geringfügig erfüllt bewertet.

3.2.4 Ansätze zur Integration von Kontextwissen

3.2.4.1 Ansatz nach SCHUH ET AL. (2011)[362]

Vorgehen: SCHUH ET AL. stellen einen partizipativen Ansatz zur operativen Geschäftsprozessverbesserung vor, der aus den vier Phasen **Prozessidentifikation, Ist-Prozess-Analyse, Soll-Prozessgestaltung** und **Veränderungsprogramm** besteht. In der **Prozessidentifikation** werden die Geschäftsprozesse und ihre Prozessziele in einem Kernprozessportfolio hinsichtlich der Prozesseffektivität und Prozesseffizienz bewertet, um die Geschäftsprozesse mit den größten Potenzialen für die Geschäftsprozessverbesserung auszuwählen. In der workshopbasierten **Ist-Prozess-Analyse** werden mit Prozessbeteiligten die Geschäftsprozesse modelliert, im Prozessplan dokumentiert, visualisiert und in einem anschließenden Autor-Kritiker-Zyklus hinterfragt. Zudem werden Schwachstellen und Verbesserungspotenziale identifiziert. Die Ist-Prozess-Analyse erfolgt unter Einbindung der Mitarbeitenden, um die Akzeptanz der erarbeiteten Ergebnisse und die Umsetzung zu erleichtern. In der **Soll-Prozess Gestaltung** werden un-

[360] Vgl. Manderscheid, J. et al. (2017) Design it like Darwin 2.0 - An Evolutionary Algorithm for Automatic Process Redesign, S. 1 - 3.

[361] Vgl. Afflerbach, P. et al. (2017) Design it like Darwin - A value-based application of evolutionary algorithms for proper and unambiguous business process redesign, S. 1111 - 1112.

[362] Vgl. Schuh, G. et al. (2011) Prozessmanagement.

ter Berücksichtigung unternehmensindividueller Restriktionen (z. B: Aufbauorganisation, Kapazitätsangebot, usw.) die in der Ist-Prozess-Analyse identifizierten Schwachstellen eliminiert. Dazu empfehlen die Autoren zehn Optimierungsansätze (Eliminieren, Standardisieren, Substituieren, Outsourcen, Autonom gestalten, Integrieren, Parallelisieren, Iterationen vermeiden, Kooperieren, Beschleunigen) für einen Soll-Prozess mit hohem Wertschöpfungsanteil, wenig Rückschleifen, geringem Beständen, geringer Ausschussrate und wenig Nacharbeit. Die Phase der Soll-Prozess Gestaltung ist auch ohne Ist-Analyse oder für die Gestaltung eines neuen Prozesses möglich. In der abschließenden Phase der Vorgehensweise nach SCHUH ET AL. werden unter Partizipation von Prozessbeteiligten Maßnahmen zur Schließung der Lücke zwischen Ist- und Soll-Prozess definiert, priorisiert und in ein **Veränderungsprogramm** überführt. Für jede identifizierte Schwachstelle gilt es mindestens eine Maßnahme inhaltlich sowie organisatorisch (Verantwortlichkeit, Frist) zu beschreiben. Durch Bewertung der Maßnahmen in einem Nutzen-Aufwand Portfolio werden die Maßnahmen zu einem Umsetzungsplan priorisiert.[363]

Bewertung: Der Ansatz nennt beispielhafte Schwachstellen in Geschäftsprozessen und beschreibt detailliert geeignete Maßnahmen der Prozessgestaltung. Mangels Vollständigkeit der Auflistung und detaillierter Charakterisierung der Schwachstellen wird das Anforderungskriterium „Bereitstellung von Methodenwissen über Prozessschwachstellen- und Maßnahmentypen als größtenteils erfüllt bewertet. Nur für manche Maßnahmen wird beschrieben, welche Schwachstellen adressiert werden, sodass die standardisierte Zuordnung von Maßnahmen- zu Prozessschwachstellentypen nur geringfügig erfüllt ist. Die Priorisierung von Maßnahmen erfolgt nur qualitativ und nicht in Bezug auf eine Geschäftsprozessleistungskennzahl, sodass diese Anforderung nach Nutzenquantifizierung nur geringfügig erfüllt ist. Da die Vorgehensweise Prozessteilnehmende und Experten in Workshops miteinbezieht, ist die Anforderung nach einer kontextualen Validierung der identifizierten Prozessschwachstellen und Maßnahmen durch Experten vollständig erfüllt. Wenngleich potenzielle Optimierungsansätze vorgestellt werden, ist durch die workshopbasierte Soll-Prozess Gestaltung die Berücksichtigung nicht-standardisierter Lösungsideen der Prozessbeteiligten trotzdem vollständig erfüllt. Weitere Anforderungen werden nicht adressiert.

---

[363] Vgl. Schuh, G. et al. (2011) Prozessmanagement, S. 373 - 379.

3.2.4.2 Ansatz nach Front et al. (2017)[364]

Vorgehen: Die Publizierenden präsentieren einen partizipativen Ansatz *ISEA* zur Prozessmodellierung und -verbesserung durch Endnutzer.[365] Der Ansatz besteht aus einem Modellierungsprozess, einer Modellierungssprache und einer Softwarelösung.[366]

Bezogen auf den Modellierungsprozess werden in der Phase „Bewertungsstrategie“ Optimierungspotenziale abgeleitet. Dazu werden zunächst im untersuchten Prozess durch stilles Brainstorming der Teilnehmenden Schwachstellen identifiziert und gemeinsam diskutiert. Bei der anschließenden Schwachstellenclusterung werden die identifizierten Schwachstellen durch Diskussion in der Gruppe in einem Affinitätsdiagramm gruppiert. Die Verbesserungsmaßnahmen werden anschließend wieder im stillen Einzelbrainstorming der Teilnehmenden generiert und in der Gruppe gemeinsam in einem Affinitätsdiagramm gruppiert. Die Maßnahmengruppen werden anschließend in moderierter Gruppenarbeit priorisiert, indem ihre inhaltlich-sachlogischen Abhängigkeiten zueinander beschrieben werden.[367]

Bewertung: Der Ansatz beschreibt ein partizipatives Vorgehen zur Identifizierung von Schwachstellen und Generierung und Strukturierung von Maßnahmen zur Verbesserung von Geschäftsprozessen. Die Anforderung nach der kontextualen Validierung von identifizierten Prozessschwachstellen und Maßnahmen durch Expertenwissen ist durch die partizipative Vorgehensweise vollständig erfüllt. Die Berücksichtigung nicht-standardisierter Lösungsideen der Prozessbeteiligten wird nicht explizit erwähnt, durch die Nutzung von Brainstorming als Kreativitätstechnik zur Maßnahmenfindung wird dieses Anforderungskriterium als größtenteils erfüllt bewertet. Weitere Anforderungen werden nicht adressiert.

3.3 Diskussion der Defizite bestehender Ansätze

Auf Basis der in Kapitel 3.1 abgeleiteten Anforderungen wurden in Kapitel 3.2 sechzehn Ansätze vorgestellt und bewertet. Abbildung 3.1 fasst die Bewertung zusammen.

---

364 Vgl. Front, A. et al. (2017) A participative end-user method for multi-perspective business process elicitation and improvement.

365 Vgl. Front, A. et al. (2017) A participative end-user method for multi-perspective business process elicitation and improvement, S. 691.

366 Vgl. Front, A. et al. (2017) A participative end-user method for multi-perspective business process elicitation and improvement, S. 696.

367 Vgl. Front, A. et al. (2017) A participative end-user method for multi-perspective business process elicitation and improvement, S. 703 - 704.

Legende: ○ nicht erfüllt; ◔ geringfügig erfüllt; ◑ teilweise erfüllt; ◕ größtenteils erfüllt; ● vollständig erfüllt

	Ansätze (Kapitel 3.2)	Bewertungsdimensionen (Kapitel 3.1) – Wissen: Methodenwissen über Prozessschwachstellen- und Maßnahmentypen	Wissen: Standardisierte Zuordnung von Maßnahmentypen zu Prozessschwachstellentypen	Methode: Datenbasierte Methoden zur aufwandsgerechten und objektiven Schwachstellenidentifizierung	Methode: Objektive Maßnahmenableitung durch datenbasierte Methoden	Methode: Holistische Kennzahl zur Beschreibung der Geschäftsprozessleistung	Methode: Quantifizierte Auswirkung von Prozessschwachstellen auf die Geschäftsprozessleistung	Methode: Quantifizierte Nutzenpotenziale durch Maßnahmen auf die Geschäftsprozessleistung	Anwendung: Kontextuale Validierung der Prozessschwachstellen und Maßnahmen	Anwendung: Berücksichtigung nicht-standardisierter Verbesserungsideen von Prozessbeteiligten	Anwendung: Eventlogs als Datenbasis für die Prozessanalyse und -gestaltung
Schwachstellen-identifizierung	OUTMAZGIN&SOFFER (2015)	teilweise	nicht	vollständig	nicht	nicht	geringfügig	nicht	nicht	nicht	vollständig
	BERGENER ET AL. (2015)	vollständig	nicht	vollständig	nicht	nicht	nicht	nicht	teilweise	nicht	nicht
	RITTMEIER ET AL. (2019)	teilweise	größtenteils	teilweise	teilweise	nicht	nicht	nicht	nicht	nicht	nicht
	GROSS ET AL. (2020)	größtenteils	vollständig	teilweise	teilweise	nicht	nicht	nicht	nicht	nicht	größtenteils
Maßnahmenableitung	REIJERS&LIMAM MANSAR (2005)	vollständig	geringfügig	nicht	nicht	nicht	nicht	geringfügig	nicht	nicht	nicht
	FALK ET AL. (2013+2017)	geringfügig	geringfügig	nicht	nicht	nicht	nicht	geringfügig	geringfügig	nicht	nicht
	NIEDERMANN (2015)	vollständig	teilweise	größtenteils	größtenteils	nicht	nicht	teilweise	größtenteils	nicht	teilweise
	CHERNI ET AL. (2019)	nicht	nicht	teilweise	geringfügig	nicht	teilweise	nicht	teilweise	nicht	größtenteils
	KUMAR&LIU ET AL. (2020)	größtenteils	teilweise	nicht	nicht	teilweise	nicht	größtenteils	teilweise	nicht	geringfügig
Quantifizierung der Geschäftsprozessleistung	CHO ET AL. (2017)	nicht	nicht	nicht	nicht	geringfügig	nicht	größtenteils	nicht	nicht	größtenteils
	VAN DEN INGH ET AL. (2021)	nicht	nicht	nicht	nicht	teilweise	nicht	nicht	nicht	nicht	größtenteils
	AGUIRRE ET AL. (2013)	nicht	nicht	nicht	nicht	nicht	nicht	teilweise	nicht	teilweise	größtenteils
	JANSEN-VULELRS ET AL. (2013)	nicht	nicht	nicht	nicht	geringfügig	nicht	größtenteils	nicht	nicht	nicht
	MANDERSCHEID ET AL. (2017)	nicht	nicht	nicht	teilweise	geringfügig	nicht	geringfügig	nicht	nicht	nicht
Kontext-wissen	SCHUH ET AL. (2011)	größtenteils	geringfügig	nicht	nicht	nicht	nicht	geringfügig	vollständig	vollständig	nicht
	FRONT ET AL. (2017)	nicht	nicht	nicht	nicht	nicht	nicht	nicht	vollständig	größtenteils	nicht

Abbildung 3.1: Zusammenfassende Bewertung bestehender Ansätze

Nachfolgend werden anhand der Anforderungen aus Kapitel 3.1 die bestehenden Defizite ansatzübergreifend diskutiert.

3.3.1 Zusammenfassung wissensbezogener Defizite

Mehrere Ansätze stellen Methodenwissen über Prozessschwachstellen- und Maßnahmentypen bereit. Die umfangreichen Best Practices von REIJERS&LIMAM MANSAR bilden dabei auch die Ausgangsbasis für aktuelle Ansätze. Die Beschreibung der Prozessschwachstellen- und Maßnahmentypen erfolgt zumeist ohne spezifische Charakterisierung der semantischen und strukturellen Eigenschaften (vgl. SCHUH ET AL. oder GROSS ET AL). Dies leistet der Ansatz von BERGENER ET AL. mit Schwachstellenmustern für Prozessschwachstellentypen, jedoch eingeschränkt auf eine spezielle Prozessmodellierungssprache. OUTMAZGIN&SOFFER bilden Identifizierungsmuster für Eventlogs, jedoch nur für den speziellen Anwendungsbereich von Ausweichlösungen.

GROSS ET AL. ordnen die Best Practices nach REIJERS&LIMAM MANSAR verschiedenen Prozessschwachstellentypen zu und leisten damit eine Zuordnung von Maßnahmen- zu Prozessschwachstellentypen. Der Ansatz von NIEDERMANN prüft die Anwendbarkeit von Prozessverbesserungsheuristiken. Implizit erfolgt eine Zuordnung zu potenzialträchtigen Prozessabschnitten, aber nicht explizit zu Prozessschwachstellentypen.

Ansatzübergreifend ist die Wissensbereitstellung über Prozessschwachstellen- und Maßnahmentypen sowie deren Zuordnung defizitär. Es fehlt eine umfassende und spezifisch-charakterisierende Übersicht über Prozessschwachstellen- und Maßnahmentypen sowie eine standardmäßige Zuordnung, welche Maßnahmentypen sich zur Lösung bestimmter Prozessschwachstellentypen eignen.

3.3.2 Zusammenfassung methodischer Defizite

Die Nutzung datenbasierter Methode zur aufwandsgerechten und objektiven Schwachstellenidentifizierung wird insbesondere durch die musterbasierten Ansätze von OUTMAZGIN&SOFFER und BERGENER ET AL. adressiert. Beide Ansätze beschreiben jedoch nur die erstellten Schwachstellenmuster, ohne deren datenbasierte Anwendung oder Datenbedarfe zu konkretisieren. Weitere Ansätze von GROSS und RITTMEIER erwähnen zwar die datenbasierte Schwachstellenidentifizierung, weitere Erläuterungen fehlen jedoch gänzlich. Die Ansätze von NIEDERMANN zum datenbasierten Vorschlag von Verbesserungsheuristiken und CHERNI ET AL. zur kennzahlenbasierten

Verbesserung von Geschäftsprozessen liefern implizit Informationen über Prozessabschnitte mit verminderter Leistung, jedoch keine konkreten Schwachstellen.

Die objektive Maßnahmenableitung ist in den bestehenden Ansätzen als defizitär zu bewerten. RITTMEIER ET AL. und GROSS ET AL. erwähnen die datenbasierte Einsetzbarkeit ihrer Konzepte (u. a. Schwachstellen-Maßnahmen-Zuordnung), die tatsächliche Ausgestaltung fehlt. Detaillierter ist dahingehend der Ansatz von NIEDERMANN, der die datenbasierte Anwendung von Verbesserungsheuristiken darlegt.

Methodisch defizitär ist vor allem die Beschreibung der Geschäftsprozessleistung in einer holistischen Kennzahl. Der Ansatz nach CHO ET AL. nutzt eine Vielzahl an Prozessleistungsindikatoren zur Beschreibung der Geschäftsprozessleistung. Der Ansatz nach VAN DEN INGH ET AL. beschreibt eine Vorgehensweise zur Bewertung von Geschäftsprozessen. Kein Ansatz definiert eine holistische Kennzahl zur Beschreibung der Geschäftsprozessleistung und erfüllt damit diese Anforderung vollständig.

Die Quantifizierung der Auswirkung von Prozessschwachstellen auf die Geschäftsprozessleistung erfordert die Verknüpfung der qualitativen Prozessanalyse (z. B. Prozessschwachstellenidentifizierung) mit der quantitativen Prozessanalyse (z. B. Prozessleistungsmessung). Keiner der untersuchten Ansätze adressiert diese Anforderung vollständig. Durch den Vergleich von Ist- und Ziel-KPIs liefert der Ansatz von CHO ET AL. eine Deltabetrachtung für die Geschäftsprozessleistung, hierbei fehlt jedoch die qualitative Prozessanalyse und somit die Zuordnung der Prozessleistungsverluste zu Schwachstellen. OUTMAZGIN&SOFFER leisten eine Schwachstellenidentifizierung, stellen jedoch nur quantitative Informationen über das Auftreten (u. a. Häufigkeit) von Problemen bereit, aber nicht den daraus resultierenden Prozessleistungsverlust.

Die Quantifizierung der Nutzenpotenziale durch Maßnahmen nach dem Nutzenpotenzial für die Geschäftsprozessleistung erfordert analog zur Prozessanalyse eine Verknüpfung qualitativer (Maßnahmenableitung) und quantitativer (Nutzenquantifizierung) Aufgaben der Prozessgestaltung. Dies wird in den untersuchten Ansätzen unterschiedlich adressiert. KUMAR&LIU quantifiziert die Auswirkungen von Prozessverbesserungsmustern in einem Optimierungsmodell. Dies erfolgt zwar bezogen auf unterschiedliche Leistungsdimensionen, dennoch ermöglicht die Bewertung eine Priorisierung von Prozessverbesserungsalternativen nach ihrem Nutzen. JANSEN-VULLERS ET AL. nutzen Simulationen zur Priorisierung von Maßnahmen(-kombinationen) in der Prozessgestaltung, jedoch auch bezogen auf eine Vielzahl unterschiedlicher Leistungskennzahlen und ohne detaillierte Beschreibung. Im Ansatz von CHO ET AL. werden die Auswirkungen von Best Practices der Prozessgestaltungen auf die Geschäftsprozessleistung beschrieben. Der Ansatz nach NIEDERMANN bewertet die Anwendbarkeit von Verbesserungsheuristiken in Prozessmodellen und charakterisiert diese generisch auch hinsichtlich des Nutzens unterschiedlichen Zieldimensionen. Die tatsächliche Leistung kann jedoch erst nach der Anwendung der Verbesserungsheuristiken gemessen werden. AGUIRRE ET AL. und MANDERSCHEID ET AL. vergleichen die Geschäftsprozessleistung ganzer Prozessvarianten miteinander. Zur Bewertung einzelner Maßnahmen ist der Detailgrad der Untersuchung zu gering.

3.3.3 Zusammenfassung anwendungsorientierter Defizite

Die anwendungsorientierten Anforderungen beziehen sich auf die Integration des Kontextwissens von Experten und Prozessteilnehmenden zur Validierung der ermittelten Prozessschwachstellen und Maßnahmen, die Berücksichtigung nicht-standardisierter Lösungsideen für die Prozessgestaltung sowie die Praxistauglichkeit durch Nutzung von Eventlogs.

Die beiden partizipativen Ansätze nach SCHUH ET AL. sowie FRONT ET AL. erfüllen die kontextuale Validierung vollständig, da die Phasen der Prozessanalyse und -gestaltung gemeinsam mit den Prozessbeteiligten durchlaufen und erarbeitet werden. Bei SCHUH ET AL. werden die gemeinsam entwickelten Ergebnisse zusätzlich in einem sogenannten Autor-Kritiker-Zyklus validiert. Bei den datenbasierten Ansätzen wird die kontextuale Validierung teilweise adressiert. Teilweise erfolgt dies nur aus mangelnder Möglichkeit zur Vollautomatisierung der Prozessanalyse und -gestaltung. Der Ansatz nach NIEDERMANN präsentiert eine Entscheidungsunterstützung in dem die vorgeschlagenen Verbesserungsheuristiken durch Prozessbeteiligte ausgewählt werden müssen. Durch die Auswahl können die Prozessbeteiligten die Ergebnisse der Entscheidungsunterstützung validieren, eine über die reine Erwähnung hinausgehende explizite Beschreibung des Vorgehens fehlt jedoch. BERGENER ET AL. entwickeln einen Ansatz zur semi-automatisierten Schwachstellenidentifizierung. Dieser identifiziert per Mustererkennung automatisiert potenzielle Prozessschwachstelle, die anschließend durch Prozessbeteiligten dahingehend validiert werden, ob es sich im vorliegenden Kontext tatsächlich um Prozessschwachstellen handelt. Auch hier wird das Vorgehen dazu nicht näher erläutert. Die Ansätze nach CHERNI ET AL. und KUMAR&LIU erwähnen ebenfalls die Integration von Prozessbeteiligten in Aufgaben der Auswahl oder Validierung datenbasierter Ergebnisse, ohne diese näher zu erläutern.

Die Berücksichtigung von nicht-standardisierten Verbesserungsideen für die Prozessgestaltung wird abgesehen von den partizipativen Ansätzen nicht adressiert. Der Ansatz von AGUIRRE ET AL. beschreibt keine standardisierte oder automatisierte Maßnahmenableitung, was Rückschlüsse auf eine manuelle Generierung von Soll-Prozessalternativen zulässt. Diese würde zwangsläufig nicht-standardisierte Lösungsideen der Prozessbeteiligten zulassen, eine explizite Erwähnung oder Beschreibung fehlt.

Weniger als die Hälfte der untersuchten Ansätze nutzen Eventlogs als Datenbasis für die Prozessanalyse und -gestaltung. Vielversprechende semi-automatisierte Ansätze wie die Schwachstellenidentifizierung von BERGENER ET AL. nutzen andere Prozessmodellierungssprachen. Die Ansätze von GROSS ET AL., NIEDERMANN, CHERNI ET AL., CHO ET AL. und AGUIRRE ET AL. beschreiben die Anwendbarkeit ihrer Modelle auf Eventlogs, die konkrete Erläuterung ist jedoch defizitär bzw. nicht vorhanden. Lediglich OUTMAZGIN&SOFFER leisten eine nähere Beschreibung der Anwendung ihres Modells in Eventlogs, jedoch für den nicht-relevanten Anwendungsbereich von Ausweichlösungen. Eine mathematische bzw. datenbasierte Formulierung fehlt jedoch auch bei OUTMAZGIN&SOFFER, weshalb die objektbereichsbezogene Anforderung nach der Nutzung von Eventlogs als Datenbasis für die Prozessanalyse und -gestaltung insgesamt als defizitär bewertet wird.

3.4 Zwischenfazit: Forschungsdefizit und Handlungsbedarf

Aus den heutigen Praxisdefiziten wurden in Kapitel 3.1 Anforderungen an eine datenbasierte hybride Analyse und Gestaltung von Geschäftsprozessen abgeleitet. In Kapitel 3.2 wurden bestehende Forschungsansätze analysiert und hinsichtlich dieser Anforderungen bewertet. Aus der Diskussion der Defizite in Kapitel 3.3 ist erkenntlich, dass die Gesamtheit der Anforderungen in den untersuchten Forschungsansätzen nur unzureichend adressiert ist. Zusammen mit der unzureichenden Nutzung von Eventlogs für eine methodisch objektive und aufwandsgerechte Prozessanalyse und -gestaltung begründet die defizitäre Bereitstellung von Methodenwissen die Anforderung nach einer *eventlogbasierten Formalisierung von Methodenwissen über Prozessschwachstellen- und Maßnahmentypen.* Nur wenige Ansätze leisten die Beschreibung der Geschäftsprozessleistung, gänzlich fehlt die Definition einer zentralen Geschäftsprozessleistungskennzahl (Kapitel 3.3.2) Damit diese als Entscheidungsgrundlage in der Prozessgestaltung dient, ist eine Verknüpfung von quantitativer und qualitativer Prozessanalyse und -gestaltung erforderlich. Daraus ergibt sich das Theoriedefizit einer *quantitativen Beschreibung der Auswirkungen von Prozessschwachstellen- und Maßnahmentypen auf eine definierte Geschäftsprozessleistungskennzahl.* Die anwendungsorientierten Defizite aus Kapitel 3.3.3 verdeutlichen, dass heutige datenbasierte Ansätze in der Prozessanalyse oder -gestaltung deren Anwendung und Ergänzung durch kontextbezogenes Expertenwissen nicht ausreichend beschreiben. Lediglich partizipative Ansätze beschreiben konkrete, jedoch manuelle, Vorgehensweisen. Keiner der untersuchten Ansätze verbindet datenbasierte Methoden mit personengebundenem Kontextwissen. Im Hinblick auf die Praxistauglichkeit fehlt den Ansätzen in der Theorie eine *hybride Vorgehensweise zur Integration von formalisiertem Methodenwissen und kontextspezifischen Expertenwissen.*

Dem erörterten Forschungsdefizit folgend kann ein Handlungsbedarf für eine Methodik zur datenbasierten hybriden Analyse und Gestaltung von Geschäftsprozessen konstatiert werden. Dazu soll für den Objektbereich der Eventlogs das Methodenwissen zur Identifizierung von Prozessschwachstellen, Ableitung von Maßnahmen und deren Auswirkung auf eine definierte Geschäftsprozessleistungskennzahl formalisiert und in eine datenbasierte Entscheidungsunterstützung überführt werden. Eine hybride Vorgehensweise soll diese datenbasierte Entscheidungsunterstützung mit dem Kontextwissen der Prozessteilnehmenden integrieren.

4 Konzeption der Methodik

Nachdem in den vorangegangenen Kapiteln der Handlungsbedarf aus der Praxis (Kapitel 2.4) und das Forschungsdefizit (Kapitel 3.3) hergeleitet wurden, wird in diesem Kapitel eine Methodik zur datenbasierten hybriden Analyse und Gestaltung von Geschäftsprozessen konzeptioniert. Unter einer Methodik wird eine planmäßige Verfahrensweise zur Erreichung eines bestimmten Ziels verstanden, die Methoden, Modelle und Hilfsmittel einschließt.[368] Dazu werden in Kapitel 4.1 zunächst inhaltliche und formale Anforderungen an die Methodik aufgestellt. Nach der Vorstellung der Kernidee dieser Arbeit in Kapitel 4.2 folgt in Kapitel 4.3 die Entwicklung des Lösungskonzepts zur datenbasierten hybriden Analyse und Gestaltung von Geschäftsprozessen. Abschließend werden in Kapitel 4.4 die zentralen Elemente und Potenziale der Methodik zur Adressierung der aufgestellten Anforderungen zusammengefasst.

4.1 Anforderungen an die Methodik

Zur zielgerichteten Konzeptionierung der Methodik werden in diesem Kapitel die inhaltlichen (Kapitel 4.1.1) und formalen (Kapitel 4.1.2) Anforderungen an die zu entwickelnde Methodik definiert.

4.1.1 Inhaltliche Anforderungen

Nachfolgend werden die inhaltlichen Anforderungen an die zu entwickelnde Methodik aus den Herausforderungen in der Praxis (vgl. Kapitel 2.4 und 3.1) und dem dargelegten Forschungsdefizit (vgl. Kapitel 3.3) konsolidiert.

Analog zum Handlungsbedarf aus Kapitel 2.4 werden die inhaltlichen Anforderungen an die Methodik aus der Praxis in **wissensbezogene**, **methodische** und **anwendungsorientierte** Anforderungen eingeordnet. Die **wissensbezogenen** Anforderungen stellen

[368] Vgl. Laufenberg, L. (1996) Methodik zur integrierten Projektgestaltung für die situative Umsetzung des simultaneous engineering, S. 6; Ehrlenspiel, K./Meerkamm, H. (2013) Integrierte Produktentwicklung, S. 146.

das erforderliche Grundlagenwissen zur Ausführung der Aufgaben in der Prozessanalyse und -gestaltung sicher. Dazu gehören die beiden Anforderungen *Methodenwissen über Prozessschwachstellen- und Maßnahmentypen* sowie *standardisierte Zuordnung von geeigneten Maßnahmentypen zu Prozessschwachstellentypen*. Die **methodischen** Anforderungen stellen die objektive und aufwandsgerechte Ausführung der Aufgaben der Prozessanalyse und -gestaltung sicher. Zu den methodischen Anforderungen gehören zum einen der Einsatz von datenbasierten Methoden, konkret *datenbasierte Methoden zur aufwandsgerechten und objektiven Schwachstellenidentifizierung* sowie die *objektive Maßnahmenableitung durch datenbasierte Methoden*. Zum anderen erfordern Entscheidungen in der Prozessanalyse und -gestaltung quantitative Informationen über die Geschäftsprozessleistung. Dies ermöglicht eine *holistische Kennzahl zur Beschreibung der Geschäftsprozessleistung*. Die Fokussierung der Ressourcen auf schwerwiegende Probleme und nutzenversprechende Lösungen im Rahmen der Prozessanalyse und -gestaltung werden durch die methodischen Anforderungen *quantifizierte Auswirkung von Prozessschwachstellen auf die Geschäftsprozessleistung* und *quantifizierte Nutzenpotenziale durch Maßnahmen auf die Geschäftsprozessleistung* sichergestellt. Die Erfüllung der wissensbezogenen und methodischen Anforderungen ermöglichen eine datenbasierte Entscheidungsunterstützung für die Prozessanalyse und -gestaltung. Deren Einsatz in der Praxis wird durch **anwendungsorientierte** Anforderungen sichergestellt. Wie datenbasierte Ansätze aus der Literatur (z. B. nach BERGENER ET AL. Kapitel 3.2.1.2) und die Untersuchungen in Kapitel 2.5 und 3.4 zeigen, können Aufgaben der Prozessanalyse und -gestaltung nur bedingt und im Hinblick auf das Methodenwissen automatisiert werden, zusätzlich beeinflussen der Unternehmens- und Geschäftsprozesskontext im Anwendungsfall die zu treffenden Entscheidungen. Daher ist in der Anwendung eine *kontextuale Validierung der Prozessschwachstellen und Maßnahmen* und die Berücksichtigung *nicht-standardisierter Lösungsideen durch Prozessbeteiligte* erforderlich. Um die im Geschäftsprozessmanagement zunehmend dominierenden Ansätze des Process Minings mit einer Methodik für die Prozessanalyse und -gestaltung zu ergänzen, sollen *Eventlogs als Datenbasis für die Prozessanalyse und -gestaltung* dienen.

In Kapitel 3 wurden unter anderem Vorarbeiten zur datenbasierten Analyse und Gestaltung von Geschäftsprozessen untersucht. Dabei wurde als zentrale Anforderung die *eventlogbasierte Formalisierung von Methodenwissen über die Prozessschwach-*

stellen- und Maßnahmentypen identifiziert. Ohne diese Formalisierung ist eine Automatisierung der Schwachstellenidentifizierung und Maßnahmenableitung in Eventlogs nicht möglich. Die Automatisierung dieser Aufgaben führt für große Prozessmodelle zu einer Vielzahl von identifizierten Prozessschwachstellen und potenziellen Maßnahmen, deren aufwandsgerechte Weiterverarbeitung eine Priorisierung erfordert. Zudem müssen Maßnahmenentscheidungen für identifizierte Prozessschwachstellen im Hinblick auf den erwarteten Nutzen getroffen werden. Als zweite Theorieanforderung ergibt sich daraus der Bedarf nach einer *quantitativen Beschreibung der Auswirkungen von Prozessschwachstellen- und Maßnahmentypen auf eine holistische Geschäftsprozessleistungskennzahl.* Eine vollständige Automatisierung von Aufgaben der Prozessanalyse und -gestaltung ist auf Basis der Analyse in Kapitel 3.3.3 nicht realisierbar und im Hinblick auf die Integration von kontextbezogenem Expertenwissen nicht zielführend. Daher ist als weitere Anforderung die Beschreibung einer *datenbasierten hybriden Vorgehensweise* erforderlich. Unter hybrid wird dabei die Zusammenführung von datenbasiert formalisiertem Methodenwissen aus der Entscheidungsunterstützung und manuellem Kontextwissen sowie Kreativität der Prozessbeteiligten verstanden.

Anforderungen aus der Praxis (vgl. Kapitel 3.1)

Wissensbezogene Anforderungen
- Methodenwissen über Prozessschwachstellen- und Maßnahmentypen
- Standardisierte Zuordnung von Maßnahmen- zu Prozessschwachstellentypen

Methodische Anforderungen
- Datenbasierte Methoden zur aufwandsgerechten und objektiven Schwachstellenidentifizierung
- Objektive Maßnahmenableitung durch datenbasierte Methoden
- Holistische Kennzahl zur Beschreibung der Geschäftsprozessleistung
- Quantifizierte Auswirkung von Prozessschwachstellen auf die Geschäftsprozessleistung
- Quantifizierte Nutzenpotenziale durch Maßnahmen für die Geschäftsprozessleistung

Anwendungsorientierte Anforderungen
- Kontextuale Validierung der Prozessschwachstellen und Maßnahmen
- Berücksichtigung nicht-standardisierter Verbesserungsideen von Prozessbeteiligten
- Eventlogs als Datenbasis für die Prozessanalyse und -gestaltung

Anforderungen aus der Theorie (vgl. Kapitel 3.4)

- Eventlogbasierte Formalisierung von Methodenwissen über Prozessschwachstellen- und Maßnahmentypen
- Quantitative Beschreibung der Auswirkungen von Prozessschwachstellen- und Maßnahmentypen auf eine holistische Geschäftsprozessleistungskennzahl
- Hybride Vorgehensweise zur Integration von formalisiertem Methodenwissen und kontextspezifischen Expertenwissen

Abbildung 4.1: Inhaltliche Anforderungen an die Methodik

4.1.2 Formale Anforderungen

Neben den inhaltlichen Anforderungen muss die Methodik auch formalen Anforderungen genügen. Nach ROSEMANN ET AL. sind zur Beherrschung der Modellierungskomplexität und Qualität der Informationsmodellierung folgende sechs Grundsätze ordnungsgemäßer Modellierung zu befolgen:[369]

(1) **Grundsatz der Richtigkeit**: Die Methodik soll den Sachverhalt hinsichtlich seiner Struktur und seines Verhaltens korrekt wiedergeben.

(2) **Grundsatz der Relevanz**: Die Methodik soll sämtliche im Anwendungszusammenhang relevanten Sachverhalte enthalten. Sachverhalte ohne Mehrwert für den Anwendungszusammenhang sollen nicht enthalten sein.

(3) **Grundsatz der Wirtschaftlichkeit**: Die Methodik soll ein angemessenes Kosten-Nutzen-Verhältnis aufweisen, d. h. ihr Nutzen soll den Aufwand der Modellierung übersteigen.

(4) **Grundsatz der Klarheit**: Zwecks Ausschöpfung des Nutzens soll die Methodik für ihre Adressaten intuitiv und ohne besondere methodische Kenntnisse verständlich sein.

(5) **Grundsatz der Vergleichbarkeit**: Die Modelle und Ergebnisse der Methode sollen durch einheitliche Abstraktionsgrade vergleichbar sein, u. a. um eine modellübergreifende Konsolidierung zu ermöglichen.

(6) **Grundsatz des systematischen Aufbaus**: Die Modelle der Methodik sollen durch definierte Schnittstellen eine Verknüpfung mit korrespondierenden Modellen, die bspw. Informationen liefern oder Ergebnisse weiterverwenden, ermöglichen.

4.2 Kernidee der Arbeit

Die Kernidee der Methodik zur datenbasierten hybriden Analyse und Gestaltung von Geschäftsprozessen basiert auf folgenden fünf Lösungshypothesen:

I. **Prozessschwachstellen und Maßnahmen in der Prozessanalyse und -gestaltung lassen sich zu generischen Typen standardisieren:** Schwachstellen in der Prozessanalyse lassen sich durch die sechs Prozessschwachstellentypen Redundante Aktivität, Rückschleife, Ungewollte Aktivität, Unpassende Bear-

[369] Vgl. Rosemann, M. et al. (2012) Vorbereitung der Prozessmodellierung, S. 49 - 50.

beitungszeit, Übergangszeit sowie Parallelisierungspotenzial vollumfänglich beschreiben. Maßnahmen der Prozessgestaltung lassen sich durch die sechs Typen Aktivitätenelimination, Iterationsvermeidung, Beschleunigung, Integration, Übergangszeitenreduktion sowie Parallelisierung vollumfänglich beschreiben. Zu diesen strukturell eindeutigen Standardtypen lassen sich im Untersuchungskontext (z. B. Geschäftsprozess) spezifisch auftretende Schwachstellenursachen und operative Umsetzungsmaßnahmen zuordnen.

II. **Methodenwissen über Prozessschwachstellen- und Maßnahmentypen lässt sich formalisieren:** Die Ausführung der Prozessanalyse und -gestaltung erfordert Methoden- und Kontextwissen. Das Methodenwissen beschreibt Kenntnis über Geschäftsprozesse sowie Prozessschwachstellen- und Maßnahmentypen. Das Kontextwissen ist Kenntnis über den im Anwendungsfall zu untersuchenden Geschäftsprozess und dessen Rahmenbedingungen. Das Methodenwissen über Prozessschwachstellen- und Maßnahmentypen ist formalisierbar und befähigt dadurch eine datenbasiert-automatisierte Durchführung von Aufgaben, die vom Methodenwissen abhängen. Dies betrifft die Schwachstellenidentifizierung, Maßnahmenableitung sowie die Quantifizierung von Schwachstellenverlusten, Nutzenpotenzialen durch Maßnahmen und die Geschäftsprozessleistung. Die Automatisierung dieser Aufgaben reduziert den Aufwand und die Subjektivität der Ergebnisse.

III. **Eine holistische Geschäftsprozessleistungsgröße unterstützt Entscheidungen in der Prozessanalyse und -gestaltung:** Insbesondere durch die eventlogbasierte Automatisierung der Schwachstellenidentifizierung und Maßnahmenableitung entstehen eine große Menge an identifizierten Prozessschwachstellen und vorgeschlagenen Maßnahmen. Eine holistische Geschäftsprozessleistungsgröße ermöglicht die Bewertung und Priorisierung der Prozessschwachstellen und Maßnahmen zur Beherrschung des Ressourcenaufwands in der Prozessanalyse und -gestaltung. Eine holistische Geschäftsprozessleistungsgröße ermöglicht zudem Transparenz über die Gesamtleistung eines Geschäftsprozesses.

IV. **Eine hybride Vorgehensweise integriert datenbasiert angewandtes Methodenwissen und kontextspezifisches Expertenwissen:** Kontextwissen ist im Gegensatz zu Methodenwissen nicht prozessübergreifend standardisierbar, da es nur im vorliegenden Anwendungsfall Gültigkeit besitzt. Mangels Formalisierbarkeit müssen Aufgaben mit Abhängigkeit von Kontextwissen manuell durchgeführt werden. Dies betrifft in der Prozessanalyse die Schwachstellenvalidierung, d. h. ob eine datenbasiert identifizierte Schwachstelle im Kontext des untersuchten Geschäftsprozesses wirklich eine Schwachstelle darstellt. In der Prozessgestaltung sind die Maßnahmenvalidierung und -auswahl kontextwissenabhängig, da die Anwendbarkeit von Maßnahmen im untersuchten Geschäftsprozess unternehmens- und prozessindividuell anhand weiterer Kriterien (Umsetzbarkeit, Umsetzungsdauer, -aufwand, -kosten) bewertet werden muss. Durch eine hybride Vorgehensweise werden die datenbasiert erzielten Ergebnisse mit Kontextwissen ergänzt, weiterverarbeitet und verbessert.

V. **Die erforderlichen Datenbedarfe liegen extrahiert und in belastbarer Qualität aus den unternehmerischen Informationssystemen vor:** Als Voraussetzung für die Methodik liegen über einen zu untersuchenden Geschäftsprozess Eventlogs in belastbarer Qualität (z. B. mindestens Reifegradstufe 3 des PROCESS MINING MANIFESTO[370]) vor. Die Ereignisse des Eventlogs sind chronologisch sortiert.

VI. **Die Geschäftsprozessleistung lässt sich durch die Leistungsdimension Zeit für Entscheidungen der Prozessgestaltung hinreichend genau abbilden:** Die in Eventlogs typischerweise verfügbaren Datenattribute erlauben eine zeitbezogene Bewertung, Daten über Kosten oder Qualität sind nicht enthalten. Details zur Fokussierung auf die Leistungsdimension Zeit vgl. Kapitel 2.1.2.

Auf diesen Lösungshypothesen basiert das nachfolgend vorgestellte Grobkonzept (s. Kapitel 4.3) sowie die zugehörige Detaillierung in Kapitel 5.

[370] Vgl. van der Aalst, W. et al. (2012) Process Mining Manifesto, S. 179 - 180.

4.3 Grobkonzept zur datenbasierten hybriden Analyse und Gestaltung von Geschäftsprozessen

In diesem Kapitel wird das Grobkonzept der Methodik zur datenbasierten hybriden Analyse und Gestaltung von Geschäftsprozessen vorgestellt. Anhand eines Ordnungsrahmens wird die Lösungskonzeption zunächst strukturiert. Die sich daraus ergebenden Lösungsmodule werden in den vier darauffolgenden Unterkapiteln entworfen.[371]

Die zu entwickelnde Methodik adressiert den in Kapitel 2.5 dargelegten Handlungsbedarf aus der Praxis nach einer aufwandsgerechten und objektiven Analyse und Gestaltung von Geschäftsprozessen zur Steigerung der Geschäftsprozessleistung unter Berücksichtigung des Kontextwissens und kreativer Lösungsideen von Prozessbeteiligten. In Anlehnung an die Klassifikation von Geschäftsprozessverbesserungen (vgl. Kapitel 2.2.1.1) wird eine exploitative Methodik entwickelt, die durch das Abstellen von identifizierten Prozessschwachstellen kontinuierliche Leistungssteigerungen in Geschäftsprozessen erzielt. Die Grundstruktur des zu verbessernden Geschäftsprozesses bleibt dabei erhalten. In Bezug auf das Referenzvorgehen zur Geschäftsprozessverbesserung (vgl. Kapitel 2.2.1.2) umfasst die Methodik die beiden Phasen der Prozessanalyse und der Prozessgestaltung. Als Eingangsinformationen für die Methodik wird das Vorliegen von Eventlogs vorausgesetzt. Mit Eventlogs wird dieselbe Datengrundlage wie bei Process Mining Technologien für die Prozessaufnahme zugrunde gelegt und damit eine praxisrelevante Erweiterung datenbasierter Unterstützungen im Geschäftsprozessmanagement sichergestellt (vgl. auch Kapitel 1.2). Das Ergebnis der Methodik ist eine Entscheidungsunterstützung und ein neues Vorgehen für die Prozessanalyse und -gestaltung. Dabei werden die konventionell separaten Phasen der Prozessanalyse und -gestaltung zu einer gemeinsamen Phase mit der Bezeichnung „Datenbasierte hybride Prozessanalyse und -gestaltung“ integriert. Die Integration wird durch die datenbasierte Entscheidungsunterstützung ermöglicht, die den Großteil der Aufgaben der Prozessanalyse und -gestaltung automatisiert, d. h. nahezu gleichzeitig ausführt und zur Entscheidung bereitstellt. Der hybride Charakter ergibt

[371] Folgende Vorarbeiten des Autors verdeutlichen den Weg der Lösungskonzeption: Vgl. Schuh, G. et al. (2021) Event Log-based Weaknesses Detection in Business Processes; Schopen, M. et al. (2022) Databased Decision Support for the Design of Business Processes in Manufacturing Companies; Schuh, G. et al. (2022) Performance-based Decision Support for Business Process Analysis and Design; Schopen, M. et al. (2023) Data-based Measure Derivation for Business Process Design; Schuh, G. et al. (2023) Procedure for Hybrid Process Analysis and Design.

sich aus der Kombination von formalisiertem Methodenwissen in der datenbasierten Entscheidungsunterstützung und dem personengebundenen Kontextwissen von Prozessbeteiligten bei Anwendung in der Praxis. Die Ausgangsinformation des Vorgehens ist ein verbessertes Soll-Prozessmodell des Geschäftsprozesses, das als Eingangsinformation für die anschließende Prozessimplementierung dient.

Mithilfe eines Ordnungsrahmen werden die Lösungsideen konzeptioniert und strukturiert. Ein Ordnungsrahmen ist ein bewusst konstruiertes Modell, um die Ordnung von als relevant deklarierten Elementen (z. B. Teilmodellen) und Beziehungen auf einer hohen Abstraktionsebene und einer beliebigen Sprache darzustellen und eine Struktur zu geben.[372] Aus der Zielsetzung der Arbeit ergibt sich die teilautomatisierte Nutzung von Wissen für die Prozessanalyse und -gestaltung. Der Ordnungsrahmen wird einerseits nach der Wissensart und andererseits nach der Wissensverarbeitung strukturiert. Bezogen auf die Wissensart wird Methodenwissen und Kontextwissen unterschieden. Gemäß der Lösungshypothesen der Arbeit (vgl. Kapitel 4.2) beschreibt Methodenwissen formalisierbares Wissen über die Prozessanalyse und -gestaltung, z. B. Prozessschwachstellentypen. Dieses Wissen haben Methoden- bzw. Fachexperten wie beispielsweise Berater. Kontextwissen hingegen beschreibt Wissen über den Untersuchungskontext (d. h. den untersuchten Geschäftsprozess) und Erfahrungen der, im Regelfall unternehmensinternen, Prozessbeteiligten. In der Methodik wird in den ersten drei Lösungsmodulen Methodenwissen formalisiert, um eine automatisierte Anwendung auf Daten zu befähigen. Im vierten Lösungsmodul wird durch eine hybride Vorgehensweise das datenbasiert verfügbare Methodenwissen mit personengebundenem Kontextwissen integriert, um beide Wissenstypen für die Prozessanalyse und -gestaltung anzuwenden. Bezogen auf die Verarbeitung von Wissen wird in den ersten drei Lösungsmodulen Wissen (hier: Methodenwissen) über die Prozessanalyse und -gestaltung zur automatisierten Ausführung in einer datenbasierten Entscheidungsunterstützung formalisiert. Die Wissensanwendung erfolgt im vierten Lösungsmodul. Durch Integration des in der datenbasierten Entscheidungsunterstützung formalisierten Methodenwissens und des personengebundenen Kontextwissens ergibt sich eine hybride Vorgehensweise für den Einsatz der datenbasierten Entscheidungsunterstützung für die Prozessanalyse und -gestaltung in der Praxis. Die Methodik zur

---

372 Vgl. Meise, V. (2001) Ordnungsrahmen zur prozessorientierten Organisationsgestaltung. Modelle für das Management komplexer Reorganisationsprojekte, S. 61 - 62.

datenbasierten hybriden Analyse und Gestaltung von Geschäftsprozessen wird anhand des in Abbildung 4.2 dargestellten Ordnungsrahmens konzeptioniert.

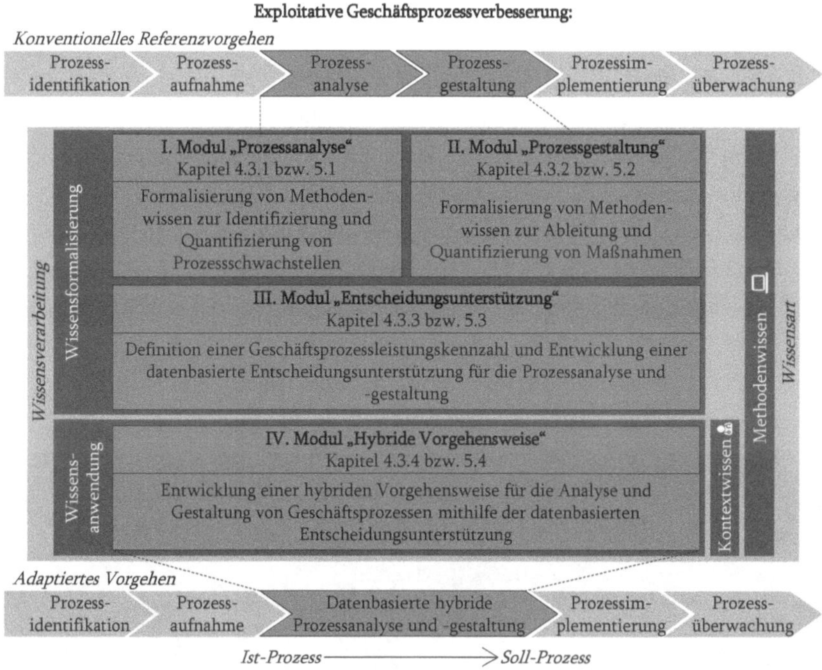

Abbildung 4.2: Ordnungsrahmen der Methodik

Dem Vorgehen zur Geschäftsprozessverbesserung folgend wird zunächst eine datenbasierte Formalisierung der Prozessanalyse entwickelt. Dazu werden relevante Prozessschwachstellentypen in Geschäftsprozessen identifiziert, Datenbedarfe zur Beschreibung deren struktureller Eigenschaften abgeleitet und mithilfe von mathematischen, regelbasierten Beschreibungen für die algorithmische Anwendung auf Eventlogs beschrieben. Zusätzlich werden die Auswirkungen von Prozessschwachstellen auf die Prozesszeit als „Verlustzeit" beschrieben und formelbasiert quantifiziert (vgl. Kapitel 4.3.1 bzw. Kapitel 5.1). Das zweite Lösungsmodul widmet sich der datenbasierten Formalisierung der Prozessgestaltung. Dazu werden Maßnahmentypen zur Behebung der Prozessschwachstellentypen identifiziert und zugeordnet. Die Nutzenpotenziale der Maßnahmentypen zur Verringerung der Verlustzeit der Prozessschwachstellentypen werden formelhaft quantifiziert. (vgl. Kapitel 4.3.2 bzw. Kapitel

5.2) Das dritte Lösungsmodul verknüpft die datenbasierten Formalisierungen der Prozessanalyse (Lösungsmodul 1) und Prozessgestaltung (Lösungsmodul 2) zu einer datenbasierten Entscheidungsunterstützung. Dazu wird initial eine holistische Kennzahl zur Beschreibung der Geschäftsprozessleistung definiert, anhand derer die Auswirkungen von Prozessschwachstellen und Maßnahmen beschrieben werden. Darauf aufbauend wird die Kalkulationslogik für die Geschäftsprozessleistung entwickelt und als Optimierungsgröße in eine datenbasierte Entscheidungsunterstützung für die Prozessanalyse und -gestaltung verarbeitet. (vgl. Kapitel 4.3.3 bzw. Kapitel 5.3) Im abschließenden, vierten Lösungsmodul wird für die Anwendung der datenbasierten Entscheidungsunterstützung in der Praxis angelehnt an Vorgehen zur Geschäftsprozessverbesserung (vgl. Kapitel 2.2.1.2) ein hybrides Vorgehen entwickelt (vgl. Kapitel 4.3.4 bzw. Kapitel 5.4). Die vier Lösungsmodule beantworten jeweils die zugehörige Unterforschungsfrage (vgl. Kapitel 1.3) und in ihrer Gesamtheit die übergeordnete Forschungsfrage (Kapitel 1.2). Abbildung 4.3 stellt das Grobkonzept der Methodik dar.

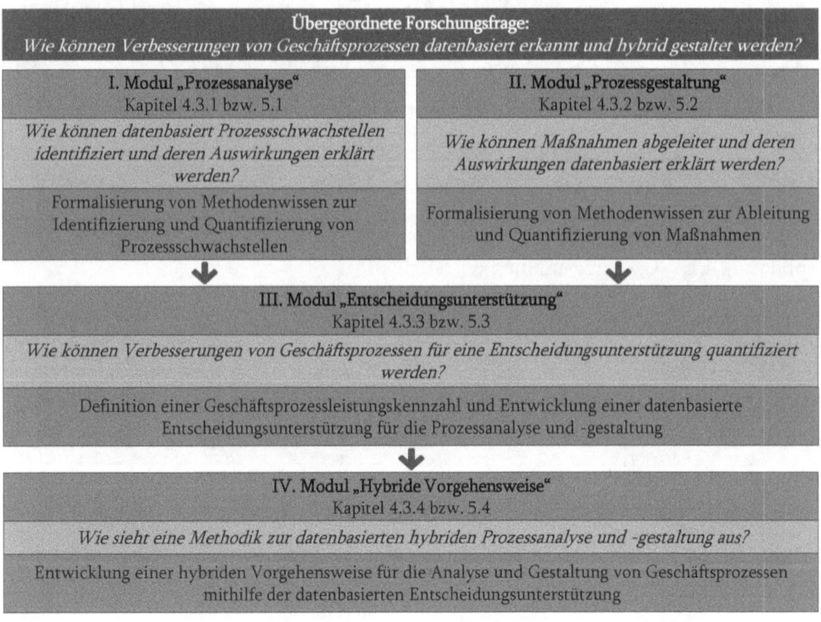

Abbildung 4.3: Konzept: Datenbasierte hybride Prozessanalyse und -gestaltung

Die vier Module des Ordnungsrahmens werden in den nachfolgenden Abschnitten im Hinblick auf ihre Zielstellung, der methodischen Vorgehensweise und ihr Ergebnis im Sinne der Adressierung der Praxisherausforderungen vorgestellt.

4.3.1 Formalisierung der Prozessanalyse zur Identifizierung und Quantifizierung von Prozessschwachstellen

Ziel des Lösungsmoduls zur Formalisierung der Prozessanalyse ist die Beantwortung der Fragestellung, wie Prozessschwachstellen datenbasiert identifiziert und deren Auswirkungen erklärt werden können. Die Beantwortung dieser Fragestellung beabsichtigt, domänenspezifisches Methodenwissen über Prozessschwachstellentypen in Geschäftsprozessen für eine datenbasierte Identifizierung und Quantifizierung ihrer Auswirkungen in Eventlogs zu formalisieren.

Das **methodische Vorgehen** des ersten Lösungsmoduls gliedert sich in drei Arbeitspakete, von denen die ersten beiden Arbeitspakete die Identifizierung (qualitative Prozessanalyse) und das dritte Arbeitspaket die Quantifizierung (quantitative Prozessanalyse) der in Kapitel 2.3.1.3 katalogisierten Prozessschwachstellentypen behandeln. Als Ordnungsrahmen zur Formalisierung des Methodenwissens über die Schwachstellenidentifizierung dient die Funktionsmodellierung nach dem IDEF0-Modell[373] nach PRESLEY&LILES, das auf Prozessschwachstellen adaptiert wird. Dies ergibt Prozessschwachstellenmodelle, die jeweils für einen Prozessschwachstellentyp dessen Datenbedarfe an den Eventlog, die regelbasierte Beschreibung als Identifizierungsregel, die Anforderungen an einen Algorithmus zur Ausführung der regelbasierten Beschreibung und das Ausgabeformat der Prozessschwachstelle formalisiert aggregieren. Im ersten Arbeitspaket werden angelehnt an die Wissenspyramide nach BODENDORF[374] die Informationsbedarfe und daraus die Datenbedarfe je Prozessschwachstellentyp abgeleitet. Ein Eventlog muss diese Datenbedarfe in Form von verfügbaren Eventlog-Attributen erfüllen, um die datenbasierte Identifizierung der Prozessschwachstellentypen zu ermöglichen. Im zweiten Arbeitspaket werden anhand dieser Daten die Prozessschwachstellenmodelle vervollständigt. Dazu wird Wissen über die Erkennbarkeitscharakteristik von Prozessschwachstellentypen mittels regelbasierter Beschrei-

---

373 Vgl. Presley, A./Liles, D. (1995) The use of IDEF0 for the design ans specification of methodologies, S. 443.
374 Vgl. Bodendorf, F. (2006) Daten- und Wissensmanagement, S. 1.

bungen zu Identifizierungsregeln formalisiert. In Anlehnung an die Ebenen der Wissensbeschreibung nach RICHTER erfolgt dies auf der Repräsentationsebene, wo kognitive Modelle (z. B. Gedanken; hier: Methodenwissen) durch Logik formal beschrieben werden.[375] Dazu sind Methoden der mathematischen Logik in Form von logischen Implikationen (Wenn-Dann-Regeln) zweckdienlich.[376] Die resultierenden regelbasierten Beschreibungen indizieren unter welchen Bedingungen im Eventlog der jeweilige Prozessschwachstellentyp vorliegt. Anschließend werden – ebenfalls auf der Repräsentationsebene – Anforderungen an ein Programm zur Ausführung der regelbasierten Beschreibungen definiert. Die Form der Ausgabeinformation (z.B. Aktivitätstupel) vervollständigt jeweils das Prozessschwachstellenmodell eines Prozessschwachstellentyps. Im dritten Arbeitspaket des Lösungsmoduls werden die Auswirkungen der Prozessschwachstellentypen auf die Prozesszeit quantifiziert. Dabei wird die durch einen Prozessschwachstellentypen induzierte Verlustzeit mit Methoden der mathematischen Logik beschrieben. Eventlogdaten und Attribute fungieren dabei als Variablen. Die Quantifizierung der identifizierten Prozessschwachstellentypen ermöglicht eine direkte Verknüpfung der qualitativen und quantitativen Prozessanalyse.

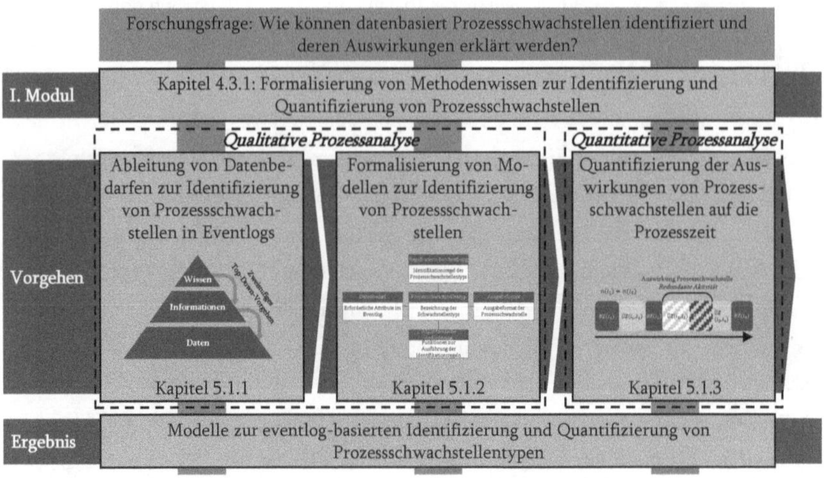

Abbildung 4.4: Struktur und Vorgehen des ersten Lösungsmoduls

---

[375] Vgl. Richter, M. (1992) Prinzipien der Künstlichen Intelligenz, S. 8.

[376] Vgl. Tarski, A. (1936) Einführung in die Mathematische Logik, S. 16 - 18; Beierle, C./Kern-Isberner, G. (2019) Methoden wissensbasierter Systeme, S. 73 - 74.

Ergebnis des Lösungsmoduls für die Modellierung der Prozessanalyse sind Erklärungsmodelle zur Identifizierung und Quantifizierung relevanter Prozessschwachstellentypen in Eventlogs durch Anwendung formalisierten Methodenwissens. Damit adressiert das erste Lösungsmodul „Prozessanalyse“ die Praxisprobleme der unvollständigen Kenntnis über Prozessschwachstellen, der subjektiven und aufwändigen Schwachstellenidentifizierung sowie der fehlenden Quantifizierung der Auswirkungen von Prozessschwachstellen auf die Geschäftsprozessleistung.

4.3.2 Formalisierung der Prozessgestaltung zur Ableitung und Quantifizierung von Maßnahmen

Das **Ziel** des zweiten Lösungsmoduls ist die Formalisierung der Prozessgestaltung. Dazu wird beantwortet, wie für identifizierte Prozessschwachstellen geeignete Maßnahmen abgeleitet und deren Auswirkungen auf die Prozesszeit datenbasiert erklärt werden können. Zwecks Beantwortung der Fragestellung wird Methodenwissen über Maßnahmentypen der Prozessgestaltung und deren Eignung zur Behebung von Prozessschwachstellentypen formalisiert. Darauf aufbauend werden die zeitlichen Auswirkungen auf Geschäftsprozesse erklärt, um eine datenbasierte Quantifizierung der Nutzenpotenziale durch Maßnahmen zu befähigen.

Analog zum ersten Lösungsmodul gliedert sich das **methodische Vorgehen** des zweiten Lösungsmoduls in zwei Bestandteile, der Formalisierung der Maßnahmenableitung und der Maßnahmenquantifizierung. Das Methodenwissen zur Ableitung von Maßnahmen in der Prozessgestaltung wird für die in Kapitel 2.3.2.2 katalogisierten Maßnahmentypen formalisiert. Dazu werden die Maßnahmentypen den in Kapitel 5.1 beschriebenen Prozessschwachstellentypen zugeordnet, deren prozessstrukturellen Eigenschaften sie vollständig beheben oder deren Auswirkung sie reduzieren. Die Zuordnung resultiert in einer Prozessschwachstellen-Maßnahmen-Matrix, die für jeden Prozessschwachstellentypen die zur Behebung geeigneten Maßnahmentypen aufführt und damit die Maßnahmenableitung standardisiert. Der zweite Bestandteil des zweiten Lösungsmoduls ist die Quantifizierung der Auswirkungen der Maßnahmentypen für die Leistungsdimension Zeit. Analog zur Prozessschwachstellenquantifizierung (vgl. Kapitel 4.3.1) wird für jeden Maßnahmentyp eine allgemeingültige, mathematische Formulierung hergeleitet, die die erzielbare Reduktion der durch Prozessschwachstellentypen induzierten Verlustzeit quantifiziert. Die Quantifizierung erfolgt für Datenattribute von Eventlogs.

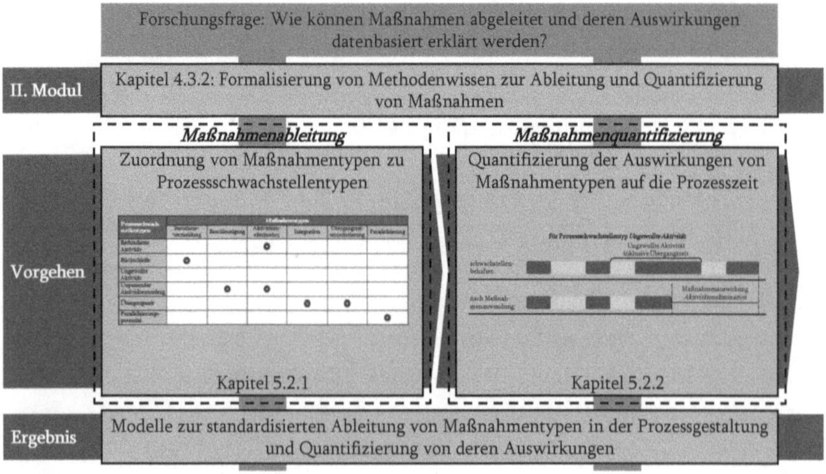

Abbildung 4.5: Struktur und Vorgehen des zweiten Lösungsmoduls

Ergebnis des Lösungsmoduls zur Formalisierung der Prozessgestaltung sind Erklärungsmodelle zur Ableitung und Quantifizierung relevanter Maßnahmentypen. Diese definieren die Eignung von Maßnahmentypen zur Behebung von Prozessschwachstellentypen und quantifizieren deren Auswirkungen anhand von Eventlog-Attributen. Dadurch werden die Praxisprobleme der unvollständigen Kenntnis über Maßnahmentypen (insb. die unzureichende Standardisierung von Prozessschwachstellen-Maßnahmen-Zuordnungen), der subjektiven und aufwändigen Maßnahmenableitung sowie der mangelnden Quantifizierung des Nutzenpotenzials adressiert.

4.3.3 Datenbasierte Entscheidungsunterstützung für die Prozessanalyse und -gestaltung

Das **Ziel** des dritten Lösungsmoduls ist die Beantwortung der Fragestellung, wie Verbesserungen von Geschäftsprozessen für eine Entscheidungsunterstützung quantifiziert werden können. Zur Beantwortung dieser Fragestellung müssen die Ergebnisse der ersten beiden Lösungsmodule zusammengeführt und Methodenwissen über zugrundeliegende Abläufe bei Entscheidungen in der Prozessanalyse und -gestaltung formalisiert werden.

Das **methodische Vorgehen** des dritten Lösungsmoduls gliedert sich in drei Schritte. Im ersten Schritt wird eine Kennzahl zur Beschreibung der Geschäftsprozessleistung entwickelt, die als abhängige Entscheidungsgröße für die Prozessanalyse und -gestaltung dienen soll. Dazu wird zunächst die Grundlogik der Kennzahl als Zykluszeiteffizienz dargelegt und anschließend die Grundlogik der Kennzahl *Overall Equipment Effectiveness (OEE)* auf eine Leistungsbewertung von Geschäftsprozessen adaptiert. Im zweiten Schritt wird ein Kalkulationsmodell zur Berechnung dieser Geschäftsprozessleistungskennzahl entwickelt. Aus den Quantifizierungsmodellen der ersten beiden Lösungsmodule (vgl. Kapitel 4.3.1 und Kapitel 4.3.2) werden Formeln zur Kalkulation der Prozessleistungsverluste und Geschäftsprozessleistung einer Prozessinstanz hergeleitet. Eine Schwachstellenhierarchie definiert dabei, welche schwachstellenbehafteten Prozesszeiten bei gleichzeitigem Auftreten mehrerer Prozessschwachstellentypen an einem Ereignis für die Kalkulation der Geschäftsprozessleistung herangezogen werden. Mithilfe einer Aggregationslogik wird beschrieben, wie – ausgehend von der Geschäftsprozessleistung einzelner Prozessinstanzen – die Geschäftsprozessleistung eines gesamten Prozessmodells berechnet wird. Im letzten Schritt des dritten Lösungsmoduls wird abschließend die Entscheidungsunterstützung konzeptioniert. Dazu werden die Auswirkungen einzelner Prozessschwachstellen und Potenziale einzelner Maßnahmen auf die Geschäftsprozessleistungskennzahl des Prozessmodells mathematisch beschrieben. Abschließend wird die Entscheidungsunterstützung mit den bereitgestellten Informationen zu Prozessschwachstellen und Maßnahmen sowie Funktionalitäten beschrieben.

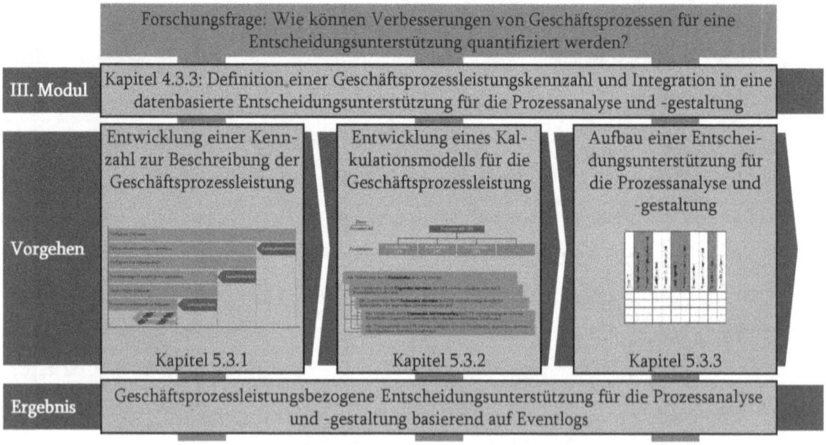

Abbildung 4.6: Struktur und Vorgehen des dritten Lösungsmoduls

Das **Ergebnis** des dritten Lösungsmoduls ist ein Entscheidungsmodell in Form einer Entscheidungsunterstützung für die Prozessanalyse und -gestaltung basierend auf einer zentralen Geschäftsprozessleistungskennzahl. Diese Entscheidungsunterstützung integriert die Prozessschwachstellenidentifizierung und Maßnahmenableitung aus den ersten beiden Lösungsmodulen und ergänzt die Quantifizierung der Geschäftsprozessleistung sowie den Ausweis der Prozessleistungsverluste durch Prozessschwachstellen und Nutzenpotenziale durch Maßnahmen basierend auf Eventloginformationen. Dadurch werden die Praxisprobleme der mangelnden Beschreibung der Geschäftsprozessleistung in einer holistischen Kennzahl, die fehlende Quantifizierung der Auswirkungen von Prozessschwachstellen und des Nutzenpotenzials von Maßnahmen für die Geschäftsprozessleistung abschließend adressiert.

4.3.4 Hybride Vorgehensweise zur Prozessanalyse und -gestaltung

Ziel des vierten Lösungsmoduls ist die Erzielung einer praxistauglichen Anwendbarkeit der Entscheidungsunterstützung aus dem dritten Lösungsmodul (Kapitel 4.3.3). Dazu wird untersucht, wie die in den ersten drei Lösungsmodulen entwickelte Entscheidungsunterstützung konventionelle Vorgehen zur Prozessanalyse und -gestaltung verändert, um eine Vorgehensweise für die Anwendung in der Praxis abzuleiten.

Das **methodische Vorgehen** des vierten Lösungsmoduls gliedert sich in zwei Schritte. Im ersten Schritt wird für die Referenzaufgaben der Prozessanalyse und -gestaltung (vgl. Kapitel 2.2.1.2, 2.3.1.1 und 2.3.2.1) bewertet, inwiefern sie durch Funktionalitäten der datenbasierten Entscheidungsunterstützung aus dem dritten Lösungsmodul (Kapitel 4.3.3) automatisiert oder erweitert werden. Im zweiten Schritt wird eine hybride Vorgehensweise für die Prozessanalyse und -gestaltung entwickelt, die das in der Entscheidungsunterstützung formalisierte Methodenwissen und das personengebundene Kontextwissen von Prozessbeteiligten integriert zur Anwendung bringt. Dabei wird beschrieben, welche Aufgaben automatisiert sind und an welchen Stellen kontextabhängige Entscheidungen und kreative Verbesserungsideen von Prozessbeteiligten eingebunden werden.

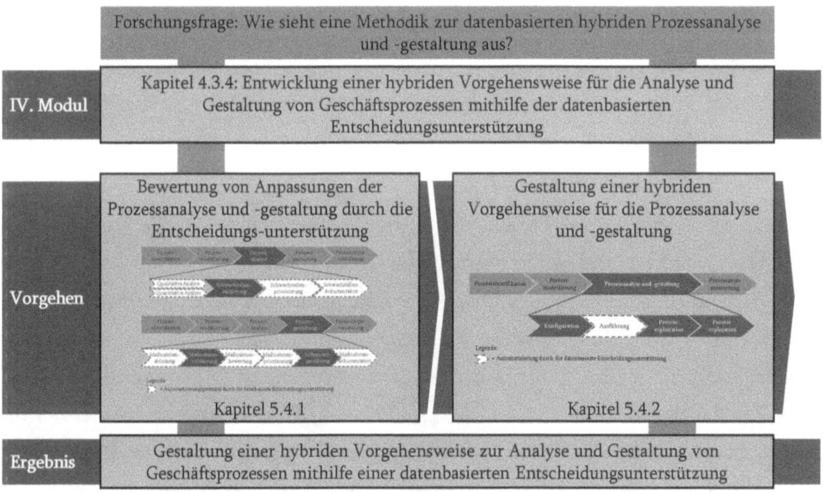

Abbildung 4.7: Struktur und Vorgehendes vierten Lösungsmoduls

Das **Ergebnis** des vierten Lösungsmoduls ist eine hybride Vorgehensweise für die Prozessanalyse und -gestaltung mithilfe einer datenbasierten Entscheidungsunterstützung. Das Gestaltungsmodell beschreibt dabei die Integration der datenbasierten Entscheidungsunterstützung aus Kapitel 4.3.3 und kontextwissensabhängiger, nicht-datenbasierter Aufgaben der Prozessanalyse und -gestaltung in der Praxis. Dies erfüllt die Anforderung nach einer datenbasierten hybriden Vorgehensweise für die Prozessanalyse und -gestaltung aus Kapitel 4.1.1. Bezogen auf die Praxisherausforderungen adressiert die Vorgehensweise die Anforderung nach der Integration von Kontextwissen zur Validierung und Erweiterung der datenbasierten Vorschläge durch nicht-standardisierte Lösungen. Gemeinsam mit der entscheidungsorientierten Visualisierung wird dadurch die Praxistauglichkeit der Lösung sichergestellt.

4.4 Zwischenfazit: Adressieren der Anforderungen durch das Grobkonzept

Die inhaltlichen Anforderungen aus der Zielsetzung (Kapitel 1.2), den Herausforderungen der Praxis (Kapitel 2.5) und dem Forschungsdefizit (Kapitel 3.4) wurden in Kapitel 4.1 konsolidiert und um formale Anforderungen erweitert. Den Kernideen der Arbeit (Kapitel 4.2) folgend wurde in Kapitel 4.3 ein Ordnungsrahmen der Methodik hergeleitet, auf dessen Basis eine Methodik konzipiert wurde. Die Methodik aus den vier Lösungsmodulen Prozessanalyse, Prozessgestaltung, Entscheidungsunterstützung und hybride Vorgehensweise befähigen die datenbasierte hybride Prozessanalyse und -gestaltung. Wie nachfolgend erläutert, adressiert die Gesamtmethodik die inhaltlichen Anforderungen aus Kapitel 4.1.

Das erste Lösungsmodul zur Formalisierung der Prozessanalyse adressiert mit den Prozessschwachstellenmodellen die Anforderungen nach der Bereitstellung von *Methodenwissen über Prozessschwachstellen*, ermöglicht die Nutzung *datenbasierter Methoden zur aufwandsgerechten und objektiven Schwachstellenidentifizierung* sowie *quantifizierte Auswirkungen von Prozessschwachstellen auf die Geschäftsprozessleistung*. Zusätzlich erfolgt im ersten Lösungsmodul eine *eventlogbasierte Formalisierung von Methodenwissen über Prozessschwachstellen*, was gleichzeitig die Adressierung der Anforderung nach Nutzung von *Eventlogs als Datenbasis für die Prozessanalyse und -gestaltung* bedeutet.

Das zweite Lösungsmodul zur Formalisierung der Prozessgestaltung nimmt mithilfe von Maßnahmenmodellen eine *standardisierte Zuordnung von Maßnahmentypen zu Prozessschwachstellentypen* vor und ermöglicht dadurch die *objektive Maßnahmenableitung durch Nutzung datenbasierter Methoden*. Diese *eventlogbasierte Formalisierung von Methodenwissen über die Maßnahmentypen* erfüllt damit auch die Anforderung nach der Nutzung von *Eventlogs als Datenbasis für die Prozessanalyse und -gestaltung*. In den Maßnahmenmodellen werden auch die prozessstrukturellen, zeitlichen Auswirkungen von Maßnahmentypen beschrieben, was die Beschreibung der *quantifizierten Nutzenpotenziale von Maßnahmen auf die Geschäftsprozessleistung* befähigt.

Das dritte Lösungsmodul zur datenbasierten Entscheidungsunterstützung liefert eine *holistische Kennzahl zur Beschreibung der Geschäftsprozessleistung*. Auf Basis der Schwachstellen- und Maßnahmenmodelle aus den ersten beiden Lösungsmodule ermöglicht diese Geschäftsprozessleistungskennzahl die *quantitative Beschreibung der Auswirkungen von Prozessschwachstellen- und Maßnahmentypen auf eine definierte Geschäftsprozessleistungskennzahl*. Die datenbasierte Entscheidungsunterstützung stellt damit auch *quantifizierte Auswirkungen von Prozessschwachstellen auf die Geschäftsprozessleistung* und *quantifizierte Nutzenpotenziale durch Maßnahmen für die Geschäftsprozessleistung* bereit. Die datenbasierte Entscheidungsunterstützung nutzt *Eventlogs als Datenbasis für die Prozessanalyse und -gestaltung*.

Das vierte Lösungsmodul entwickelt eine hybride Vorgehensweise zur Prozessanalyse und -gestaltung mit einer datenbasierten Entscheidungsunterstützung. Die Adressierung der Theorieanforderung nach einer *hybriden Vorgehensweise zur Integration von formalisiertem Methodenwissen und kontextspezifischem Expertenwissen* erfüllt gleichzeitig die Praxisanforderungen nach einer *kontextualen Validierung der Prozessschwachstellen und Maßnahmen* sowie der *Berücksichtigung nicht-standardisierte Verbesserungsideen durch Prozessbeteiligte*.

5 Detaillierung der Methodik

In Kapitel 4 wurde das Grobkonzept der Methodik zur datenbasierten hybriden Analyse und Gestaltung von Geschäftsprozessen vorgestellt. In diesem Kapitel werden zur Auflösung des hohen Abstraktionsniveaus die einzelnen Lösungsmodule in der erforderlichen Detaillierungstiefe ausgearbeitet.

In Kapitel 5.1 erfolgt zur Formalisierung der Prozessanalyse die datenbasierte Identifizierung und Quantifizierung von Prozessschwachstellen. Im ersten Schritt werden die Datenbedarfe zur Beschreibung von Prozessschwachstellentypen in Eventlogs abgeleitet. Dieser Dateninput wird im zweiten Schritt durch regelbasierte Beschreibungen, Funktionsanforderungen und der Ausgabeform Prozessschwachstellenmodellen vervollständigt. Im dritten Schritt werden die Auswirkungen der Schwachstellentypen auf die Prozesszeit formalisiert.

Kapitel 5.2 formalisiert die Prozessgestaltung durch die standardisierte Ableitung und Quantifizierung von Maßnahmen. Dazu erfolgt zunächst die Zuordnung von Maßnahmentypen zu den Prozessschwachstellentypen aus Kapitel 5.1. Für diese Maßnahmentypen werden anschließend die Auswirkungen auf die Prozesszeit quantifiziert.

Die datenbasierte Entscheidungsunterstützung für die Prozessanalyse und -gestaltung wird in Kapitel 5.3 hergeleitet. Im ersten Schritt wird eine Kennzahl zur Bewertung der Geschäftsprozessprozessleistung entwickelt. Die zugehörige Kalkulationslogik wird im zweiten Schritt entwickelt. Im abschließenden dritten Schritt werden die Auswirkungen von Prozessschwachstellen und Maßnahmen auf die Geschäftsprozessleistung quantifiziert und die Funktionalitäten der Entscheidungsunterstützung für die Prozessanalyse und -gestaltung beschrieben.

Das Gestaltungsmodell in Kapitel 5.4 dient der Anwendungsorientierung der Methodik und entwickelt eine Vorgehensweise zur datenbasierten hybriden Prozessanalyse und -gestaltung unter Einsatz der datenbasierten Entscheidungsunterstützung.

In Kapitel 5.5 bildet ein Zwischenfazit zur datenbasierten hybriden Analyse und Gestaltung von Geschäftsprozessen den Abschluss der detaillierten Methodik.

5.1 Modelle zur Identifizierung und Quantifizierung von Schwachstellen

Im folgenden Kapitel wird die Formalisierung der Prozessanalyse zur datenbasierten Identifizierung und Quantifizierung von Prozessschwachstellen detailliert. Die Struktur des Kapitels gliedert sich in drei Schritte. Die initiale Ableitung der Datenbedarfe (vgl. Kapitel 5.1.1) dient als Grundlage für die anschließende Formalisierung der Prozessschwachstellenmodelle (vgl. Kapitel 5.1.2). Diese beiden Schritte modellieren die qualitative Prozessanalyse (vgl. Kapitel 2.3.1.1). Darauf aufbauend werden zur Formalisierung der quantitativen Prozessanalyse im dritten Schritt die Auswirkungen der Prozessschwachstellentypen auf die Prozesszeit quantifiziert (vgl. Kapitel 5.1.3).

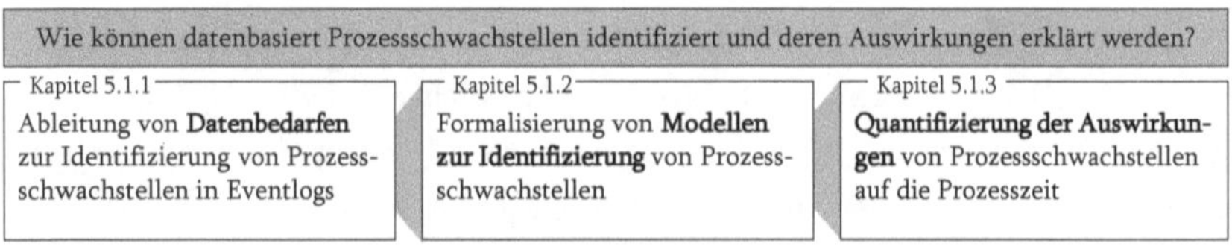

Abbildung 5.1: Übersicht: Erstes Lösungsmodul „Prozessanalyse“

Das methodische Vorgehen des ersten Lösungsmoduls wurde in Kapitel 4.3.1 vorgestellt. Die Modellierung der qualitativen Prozessanalyse zur datenbasierten Identifizierung von Prozessschwachstellen erfolgt durch Prozessschwachstellenmodelle. Als Referenzmethodik für die Modellierung dient die graphische Beschreibungsmethode IDEF0 nach *Presley&Liles*.[377] Die Syntax setzt sich aus den fünf Elementen Aktivität/Prozess, Eingangsinformationen, Steuerinformationen, Ressourcen und Ausgangsinformationen zusammen.[378] Für die Modellierung von Prozessschwachstellentypen wird das IDEF0-Modell, wie in Abbildung 5.2 ersichtlich, auf die fünf Elemente Schwachstellentyp, Datenbedarf, regelbasierte Beschreibung, algorithmische Anforderung und Ausgabeinformation adaptiert.

[377] Vgl. Presley, A./Liles, D. (1995) The use of IDEF0 for the design ans specification of methodologies, S. 442.
[378] Vgl. Presley, A./Liles, D. (1995) The use of IDEF0 for the design ans specification of methodologies, S. 443.

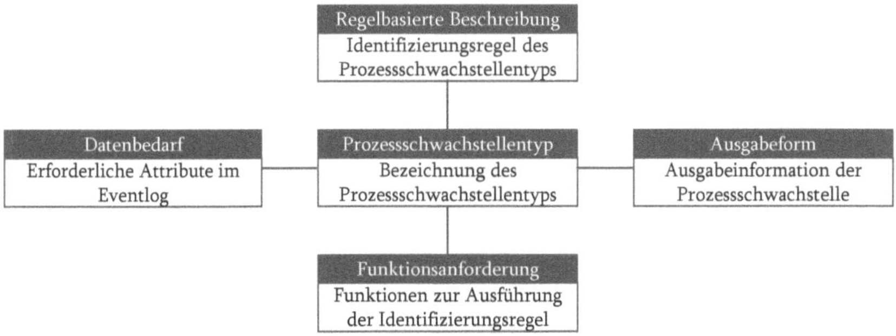

Abbildung 5.2: Prozessschwachstellenmodell[379]

Als zentrales Element ersetzt im Prozessschwachstellenmodell die Bezeichnung des Prozessschwachstellentyps das Element Aktivität/Prozess aus dem IDEF0-Modell. Die Steuerinformation wird durch die regelbasierte Beschreibung ersetzt, welche die Identifizierungsregel für den jeweiligen Prozessschwachstellentyp bildet. Als Eingangsinformationen dienen die Datenbedarfe des Eventlogs. Sie beschreiben die Attribute, die ein Eventlog für die Identifizierung des Prozessschwachstellentyps enthalten muss. Die Ressource ist im Falle der Prozessschwachstellenmodelle das Programm, das die regelbasierte Beschreibung ausführt. Daher werden in diesem Element die Funktionsanforderungen an das Programm beschrieben. Die Ausgangsinformation ist im Fall der Prozessschwachstellenmodelle die Ausgabeform einer identifizierten Prozessschwachstelle.

Die Formalisierung zur datenbasiertem Identifizierung und Quantifizierung erfolgt für sechs generische Prozessschwachstellentypen, die in Vorarbeiten des Autors identifiziert und in Kapitel 2.3.1.3 vorgestellt wurden.[380]

5.1.1 Ableitung der Datenbedarfe

Die datenbasierte Identifizierung und Quantifizierung von Prozessschwachstellen in Geschäftsprozessen fußt auf den zugrundeliegenden Prozessdaten. Daher wird initial definiert, welche Prozessdaten für diesen Arbeitsschritt erforderlich sind. Der Zielsetzung (vgl. Kapitel 1.2) und den Anforderungen an die Methodik (vgl. Kapitel 4.1.1) folgend werden die Datenbedarfe für Eventlogs (vgl. Kapitel 2.2.2.2) formuliert, um

[379] Vgl. Schuh, G. et al. (2021) Event Log-based Weaknesses Detection in Business Processes, S. 735.
[380] Vgl. Schuh, G. et al. (2021) Event Log-based Weaknesses Detection in Business Processes, S. 736.

die Praxisrelevanz der Methodik als Ergänzung bestehender Process Mining Lösungen sicherzustellen. Im Kontext von Process Mining ist die Verfügbarkeit und Belastbarkeit von Eventlogs Grundanforderung, die konkreten Datenbedarfe werden durch die Analysetechnik und den Anwendungsfall bestimmt.[381] Die Datenbedarfe zur Identifizierung von Prozessschwachstellen in Eventlogs sind in den Prozessschwachstellenmodellen als Eingangsinformationen definiert (vgl. Abbildung 5.2). Die in Kapitel 2.3.1.3 definierten Prozessschwachstellentypen bilden das Methodenwissen über ihre Erkennbarkeitscharakteristik ab, das es im Rahmen der Formalisierung der Prozessschwachstellenmodelle zu explizieren gilt. Im Hinblick auf die Eingangsinformationen dient zur Explizierung das Modell der Wissenspyramide nach BODENDORF[382], in dem die Prozessschwachstellentypen das Wissen darstellen. Daraus werden zunächst die Informationsbedarfe zur Beschreibung der Prozessschwachstellentypen abgeleitet. Ausgehend von diesen Informationsbedarfen werden anschließend die Datenbedarfe für den Eventlog definiert. Dieses zweistufige Top-Down Vorgehen ist in Abbildung 5.3 dargestellt. Daraus resultieren Datenbedarfe, die ein Eventlog für eine datenbasierte Identifizierung der Prozessschwachstellentypen erfüllen muss.

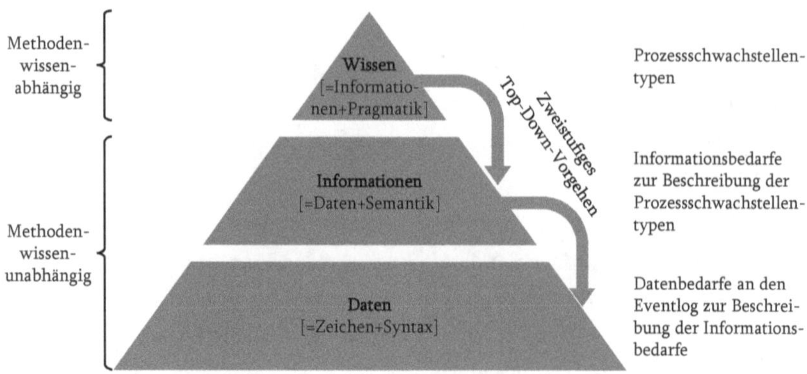

Abbildung 5.3: Ableitung der Datenbedarfe für Prozessschwachstellentypen[383]

Unter Daten wird eine syntaxbasierte Folge aus Zeichen ohne Bedeutung verstanden. Durch die Ergänzung des Bedeutungszusammenhangs (Semantik) werden Daten zu

[381] Vgl. van der Aalst, W. (2016) Getting the Data, S. 125.
[382] Vgl. Bodendorf, F. (2006) Daten- und Wissensmanagement, S. 1.
[383] i.A.a. Bodendorf, F. (2006) Daten- und Wissensmanagement, S. 1 - 2.

Informationen. Wissen entsteht durch die zweckgerichtete Vernetzung von Informationen (Pragmatik) und ermöglicht beispielsweise die Entscheidungsfindung.[384] Im Falle der Prozessschwachstellentypen bilden die Prozessschwachstellentypen und ihre Erkennbarkeitscharakteristik das (Methoden-)Wissen. Informationen sind unter anderem die Prozessaktivitäten, deren Reihenfolge, Zeitdauern usw. Daten sind im vorliegenden Kontext die Attribute des Eventlogs. Durch die zweistufige Ableitung bei der Explizierung des Methodenwissens über Prozessschwachstellentypen sind die abgeleiteten Informationen und Daten methodenwissenunabhängig.

5.1.1.1 Ableitung der Informationsbedarfe für die Prozessschwachstellentypen

Zur Explizierung des Methodenwissens wurden in Vorarbeiten des Autors[385] sechs generische Prozessschwachstellentypen beschrieben (vgl. Kapitel 2.3.1.3). Nachfolgend werden zu jedem Prozessschwachstellentypen anhand seiner Erkennbarkeitscharakteristik (vgl. Abbildung 2.4) die Informationsbedarfe abgeleitet, die – unabhängig vom Methodenwissen – eine Beschreibung des jeweiligen Prozessschwachstellentyps ermöglichen. Grundsätzlich gilt dabei die Annahme, dass Informationen über Ereignisse in einem Eventlog vorliegen. [386] Die Ableitung der Informationsbedarfe bezieht sich demnach auf Informationen, die aus einem Eventlog generiert werden können.

Der Prozessschwachstellentyp *Redundante Aktivität* wird durch das wiederholte Auftreten von Ereignissen mit derselben Aktivitätsbezeichnung innerhalb einer Prozessinstanz charakterisiert. Als Informationsbedarfe für die Identifizierung redundanter Aktivitäten müssen demnach Informationen über Aktivitätsbezeichnung von Ereignissen sowie die Zuordnung von Ereignissen zu einer Prozessinstanz vorliegen. Der Prozessschwachstellentyp *Rückschleife* ist erkennbar am wiederholten Auftreten einer Ereignissequenz mit identischen Aktivitätsbezeichnungen innerhalb einer Prozessinstanz. Die Identifizierung von Rückschleifen erfordert folglich Informationen über die Aktivitätsbezeichnungen von Ereignissen sowie deren Zuordnung zu einer Prozessinstanz. Im Unterschied zum Prozessschwachstellentyp *Redundante Aktivität* treten bei *Rückschleifen* ganze Ereignissequenzen wiederholt auf. Deshalb werden zusätzlich Informationen über die Ereignisreihenfolge innerhalb einer Prozessinstanz

[384] Vgl. Aamodt, A./Nygård, M. (1995) Different roles and mutual dependencies of data, information, and knowledge — An AI perspective on their integration, S. 196 - 198; Bodendorf, F. (2006) Daten- und Wissensmanagement, S. 1 - 2; Gadatsch, A. (2017) Datenmodellierung für Einsteiger, S. 1 - 2.

[385] Vgl. Schuh, G. et al. (2021) Event Log-based Weaknesses Detection in Business Processes, S. 736.

[386] Vgl. van der Aalst, W. (2016) Getting the Data, S. 125.

benötigt. Der Prozessschwachstellentyp *Ungewollte Aktivität* wird über den Abgleich der Aktivitätsbezeichnungen von Ereignissen mit einer Liste ungewollter Aktivitätsbezeichnungen identifiziert. Dabei ist die Liste der „ungewollten" Aktivitätsbezeichnungen kein Informationsbedarf mit abzuleitendem Datenbedarf an den Eventlog, sondern eine Steuerinformation wie eine regelbasierte Beschreibung. Als Informationsbedarf für den Prozessschwachstellentyp *Ungewollte Aktivität* sind Informationen über die Aktivitätsbezeichnungen von Ereignissen erforderlich. Die Zuordnung von Ereignissen zu einer Prozessinstanz ist für die Schwachstellenidentifizierung zunächst nicht erforderlich, ermöglicht jedoch die Weiterverarbeitung und Bewertung einzelner Prozessinstanzen. Der Prozessschwachstellentyp *Unpassender Aktivitätenumfang* wird über den Variationskoeffizienten für die Bearbeitungszeiten aller Ereignisse mit gleicher Aktivitätsbezeichnung über alle Prozessinstanzen hinweg identifiziert. Liegt der Variationskoeffizient über einem in der Anwendung vorzugebenden Grenzvariationskoeffizienten, gelten alle Ereignisse dieser Menge als Prozessschwachstelle (Detailbegründung s. Anhang). Zur Kalkulation des Variationskoeffizienten sind als Informationen über die Aktivitätsbezeichnungen von Ereignissen sowie die Bearbeitungszeiten von Ereignissen erforderlich. Die Zuordnung von Ereignissen zu einer Prozessinstanz ist nicht zwingend erforderlich, jedoch hinreichender Informationsbedarf für die Weiterverarbeitung und Bewertung einzelner Prozessinstanzen. Mit dem Prozessschwachstellentyp *Übergangszeit* werden sämtliche Zeiträume zwischen zwei konsekutiven Ereignissen erfasst. Zur Erkennung von Übergangszeiten sind somit Informationen über die Zuordnung von Ereignissen zu einer Prozessinstanz und die Ereignisreihenfolge innerhalb von Prozessinstanz erforderlich. Die Kalkulation der Übergangszeit zwischen zwei Ereignissen erfordert zusätzlich Informationen über den Anfangs- und Endzeitpunkt von Ereignissen.[387] Der Prozessschwachstellentyp *Parallelisierungspotenzial* wird ausgewiesen, wenn die Reihenfolge zweier Ereignisse in mindestens zwei Prozessinstanzen unterschiedlich ist. Zur Identifizierung werden demnach Informationen über die Aktivitätsbezeichnungen von Ereignissen, die Zuordnung von Ereignissen zu Prozessinstanzen sowie die Ereignisreihenfolge innerhalb

[387] Im Gegensatz zur Durchführungszeit kann die Übergangszeit nicht aus den Zeitstempeln eines einzigen Ereignisses als Differenz zweiter Daten (hier: Zeitstempel) generiert werden. Die Übergangszeit bezieht sich auf die Zeitpunkte zweier Ereignisse, sodass erst die Reihenfolge von Ereignissen gebildet werden muss bevor eine Kalkulation der Übergangszeit erfolgen kann. Die Übergangszeit ist demnach Wissen und keine Information, die durch semantische Verknüpfung zweier Daten eines Ereignisses unmittelbar generiert werden kann.

von Prozessinstanzen benötigt. Abbildung 5.4 illustriert und konsolidiert die Informationsbedarfe aller Prozessschwachstellentypen.

Prozessschwachstellentyp	Informationsbedarfe	Konsolidierter Informationsbedarf
Redundante Aktivität	• Aktivitätsbezeichnung von Ereignissen • Zuordnung von Ereignissen zu Prozessinstanzen	(1) Aktivitätsbezeichnung von Ereignissen (2) Zuordnung von Ereignissen zu Prozessinstanzen (3) Ereignisreihenfolge innerhalb einer Prozessinstanz (4) Anfangs- und Endzeitpunkt von Ereignissen (5) Bearbeitungszeit von Ereignissen
Rückschleife	• Aktivitätsbezeichnung von Ereignissen • Zuordnung von Ereignissen zu Prozessinstanzen • Ereignisreihenfolge innerhalb von Prozessinstanzen	
Ungewollte Aktivität	• Aktivitätsbezeichnung von Ereignissen • [Zuordnung von Ereignissen zu Prozessinstanzen]	
Unpassender Aktivitätenumfang	• Aktivitätsbezeichnung von Ereignissen • Durchführungszeit von Ereignissen • [Zuordnung von Ereignissen zu Prozessinstanzen]	
Übergangszeit	• Zuordnung von Ereignissen zu Prozessinstanzen • Ereignisreihenfolge innerhalb von Prozessinstanzen • Anfangs- und Endzeitpunkt von Ereignissen	
Parallelisierungspotenzial	• Aktivitätsbezeichnung von Ereignissen • Zuordnung von Ereignissen zu Prozessinstanzen • Ereignisreihenfolge innerhalb von Prozessinstanzen	

[...] = hinreichender Informationsbedarf für Weiterverarbeitung und Bewertung einzelner Prozessinstanzen

Abbildung 5.4: Informationsbedarfe der Prozessschwachstellentypen

Der konsolidierte Informationsbedarf dient im zweistufigen Top-Down-Verfahren (vgl. Abbildung 5.3) als Ausgangspunkt für die Ableitung der Datenbedarfe.

5.1.1.2 Ableitung der Datenbedarfe aus den Informationsbedarfen

Informationen unterscheiden sich von Daten durch den zugewiesenen Bedeutungszusammenhang, d. h. die Dateninterpretation.[388] Die Datenbedarfe zur Beschreibung der Prozessschwachstellentypen werden aus den in Kapitel 5.1.1.1 bestimmten Informationsbedarfen abgeleitet (vgl. Abbildung 5.4). Dies folgt methodisch dem zweistufigen Top-Down-Verfahren (vgl. Abbildung 5.3). Als Datenquelle dienen Eventlogs. Folglich wird für jeden Informationsbedarf untersucht, mit welchen Eventlog-Attributen die benötigte Information generierbar ist.

388 Vgl. Aamodt, A./Nygård, M. (1995) Different roles and mutual dependencies of data, information, and knowledge — An AI perspective on their integration, S. 196.

Der Informationsbedarf *(1) Aktivitätsbezeichnung von Ereignissen* erfordert die Zuordnung der Aktivitätsbezeichnung zu Ereignissen. Gemäß Grundannahme für Eventlogs wird ein Ereignis durch die Mindestattribute Aktivitätsbezeichnung, die zugehörige Prozessinstanz und Zeitstempel aus dem Standardeventlog eindeutig beschrieben (vgl. Kapitel 2.2.2.2). Der aus dem Informationsbedarf *Aktivitätsbezeichnung von Ereignissen* abgeleitete Datenbedarf besteht folglich aus der Aktivitätsbezeichnung eines Ereignisses, das sich durch die zugehörigen Prozessinstanzidentifikator und einen Zeitstempel eindeutig charakterisieren lässt. Analog dazu ergibt sich für Informationsbedarf *(2) Zuordnung von Ereignissen zu Prozessinstanzen* ein Datenbedarf bestehend aus der Prozessinstanz eines Ereignisses. Dieser Datenbedarf wird ebenfalls durch die Mindestattribute des Standardeventlogs erfüllt. Der Informationsbedarf *(3) Ereignisreihenfolge innerhalb von Prozessinstanzen* wird in der Literatur teilweise als Grundannahme vorausgesetzt.[389] In der Praxis sind die Ereignisse eines Eventlogs häufig chronologisch sortiert oder mittels Process Mining-Techniken anhand ihrer Zeitstempel sortierbar.[390] Der Datenbedarf zur Erfüllung des Informationsbedarfs *(3) Ereignisreihenfolge innerhalb von Prozessinstanzen* ergibt sich demnach aus dem Standardeventlog mit den Mindestattributen Prozessinstanzidentifikator, Aktivitätsbezeichnung und Zeitstempel. Zur Erfüllung des Informationsbedarfs *(4) Anfangs- und Endzeitpunkt von Ereignissen* reicht der Standardeventlog nicht aus. Zu jedem Ereignis muss ein Start- und ein Endzeitstempel im Eventlog vorliegen. Der Datenbedarf ergibt sich damit aus einem erweiterten Eventlog mit den Attributen Prozessinstanzidentifikator, Aktivitätsbezeichnung, Startzeitstempel und Endzeitstempel. Der Informationsbedarf *(5) Bearbeitungszeit von Ereignissen* lässt sich nicht durch einfache Verknüpfung von Eventlog-Daten generieren, sondern erfordert die semantische Weiterverarbeitung der Eventlog-Daten. Die Bearbeitungszeit von Ereignissen ergibt sich aus der Differenz des End- und Startzeitpunkts eines Ereignisses.[391] Zur Kalkulation wird analog zu Informationsbedarf *(4)* der erweiterte Eventlog mit den Attributen Prozessinstanzidentifikator, Aktivitätsbezeichnung, Startzeitstempel und Endzeitstempel benötigt.

---

[389] Vgl. van der Aalst, W. (2016) Getting the Data, S. 128 - 129.

[390] Vgl. Mueller-Wickop, N./Schultz, M. (2013) ERP Event Log Preprocessing: Timestamps vs. Accounting Logic, S. 106.

[391] Vgl. Schopen, M. et al. (2023) Data-based Measure Derivation for Business Process Design, S. 571 - 572.

5.1.1.3 Konsolidierung der Datenbedarfe zu Eventlog-Anforderungen

Für die Prozessschwachstellentypen (vgl. Kapitel 2.3.1.3) wurden zunächst die Informationsbedarfe (vgl. Kapitel 5.1.1.1) und daraus – unabhängig vom Prozessschwachstellentyp – die Datenbedarfe (vgl. Kapitel 5.1.1.2) abgeleitet. Nachfolgend wird für jeden Prozessschwachstellentyp beschrieben, welche Attribute ein Eventlog für dessen Erkennung enthalten muss. Dazu wird für jeden Prozessschwachstellentyp die Vereinigungsmenge der Datenbedarfe über alle Informationsbedarfe gebildet. Tabelle 5.1 illustriert die erforderlichen Eventlogattribute zur Identifizierung der Prozessschwachstellentypen. Dies wird in den Prozessschwachstellenmodellen als Datenbedarf des Prozessschwachstellentyps bezeichnet (vgl. Abbildung 5.2).

Tabelle 5.1: Erforderliche Eventlogattribute je Prozessschwachstellentyp

Prozessschwachstellentyp	Erforderliche Eventlogattribute als Datenbedarf im Prozessschwachstellenmodell
Redundante Aktivität	$\{Prozessinstanzidentifikator, Aktivitätsbezeichnung\}$
Rückschleife	$\{Prozessinstanzidentifikator, Aktivitätsbezeichnung, Zeitstempel\}$
Ungewollte Aktivität	$\{Aktivitätsbezeichnung\}$
Übergangszeit	$\begin{Bmatrix} Prozessinstanzidentifikator, Aktivitätsbezeichnung, \\ Startzeitstempel, Endzeitstempel \end{Bmatrix}$
Unpassender Aktivitätenumfang	$\begin{Bmatrix} Prozessinstanzidentifikator, Aktivitätsbezeichnung, \\ Startzeitstempel, Endzeitstempel \end{Bmatrix}$
Parallelisierungspotenzial	$\{Prozessinstanzidentifikator, Aktivitätsbezeichnung, Zeitstempel\}$

Bei der Analyse eines Prozessmodells werden die Prozessschwachstellenmodelle sämtlicher Prozessschwachstellentypen auf einen Eventlog angewandt. Dieser Eventlog muss die erforderlichen Eventlogattribute für alle Prozessschwachstellentypen gemäß Tabelle 5.1 aufweisen. Die konsolidierte Eventlog-Anforderung ergibt sich als Vereinigungsmenge der erforderlichen Eventlogattribute über alle Prozessschwachstellentypen. Sie besteht aus den Attributen Prozessinstanzidentifikator, Aktivitätsbezeichnung, Anfangszeitstempel und Endzeitstempel (vgl. Beispiel in Abbildung 5.5).

Prozessinstanzidentifikator	Aktivitätsbezeichnung	Startzeitstempel	Endzeitstempel
#1234	Drehen	01.01.2023 08:01:18	01.01.2023 08:11:23
#1234	Fräsen	01.01.2023 08:15:01	01.01.2023 08:19:23
...	...	...	...

Abbildung 5.5: Beispielhafter Eventlog mit den erforderlichen Attributen

Ein Eventlog mit diesen Attributen erfüllt die Datenanforderung für sämtliche Prozessschwachstellenmodelle, d. h. alle Prozessschwachstellentypen sind in diesem Eventlog in Bezug auf die Eingangsinformationen identifizierbar.

5.1.2 Formalisierung der Prozessschwachstellenmodelle

Nach Ableitung der Datenbedarfe werden in diesem Kapitel die Prozessschwachstellenmodelle je Prozessschwachstellentyp (vgl. Abbildung 5.2) und damit die Formalisierung des Methodenwissens über die Prozessschwachstellenidentifizierung vervollständigt. Das methodische Vorgehen folgt der Erklärung in Kapitel 4.3.1. Zunächst werden mittels logischer Implikationen regelbasierte Beschreibungen zur Identifizierung der Prozessschwachstellen in Eventlogs formalisiert. Anschließend werden Funktionsanforderungen an ein Programm zur Ausführung der regelbasierten Beschreibung mit den definierten Datenbedarfen definiert. Zur Vervollständigung der Prozessschwachstellenmodelle wird abschließend die Ausgabeform für identifizierte Prozessschwachstellen definiert.

5.1.2.1 Identifizierungsregeln als regelbasierte Beschreibung

Eine regelbasierte Beschreibung drückt eine Implikation aus, bei deren Erfüllung ein Prozessschwachstellentyp in einem Eventlog vorliegt. Aufbauend auf den Datenbedarfen aus Kapitel 5.1.1, werden dafür mittels Methoden der Mengenlehre und diskreten Mathematik zunächst die benötigten Variablen und Mengen definiert.[392] Anschließend werden die Implikationen gebildet, die aus den beiden Aussagentypen Voraussetzung („Wenn“) und Behauptung („Dann“) bestehen.[393] Die Aussagen werden durch Verknüpfung der Variablen und Mengen mit Operatoren der Aussagen- oder Prädikatenlogik gebildet.[394] Die mathematische Formulierung der regelbasierten Beschreibungen erfolgt abschließend als Ereignismengen bzw. Ereignistupelmengen mit Nebenbedingungen. Die Nebenbedingungen spezifiziert dabei die Voraussetzung („Wenn“), bei deren Erfüllung ein Ereignis bzw. Ereignistupel als schwachstellenbehaftet durch den jeweiligen Prozessswachstellentypen („Dann“) gilt.

---

[392] Vgl. Sommerfeld, J. (1974) Mathematik, S. 41 - 51.

[393] Vgl. Tarski, A. (1936) Einführung in die Mathematische Logik, S. 16 - 18.

[394] Vgl. Styczynski, Z. et al. (2017) Einführung in Expertensysteme, S. 21 - 45.

Initial werden die für alle Prozessschwachstellentypen gültigen Variablen und Mengen definiert. Die Identifizierung von Prozessschwachstellen erfolgt gemäß Kapitel 5.1.1.3 in einem Eventlog, der für jedes Ereignis i die Eventlogattribute Prozessinstanzidentifikator m, die Aktivitätsbezeichnung n, den Startzeitstempel t_{start} und den Endzeitstempel t_{end} enthält (vgl. Abbildung 5.5). Die Eventlogattribute m, n, t_{start} und t_{end} sind Variablen in Abhängigkeit des Ereignisses i , d. h. sie besitzen keinen festen Wert. Zur regelbasierten Beschreibung der Prozessschwachstellentypen werden den Attributen teilweise spezifische Werte zugeordnet, beispielsweise zur Untersuchung von Ereignissen einer ausgewählten Prozessinstanz. Diese werden mit einem Asterisk gekennzeichnet, zum Beispiel m^* für eine spezifische Prozessinstanz (z. B. #10048). Für die regelbasierte Beschreibung der Prozessschwachstellentypen werden zudem die Mengen I, M, N als Mengen aller Ereignisse i, Prozessinstanzen m und Aktivitätsbezeichnungen n definiert. Die Mächtigkeit der Mengen wird durch die Variablen $|I|$ für die Menge aller Ereignisse, $|M|$ für die Menge der Prozessinstanzen und $|N|$für die Menge der Aktivitätsbezeichnungen ausgedrückt. Für endliche Mengen entspricht die Mächtigkeit einer Menge der Anzahl der Elemente in dieser Menge.[395] Innerhalb einer Prozessinstanz lässt sich durch aufsteigende Sortierung der Zeitstempel eine zeitliche Ereignisreihenfolge bilden. Die Reihenfolge von Ereignissen lässt sich durch Tupel, bspw. (i_g, i_h), beschreiben. Zur Beschreibung aufeinanderfolgender Ereignisse wird ein Laufindex mit aufsteigender Nummerierung von 1 bis k verwendet. So folgt dem Ereignis $i_1$das Ereignis i_2 innerhalb einer Prozessinstanz.

Nachfolgend werden für jeden Prozessschwachstellentypen die regelbasierten Beschreibungen hergeleitet. Dazu werden neben den vorgestellten allgemeingültigen Variablen und Mengen individuell benötigte Variablen und Mengen ergänzt:

Redundante Aktivität (SRED)

Der Prozessschwachstellentyp *Redundante Aktivität (SRED)* liegt vor, wenn zwei Ereignisse i innerhalb einer Prozessinstanz m^* dieselbe Aktivitätsbezeichnung n^* aufweisen. Dies erfordert die Analyse der Menge $I(m^*, n^*)$ aller Ereignisse i der Prozessinstanz m^* mit der Aktivitätsbezeichnung n^*. Enthält die Menge $I(m^*, n^*)$ mehr als ein Element, gelten bis auf das zeitlich erste Ereignis $i_1(m^*, n^*)$ alle Ereignisse dieser Menge als *Redundante Aktivitäten.* Diese Menge wird als $I_{SRED}(m^*, n^*)$ bezeichnet.

[395] Vgl. Deiser, O. (2010) Einführung in die Mengenlehre, S. 78 - 80.

Die regelbasierte Beschreibung zur Identifizierung von redundanten Aktivitäten lautet demnach wie folgt:

Formel 5.1: Regelbasierte Beschreibung: Redundante Aktivität

$$I_{SRED}(m^*, n^*) = \{i(m^*, n^*) || I(m^*, n^*)| > 1 \wedge \neg i_1(m^*, n^*)\}$$

mit $I(m^*, n^*) = \{i_1(m^*, n^*), i_2(m^*, n^*), \dots, i_k(m^*, n^*)\}$, $i \in I$

Rückschleife (SLOP)

Der Prozessschwachstellentyp *Rückschleife* beschreibt das wiederholte Auftreten von Ereignissequenzen mit gleichen Aktivitätsbezeichnungen. Ihre regelbasierte Beschreibung wird zunächst für eine Rückschleife bestehend aus zwei Prozessaktivitäten hergeleitet und anschließend zu einer allgemeingültigen Definition erweitert.

Analog zum Prozessschwachstellentyp *Redundante Aktivität* werden für das Beispiel einer Rückschleife bestehend aus zwei Prozessaktivitäten die beiden Mengen $I(m^*, n^*)$ und $I(m^*, n^{**})$ definiert. Diese enthalten sämtliche Ereignisse i der Prozessinstanz m^* mit den Aktivitätsbezeichnungen n^* bzw. n^{**}. Daraus wird eine Menge an Ereignis-Tupeln $P(i_1, i_2)$ definiert, die alle Ereignistupel (i_1, i_2) mit den Ereignissen $i_1 \in I(m^*, n^*)$ und $i_2 \in I(m^*, n^{**})$ der Prozessinstanz m^*enthält. Eine *Rückschleife* beschreibt das wiederholte Auftreten einer Ereignissequenz mit gleichen Aktivitätsbezeichnungen innerhalb einer Prozessinstanz. Demnach gelten innerhalb der Prozessinstanz m^*alle Ereignisse eines Ereignistupels $p(i_1, i_2)$ als *Rückschleife*, wenn die Menge aller Ereignistupel $P(i_1, i_2)$ mehr als ein Ereignistupel enthält und (i_1, i_2) nicht die erste Ausführung des Ereignistupels $(i_1, i_2)_1$ ist. Für eine *Rückschleife* bestehend aus zwei Aktivitäten gilt daher nachfolgende regelbasierte Beschreibung:

Formel 5.2: Regelbasierte Beschreibung: Rückschleife mit zwei Aktivitäten

$$P_{SLOP2}(m^*, n^*, n^{**}) = \{(i_1, i_2) || P(i_1, i_2)| > 1 \wedge \neg(i_1, i_2)_1\}$$

mit $(i_1, i_2) \in P(i_1, i_2)$,
$i_1 \in I(m^*, n^*), i \in I$
$i_2 \in I(m^*, n^{**}), i \in I$

Bezugnehmend auf die Notation $P_{SLOP2}(m^*, n^*, n^{**})$ beschreibt m^*die betroffene Prozessinstanz und n^* und n^{**} definieren die Aktivitäten innerhalb der Rückschleife. Für den Fall von Rückschleifen bestehend aus mehr als zwei Aktivitäten wird das Ereignistupel (i_1, i_2) auf eine beliebig großen Ereignissequenz $P(i_1, \dots, i_k)$ erweitert, bei der die die Ereignisse i_1 bis i_k in aufsteigender Reihenfolge auftreten. Für eine *Rückschleife* mit beliebig vielen Ereignissen gilt nachfolgende regelbasierte Beschreibung:

Formel 5.3: Regelbasierte Beschreibung: Rückschleife mit k Aktivitäten

$$P_{SLOP}(m^*, n^*, \dots, n^{k*}) = \{(i_1, \dots, i_k) \,|\, |P(i_1, \dots, i_k)| > 1 \land \neg(i_1, \dots, i_k)_1\}$$

mit $p(i_1, \dots, i_k) \in P(i_1, \dots, i_k), k \in \mathbb{N}$

$i_1 \in I(m^*, n^*), i \in I$

$i_k \in I(m^*, n^{k*}), i \in I$

Ungewollte Aktivität (SUNW)

Zur Identifizierung des Prozessschwachstellentyps *Ungewollte Aktivität* wird eine Liste „ungewollter" Aktivitätsbezeichnungen benötigt (vgl. Kapitel 5.1.1.1). Diese Liste wird als Menge von Strings ungewollter Aktivitäten U definiert. Ein Ereignis i gilt als *Ungewollte Aktivität*, wenn ihre Aktivitätsbezeichnung $n(i)$ Teil der Menge U „ungewollter" Aktivitätsbezeichnungen ist. Die regelbasierte Beschreibung lautet:

Formel 5.4: Regelbasierte Beschreibung: Ungewollte Aktivität

$$I_{SUNW}(n^*) = \{i(n^*) | n(i) \in U\}$$

mit $i \in I$

Unpassender Aktivitätenumfang (SUNS)

Der Prozessschwachstellentyp *Unpassender Aktivitätenumfang* wird anhand des Variationskoeffizienten der Bearbeitungszeit gleicher Aktivitäten über verschiedene Prozessinstanzen identifiziert (vgl. Kapitel 2.3.1.3 bzw. Kapitel 5.1.1). Die Bearbeitungszeit t_{DZ} eines Ereignisses i wird als Differenz zwischen dem Endzeitpunkt $t_{end}(i)$ und dem Anfang $t_{start}(i)$ eines Ereignisses definiert:

Formel 5.5: Bearbeitungszeit

$$BZ(i) = t_{start}(i) - t_{end}(i)$$

mit $BZ(i)$ Bearbeitungszeit des Ereignisses i

Zur Bestimmung des Variationskoeffizienten müssen Ereignisse mit gleicher Aktivitätsbezeichnung über alle Prozessinstanzen verglichen werden. Dazu wird zunächst prozessinstanzübergreifend die Menge $I(n^*)$ definiert, die alle Ereignisse i mit der Aktivitätsbezeichnung n^* enthält. Zur Kalkulation des Variationskoeffizienten wird eine

Stichprobe der Bearbeitungszeiten $BZ(i)$ der Menge $I(n^*)$ benötigt.[396] Diese Stichprobe der Bearbeitungszeiten entspricht der Menge $BZ(n^*)$ mit den Bearbeitungszeiten der Ereignisse mit spezifischer Aktivitätsbezeichnung n^*. Zur Auswertung der Bearbeitungszeiten eignet sich das statistische Streuungsmaß des Variationskoeffizienten v, der den Vergleich unterschiedlich großer Datensätze und mit variierendem Mittelwert ermöglicht.[397] Der Variationskoeffizient gibt die relative Streuung einer Verteilung um den Mittelwert an.[398] Der Variationskoeffizient v der Bearbeitungszeiten BZ aller Ereignisse mit der Aktivitätsbezeichnung n^* ist demnach ein relatives Maß für die prozessinstanzübergreifende Bearbeitungszeitstreuung der untersuchten Aktivität n^*. Nachfolgende Formel definiert diesen Zusammenhang:

Formel 5.6: Variationskoeffizient der Bearbeitungszeit gleicher Aktivitäten

$$v(BZ(n^*)) = \frac{\sigma(BZ(n^*))}{\bar{x}(BZ(n^*))}$$

mit σ Stichproben-Standardabweichung

$\bar{x}$ Arithmetisches Mittel

In der Praxis ist eine Variation der Bearbeitungszeiten in nicht-automatisierten Prozessen kaum vermeidbar. Ein hoher Variationskoeffizient v ist jedoch Indiz für eine geringe Standardisierung und große Beschleunigungspotenziale bei langsamen Prozessausführungen. Daher sollen die Aktivitäten als Prozessschwachstelle *Unpassender Aktivitätenumfang* identifiziert werden, deren Variationskoeffizient v größer als ein Grenzwert für den Variationskoeffizienten v_{Grenz} ist. Der Grenzvariationskoeffizient ist vor Ausführung der Entscheidungsunterstützung prozessindividuell konfigurierbar, um kontextabhängig die Standardisierbarkeit des zu untersuchenden Geschäftsprozesses zu berücksichtigen. Es ergibt sich folgende regelbasierte Beschreibung für den Prozessschwachstellentyp *Unpassender Aktivitätenumfang*:

Formel 5.7: Regelbasierte Beschreibung: Unpassender Aktivitätenumfang

$$I_{SUNS}(n^*) = \{i(n^*) | v(BZ(n^*)) > v_{Grenz}\}$$

mit $i \in I$

---

[396] Vgl. Schiefer, H./Schiefer, F. (2018) Statistik für Ingenieure, S. 29.

[397] Vgl. Kohn, W./Öztürk, R. (2011) Statistik für Ökonomen, S. 61 - 62.

[398] Vgl. Kohn, W./Öztürk, R. (2011) Statistik für Ökonomen, S. 62.

Übergangszeit (STRA)

Die *Übergangszeit* zwischen den innerhalb einer Prozessinstanz m aufeinanderfolgenden Ereignissen i_1 und i_2 ist die Differenz zwischen dem Anfangszeitstempel des zweiten Ereignisses $t_{start}(i_2)$ und dem Endzeitstempel des ersten Ereignisses $t_{end}(i_1)$:

Formel 5.8: Übergangszeit

$$\ddot{U}Z(i_1, i_2) = t_{start}(i_2) - t_{end}(i_1)$$

mit $m(i_1) = m(i_2)$

Auch wenn die vollständige Elimination von Übergangszeiten in der betrieblichen Praxis sehr schwer ist, sind sie grundsätzlich als nicht-wertschöpfend und damit schwachstellenbehaftet einzustufen. Folglich liegt der Prozessschwachstellentyp an allen Ereignistupeln (i_1, i_2) mit den Aktivitätsbezeichnungen n^* und n^{**} vor, wenn die dazwischen liegende Übergangszeit $\ddot{U}Z(i_1, i_2)$ größer als Null ist. Nachfolgende regelbasierte Beschreibung formalisiert den erläuterten Zusammenhang:

Formel 5.9: Regelbasierte Beschreibung: Übergangszeit

$$P_{STRA}(n^*, n^{**}) = \{(i_1, i_2) | m(i_1) = m(i_2) \wedge \ddot{U}Z(i_1, i_2) > 0\}$$

mit $(i_1, i_2) \in P$

$i_1 \in I(n^*), i \in I$

$i_2 \in I(n^{**}), i \in I$

Für die spätere Quantifizierung der Prozessschwachstellenauswirkung wird die Übergangszeit dem nachfolgenden Ereignis i_2 zugeordnet (vgl. Quantifizierungsannahme (II) in Kapitel 5.1.3.2).

Parallelisierungspotenzial (SPAR)

Der Prozessschwachstellentyp *Parallelisierungspotenzial* liegt vor, wenn zwei aufeinanderfolgende Aktivitäten in verschiedenen Prozessinstanzen in unterschiedlicher Reihenfolge vorkommen. Dazu wird für zwei spezifische Aktivitäten n^* und n^{**} prozessinstanzübergreifend nach Ereignistupeln gesucht, in denen die Aktivitäten in unterschiedlicher Reihenfolge, d. h. als Tupel $(i_g(n^*), i_h(n^{**}))$ und als Tupel $(i_h(n^{**}), i_g(n^*))$ auftreten. Existieren innerhalb eines Prozessmodells M mindestens zwei Prozessinstanzen m, bei denen die Aktivitäten n^* und n^{**} in unterschiedlicher

Reihenfolge auftreten, werden die Aktivitäten n^* und n^{**} als Prozessschwachstellentyp *Parallelisierungspotenzial* ausgewiesen. Als Identifizierungsregel dient folgende regelbasierte Beschreibung:

Formel 5.10: Regelbasierte Beschreibung: Parallelisierungspotenzial

$$P_{SPAR}(n^*,n^{**}) = \{(i_g,i_h) | \exists(i_g(n^*),i_h(n^{**})) \wedge \exists(i_h(n^{**}),i_g(n^*))\}$$

mit $(i_g,i_h) \in P$

5.1.2.2 Funktionsanforderungen zur Modellausführung

Mittels der regelbasierten Beschreibungen (vgl. Kapitel 5.1.2.1) anhand der Datenbedarfe (vgl. Kapitel 5.1.1.2) sind Prozessschwachstellentypen in Eventlogs identifizierbar. Zur Ausführung dieser Operation muss ein Programm bestimmte Funktionen erfüllen. Angelehnt an wissensbasierte Systeme nach BEIERLE&KERN-ISBERNDER ist die Wissensbasis (hier: Prozessschwachstellenmodelle) von der Wissensverarbeitung (hier: Programm) zu trennen[399], weshalb nachfolgend Anforderungen an die programmatische Umsetzung definiert werden. Zur Ableitung funktionaler Anforderungen an die Prozessschwachstellenmodelle wurde die Anforderungsschablone nach RUPP (vgl. Abbildung 5.6) verwendet:

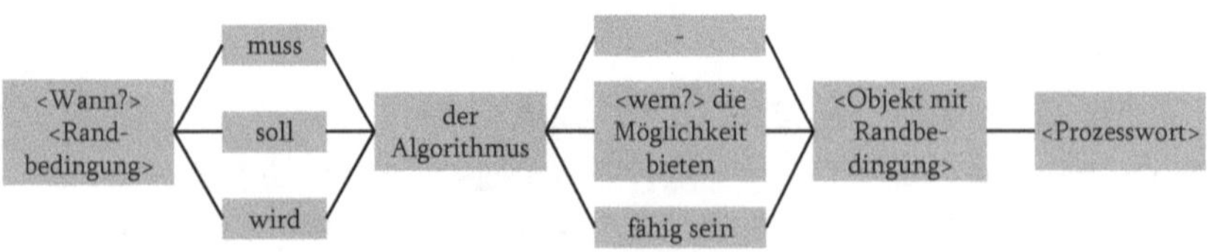

Abbildung 5.6: Anforderungsschablone funktionaler Anforderungen nach RUPP[400]

Die in Klammern (<>) gesetzten Ausdrücke dienen als Variablen, die bei der Ausformulierung der jeweiligen Anforderungen festgelegt werden. Die Randbedingung bestimmt den Bedarfszeitpunkt der Anforderung. Anhand der Auswahl zwischen „muss", „soll" und „wird" werden die Anforderungen priorisiert. Anschließend wird festgelegt, inwiefern Dritte auf ein Programm bzw. den Algorithmus zugreifen. Das

[399] Vgl. Beierle, C./Kern-Isberner, G. (2019) Methoden wissensbasierter Systeme, S. 11.

[400] i.A.a. Rupp, C./Joppich, R. (2014) Anforderungsschablonen – der MAST e R-Plan für gute Anforderungen, S. 220.

betroffene Objekt wird danach festgelegt, bevor abschließend die auszuführende Funktionalität definiert wird.[401]

Für die Prozessschwachstellenmodelle werden ausschließlich „muss"-Anforderungen abgeleitet und auf die zeitlichen Funktionsabläufe im Programm, also die Randbedingung, <Wann?> verzichtet. Daraus ergibt sich folgende Anforderungsschablone für die Ableitungsanforderung in diesem Kapitel:

Das Programm muss <wem> die Möglichkeit bieten bzw. fähig sein, <Objekt mit Randbedingung><Prozesswort>.

Anhand dieser Schablone werden nachfolgend die Anforderungen zur Identifizierung der Prozessschwachstellentypen abgeleitet. Dies erfolgt konsolidiert für alle sechs Prozessschwachstellentypen, da das Programm als Wissensverarbeitung alle Wissensbasen (Prozessschwachstellenmodelle) ausführen muss. Die erste Anforderung ergibt sich aus der Anbindung des Programms an eine Datenbasis (vgl. Datenbedarfe aus Kapitel 5.1.1).

(1) Das Programm muss fähig sein, Daten aus Eventlogs zu verwenden.

Alle weiteren Anforderungen an das Programm ergeben sich aus den regelbasierten Beschreibungen der Prozessschwachstellentypen. Zunächst muss das Programm in einem Eventlog Ereignisse erkennen und ihnen zugehörige Attribute zuordnen:

(2) Das Programm muss fähig sein, einem Ereignis zugehörige Attribute zuzuordnen.

Zur Erfüllung des Informationsbedarfs *Ereignisreihenfolge einer Prozessinstanz* muss das Programm Ereignisse Eventlog chronologisch sortieren (Kapitel 5.1.1.2).

(3) Das Programm muss fähig sein, die Ereignisse einer Prozessinstanz in eine chronologische Reihenfolge zu bringen.

Für die Prozessschwachstellentypen *Ungewollte Aktivitäten* und *Unpassender Aktivitätenumfang* müssen bei der Anwendung externe Werte (z. B. Grenzwerte, Listen) eingegeben und durch das Programm verarbeitet werden:

---

[401] Vgl. Rupp, C./Joppich, R. (2014) Anforderungsschablonen – der MAST e R-Plan für gute Anforderungen, S. 220 - 225.

(4) Das Programm muss Anwendenden die Möglichkeit bieten, externe Werte vorzugeben.
(5) Das Programm muss fähig sein, ein Ereignis anhand seiner Attribute mit einem extern gegebenen Wert abzugleichen.

Eine Kernfunktionalität zur Identifizierung der Prozessschwachstellen ist Mengenbildung anhand bestimmter Ereignisattribute und das Zählen der enthaltenen Elemente:

(6) Das Programm muss fähig sein, Aktivitäten mit bestimmten Attributen zu identifizieren und aus diesen Aktivitäten Mengen zu bilden.
(7) Das Programm muss fähig sein, die Elemente einer Menge zu zählen.

Die Attribute der Ereignisse müssen weiterverarbeitet werden. Dies geschieht durch einen Abgleich oder eine Bestimmung einer Kennzahl:

(8) Das Programm muss fähig sein, ein Ereignis anhand seiner Attribute mit einem anderen Ereignis abzugleichen.
(9) Das Programm muss fähig sein, aus den Attributen von einem oder mehreren Ereignissen Kennzahlen zu bilden.

Als Ergebnis muss das Programm identifizierte Prozessschwachstellen ausgeben:

(10) Das Programm muss fähig sein, einzelne Ereignisse, Ereignistupel und -mengen auszugeben.

Das Programm muss diese zehn Anforderungen als Kernfunktionalitäten erfüllen, um die Prozessschwachstellenmodelle an einem Eventlog auszuführen. Abbildung 5.7 illustriert die Funktionsanforderungen je Prozessschwachstellentyp.

Nr.	Anforderungen	Redundante Aktivität	Rückschleife	Ungewollte Aktivität	Übergangszeit	Unpassender Aktivitätenumfang	Parallelisierungs-potenzial
		Schwachstellentypen					
1	Das Programm muss fähig sein, Daten aus Eventlogs zu verwenden.	x	x	x	x	x	x
2	Das Programm muss fähig sein, einem Ereignis zugehörige Attribute zuzuordnen.	x	x	x	x	x	x
3	Das Programm muss fähig sein, die Ereignisse einer Prozessinstanz in eine chronologische Reihenfolge zu bringen.		x		x	x	x
4	Das Programm muss dem Anwendenden die Möglichkeit bieten, externe Werte vorzugeben.			x		x	
5	Das Programm muss fähig sein, ein Ereignis anhand seiner Attribute mit einem extern gegebenen Wert abzugleichen.			x		x	
6	Das Programm muss fähig sein, Aktivitäten mit bestimmten Attributen zu identifizieren und aus diesen Aktivitäten Mengen zu bilden.	x	x			x	x
7	Das Programm muss fähig sein, die Elemente einer Menge zu zählen.	x	x				
8	Das Programm muss fähig sein, ein Ereignis anhand seiner Attribute mit einem anderen Ereignis abzugleichen.	x	x	x	x	x	x
9	Das Programm muss fähig sein, aus den Attributen von einem oder mehreren Ereignissen Kennzahlen zu bilden.				x	x	
10	Das Programm muss fähig sein, einzelne Ereignisse, Ereignistupel und -mengen auszugeben.	x	x	x	x	x	x

Abbildung 5.7: Funktionsanforderungen je Prozessschwachstellentyp

5.1.2.3 Ausgabeform identifizierter Prozessschwachstellen

Zur Vervollständigung der Prozessschwachstellenmodelle gemäß Abbildung 5.2 ist noch die Ausgabeform zu bestimmen. Dabei wird zwischen Ereignissen, Ereignistupeln und Ereignismengen unterschieden. Im Fall „Ereignis" ist die Ausgabeform der Prozessschwachstelle das schwachstellenbehaftete Ereignis (z. B. Ungewollte Aktivität) innerhalb einer Prozessinstanz. Im Fall „Ereignistupel" wird je Prozessinstanz eine Kombination aus zwei zusammenhängenden Ereignissen als Prozessschwachstelle (z. B. Übergangszeit) ausgegeben. Im Fall „Ereignismengen" wird als Prozessschwachstelle eine Menge an nicht zwangsweise zusammenhängenden Ereignissen innerhalb einer Prozessinstanz ausgegeben. Für die Prozessschwachstellentypen ergeben sich folgende Ausgabeformen:

Tabelle 5.2: **Ausgabeform der Prozessschwachstellentypen**

Prozessschwachstellentyp	Art der Ausgabeform	Ausgabeform
Redundante Aktivität	**Menge von Ereignissen** innerhalb einer Prozessinstanz	$I_{SRED}(m^*, n^*)$
Rückschleife	**Menge von Ereignistupeln** innerhalb einer Prozessinstanz	$P_{SLOP}(m^*, n^*, \dots, n^{k*})$
Ungewollte Aktivität	**Menge von Ereignissen**	$I_{SUNW}(n^*)$
Unpassender Aktivitätenumfang	**Menge von Ereignissen**	$I_{SUNS}(n^*)$
Übergangszeit	**Menge von Ereignistupeln**	$P_{STRA}(n^*, n^{**})$
Parallelisierungspotenzial	**Menge von Ereignistupeln**	$P_{SPAR}(n^*, n^{**})$

In Tabelle 5.2 sind die Ausgabeinformationen der Prozessschwachstellentypen als Ereignis- bzw. Tupelmengen dargestellt. Bei einfachem Auftreten der Prozessschwachstellen innerhalb einer Prozessinstanz nimmt die Mächtigkeit dieser Mengen den Wert 1 an, sodass es sich um einzelne Ereignisse bzw. Ereignistupel handelt.

5.1.2.4 Prozessschwachstellenmodelle

Basierend auf den Datenbedarfen (vgl. Kapitel 5.1.1) wurden in den Kapiteln 5.1.2.1 bis 5.1.2.3 die weiteren Elemente der Prozessschwachstellenmodelle formalisiert. Die vollständigen Prozessschwachstellenmodelle in der angepassten IDEF0-Notation (vgl. Abbildung 5.2) sind für jeden Prozessschwachstellentypen in Abbildung 5.8 dargestellt.

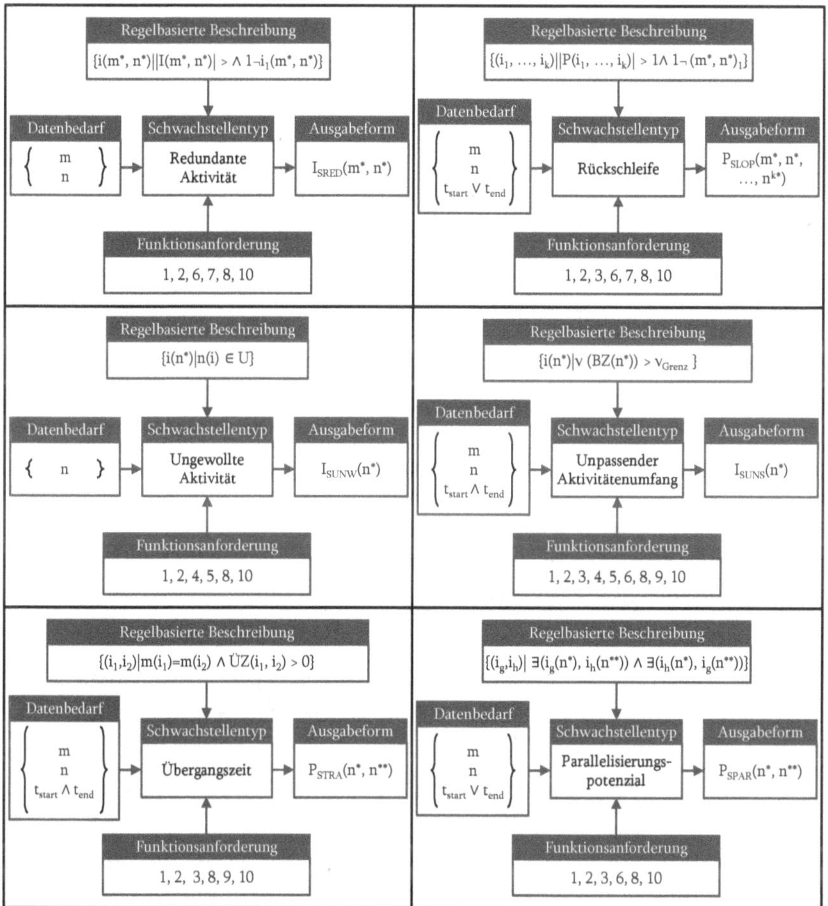

Variablen und Mengen:

$BZ(i)$	Durchführungszeit von Ereignis i
i	Ereignis
I	Ereignismenge
$I(m^*, n^*)$	Menge aller Ereignisse der Prozessinstanz m^* mit Aktivitätsbezeichnung n^*
(i_1, i_2)	Tupel der zwei aufeinanderfolgenden Ereignisse i_1 und i_2
(i_j, i_k)	Tupel der zwei Ereignisse i_j und i_k
$(i_1,\dots,i_k)$	Tupel der k Ereignisse i_1 bis i_k
m bzw. m^*	Prozessinstanz bzw. spezifische Prozessinstanz
n bzw. n^*	Aktivitätsbezeichnung bzw. spezifische Aktivitätsbezeichnung
P	Tupelmenge
$P(n_1,n_2)$	Menge aller Tupel der aufeinanderfolgenden Aktiväten n_1 und n_2
$P(n^*,n^{**})$	Menge aller Tupel der Aktiväten n^* und n^{**}
$P(m^*,n^*,\dots,n^k)$	Menge aller Tupel der Aktivitäten n^* bis n^k in der Prozessinstanz m^*
t_{start}	Startzeitstempel
t_{end}	Endzeitstempel
$ÜZ(i_1, i_2)$	Übergangszeit zwischen den Ereignissen i_1 und i_2
U	Menge aller Aktivitätenbezeichnungen ungewollter Aktivitäten
$v(BZ(n^*))$	Variationskoeffizient der Bearbeitungszeiten von $I(n^*)$
v_{Grenz}	Grenzwert des Variationskoeffizienten

Anforderungen an den Algorithmus:

Der Algorithmus muss ...

(1) ...fähig sein, Daten aus Eventlogs zu verwenden.
(2) ...fähig sein, einem Ereignis zugehörige Attribute zuzuordnen.
(3) ...fähig sein, die Ereignisse einer Prozessinstanz in eine chronologische Reihenfolge zu bringen.
(4) ...den Anwendenden die Möglichkeit bieten, externe Werte vorzugeben.
(5) ...fähig sein, ein Ereignis anhand seiner Attribute mit einem extern gegebenen Wert abzugleichen.
(6) ... fähig sein, Aktivitäten mit bestimmten Attributen zu identifizieren und aus diesen Aktivitäten Mengen zu bilden.
(7) ...fähig sein, die Elemente einer Menge zu zählen.
(8) ...fähig sein, ein Ereignis anhand seiner Attribute mit einem anderen Ereignis abzugleichen.
(9) ...fähig sein, aus den Attributen von einem oder mehreren Ereignissen Kennzahlen zu bilden.
(10) ...fähig sein, einzelne Ereignisse, Ereignistupel und -mengen auszugeben.

Abbildung 5.8: Modelle der Prozessschwachstellentypen

5.1.3 Quantifizierung der Prozessschwachstellenauswirkung

In den Kapiteln 5.1.1 und 5.1.2 wurde das Methodenwissen über die qualitative Prozessanalyse zu Prozessschwachstellenmodellen formalisiert. Der Zielsetzung dieser Arbeit folgend werden in diesem Kapitel die Auswirkungen identifizierter Prozessschwachstellen quantifiziert, um die qualitative und quantitative Prozessanalyse zu integrieren. Dazu werden zunächst die verwendeten Zeitarten vorgestellt. Im Anschluss werden für jeden Prozessschwachstellentyp die Auswirkungen ihres Auftretens auf die Prozesszeit qualitativ beschrieben und regelbasiert formalisiert.

5.1.3.1 Prozesszeitmodell

In Anlehnung an die in Kapitel 2.1.2 vorgestellten Zeitarten werden nachfolgend die relevanten Zeitpunkte und -arten für die Quantifizierung der Prozessschwachstellentypen festgelegt. Mit t werden Zeitpunkte eines Ereignisses i beschrieben. Dabei wird zwischen dem Startzeitpunkt $t_{start}(i)$ und dem Endzeitpunkt $t_{end}(i)$ unterschieden (vgl. Kapitel 5.1.2.1. Auf Ereignisebene wird zwischen der Bearbeitungszeit $BZ(i)$ (vgl. Formel 5.5 und der Übergangszeit $ÜZ(i_1, i_2)$ (vgl. Formel 5.8)- unterschieden. Auf Prozessinstanzebene wird zwischen der Zykluszeit und der Durchlaufzeit unterschieden. Die Zykluszeit ZZ_m ist die Summe aller Bearbeitungszeiten DZ und Übergangszeiten $ÜZ$ einer Prozessinstanz m. Die Zykluszeit gibt den Zeitaufwand zur Ausführung einer Prozessinstanz an. Sie ist unabhängig von parallelen Ereignissen und gibt daher keine Informationen über die Zeitdauer der Prozessausführung. Die Durchlaufzeit DLZ_m hingegen ist die Zeitspanne zwischen dem Beginn des ersten Ereignisses und dem Ende des letzten Ereignisses einer Prozessinstanz m. Sie gibt die Zeitdauer an, die zur Ausführung der Prozessinstanz benötigt wurde. Bei parallelen Ereignissen erfasst die Durchlaufzeit nur den kritischen Pfad und gibt daher keine Informationen über den Zeitaufwand der Prozessausführung. Definitionen der Zeitpunkte und -räume sind schematisch in Abbildung 5.9 dargestellt.

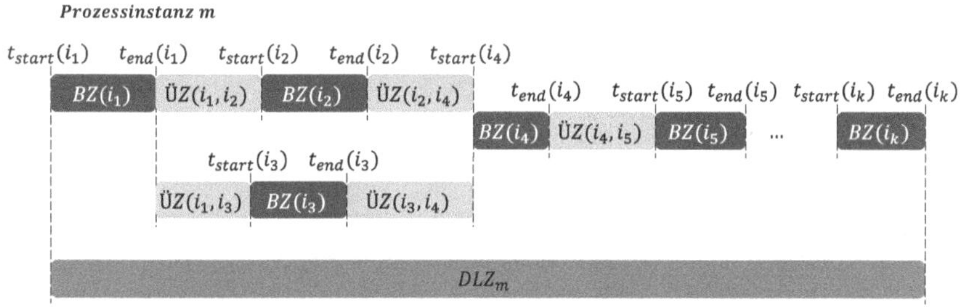

$BZ(i)$	Bearbeitungszeit von Ereignis i
$ÜZ(i_1, i_2)$	Übergangszeit von Ereignis i_1 zu Ereignis i_2
$DLZ(m)$	Durchlaufzeit von Prozessinstanz m
$ZZ(m)$	Zykluszeit der Prozessinstanz m (= Summe aller DZ und ÜZ in Prozessinstanz m)

Abbildung 5.9: Schematische Darstellung des Prozesszeitmodells

Tabelle 5.3 fasst die Berechnungsvorschriften der Zeitarten zusammen.

Tabelle 5.3: Zeitarten zur Prozessschwachstellenquantifizierung

Bezeichnung	**Ebene**	**Formel**
Bearbeitungszeit	Ereignisebene	$BZ(i) = t_{end}(i) - t_{start}(i)$
Übergangszeit	Ereignisebene	$ÜZ(i_1, i_2) = t_{start}(i_2) - t_{end}(i_1)$
Durchlaufzeit	Prozess(instanz)ebene	$DLZ(m) = \max_{i \in I_m} t_{end}(i) - \min_{i \in I_m} t_{start}(i)$
Zykluszeit	Prozess(instanz)ebene	$ZZ(m) = BZ(i_1) + \sum_{i \in I_m \neg i_1} (t_{end}(i) - t_{end}(i+1))$

Zur Quantifizierung der Prozessschwachstellen wird das schwachstellenbehaftete Ereignis als i_* bezeichnet. Bei schwachstellenbehafteten Ereignistupeln wird i_* für das erste schwachstellenbehaftete Ereignis verwendet. Das vorgelagerte Ereignis wird als i_{*-1}, das nachgelagerte Ereignis als i_{*+1} und das letzte Ereignis innerhalb einer Prozessschwachstelle als i_{*+k} bezeichnet. Die zeitliche Prozessschwachstellenauswirkung wird als Zeitraum durch die Variable T definiert.

5.1.3.2 Annahmen der Leistungsquantifizierung

Nachfolgende Quantifizierungsannahmen werden zur eindeutigen mathematischen Beschreibung der Auswirkungen je Prozessschwachstellentyp zugrundegelegt:

Quantifizierungsannahme (I) Der zu analysierende Eventlog ist um prozessual unmögliche Ereignisse bereinigt. Unrealistisch lange oder kurze Bearbeitungs- bzw. Übergangszeiten (z. B. aus Fehlbuchungen) liegen nicht vor.

Quantifizierungsannahme (II) Die Übergangszeit zwischen zwei aufeinanderfolgenden Ereignissen wird bei der Schwachstellenquantifizierung kalkulatorisch dem zweiten Ereignis zugeordnet. Eine Aufteilung der Übergangszeit auf die beiden Ereignisse des Tupels ist inhaltlich nicht möglich. Wenn bei der ersten Aktivität einer Prozessinstanz keine vorangehende Übergangszeit vorliegt, wird nur die Bearbeitungszeit zur Quantifizierung herangezogen.

Quantifizierungsannahme (III) Im chronologisch sortierten Eventlog aufeinanderfolgende Ereignisse (z. B. i_1 und i_2) folgen auch im realen Geschäftsprozess aufeinander. Die eventlogbasierte Prozessschwachstellenquantifizierung erfordert diese Annahme, da die Ableitung der Ereignisreihenfolge aus dem Eventlog ohne Process Mining Algorithmus nicht fundiert ist. Dieser ist über den Zeitstempel bzw. die Event-ID der Ereignisse einer Prozessinstanz zwar chronologisch sortierbar. Für parallele Prozesspfade lässt sich daraus jedoch keine eindeutige Vorgänger-Nachfolger-Beziehung herleiten.

Quantifizierungsannahme (IV) Als schwachstellenfreier Zustand wird für den Prozessschwachstellentyp *Unpassender Aktivitätenumfang* wird die kürzeste Ausführung dieser Aktivität aus allen Prozessinstanzen herangezogen. Dabei gilt Quantifizierungsannahme (I), nach der diese Zeit realistisch ist.

Quantifizierungsannahme (V) Als schwachstellenfreier Zustand wird für den Prozessschwachstellentyp *Übergangszeit* der Wert 0 [Sekunden] angenommen, da sie in vollem Umfang nicht-wertschöpfend ist. Ihre vollständige Elimination auf den Wert 0 [Sekunden] ist in der Praxis schwer und nur durch Integration zweier Aktivitäten erreichbar (vgl. Kapitel 2.3.2.2).

Quantifizierungsannahme (VI) Die Quantifizierung der Prozessschwachstellen erfolgt bezogen auf die Zykluszeit, um erhöhte Zeitaufwände in der Prozessausführung zu beschreiben. Die Quantifizierung in Bezug auf die Durchlaufzeit erfordert Kenntnis über parallele Prozesspfade, was anhand eines Eventlogs ohne Prozesssimulation nicht fundiert umsetzbar ist. Deshalb beschränkt sich die Quantifizierung auf eine Zykluszeitbetrachtung.

Diese sechs Annahmen bilden in Kombination mit den Definitionen aus Kapitel 5.2.1 die Grundlage, um nachfolgend die Quantifizierung der Schwachstellen- und Maßnahmentypen vorzunehmen.

5.1.3.3 Mathematische Formulierung der Auswirkungen

Nachfolgend werden je Prozessschwachstellentyp die spezifischen Quantifizierungsannahmen und Auswirkung bei einmaligem Auftreten auf die Prozesszeit erläutert. Zugehörige Schemata zur graphischen Darlegung der Auswirkungen werden für die ersten beiden Prozessschwachstellentypen *Redundante Aktivität* und *Rückschleife* aufgeführt, für alle weiteren Prozessschwachstellentypen befinden sie sich im Anhang (vgl. Kapitel 9.3). Auf dieser Basis werden die zeitlichen Auswirkungen des jeweiligen Prozessschwachstellentyps in einer mathematischen Formulierung formalisiert.

Redundante Aktivität (SRED)

Für die Quantifizierung des Prozessschwachstellentyps *Redundante Aktivität (SRED)* wird angenommen, dass die erste Ausführung der Aktivität innerhalb einer Prozessinstanz die „schwachstellenfreie" Prozesszeiten bestimmt und die Bearbeitungs- und Übergangszeiten der wiederholten Ausführung die Schwachstellenauswirkung darstellen (vgl. Abbildung 5.10; Erläuterung der Annahme s. Anhang Kapitel 9.2).

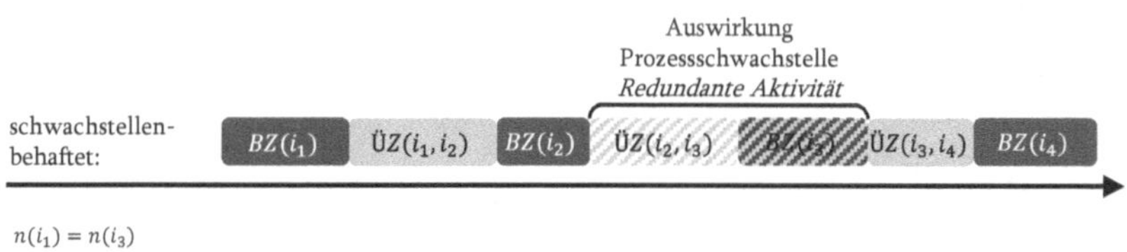

Abbildung 5.10: Prozessschwachstellenauswirkung: Redundante Aktivität

Die zeitliche Auswirkung durch den Prozessschwachstellentyp *Redundante Aktivität* umfasst demnach die Zeitspanne zwischen dem Endzeitpunkt des vorangegangenen Ereignisses i_{*-1} und dem Endzeitpunkt des schwachstellenbehafteten Ereignisses i_*. Für das erste Ereignis i_1 einer Prozessinstanz entfällt die vorgelagerte Übergangszeit. Formel 5.11 quantifiziert die Prozessschwachstellenauswirkung für beide Fälle:

Formel 5.11: Schwachstellenauswirkung: Redundante Aktivität

$$T_{SRED}(i_*, m) = \begin{cases} t_{end}(i_*, m) - t_{start}(i_*, m), für\ i = i_1 \\ t_{end}(i_*, m) - t_{end}(i_{*-1}, m), für\ i \in \{i_2, \dots, i_k\} \end{cases}$$
$$mit\ i_* \in I_{SRED}(m^*, n^*)$$

mit i_* Schwachstellenbehaftetes Ereignis (hier: redundante Aktivität)

i_{*-1} Dem schwachstellenbehafteten Ereignis vorgelagertes Ereignis

i_1 Erstes Ereignis der Prozessinstanz m

i_k Letztes Ereignis der Prozessinstanz m

m Prozessinstanz, in der die Prozessschwachstelle auftritt

Rückschleife $(SLOP)$

Für den Prozessschwachstellentyp *Rückschleife* $(SLOP)$ wird angenommen, dass die erste Ausführung der Aktivitätensequenz einen Großteil der Aktivitätenumfänge in korrekter Ausführung enthält und erst ihre Wiederholung schwachstellenbehaftet ist (vgl. Abbildung 5.11; Erläuterung der Annahme s. Anhang Kapitel 9.2).

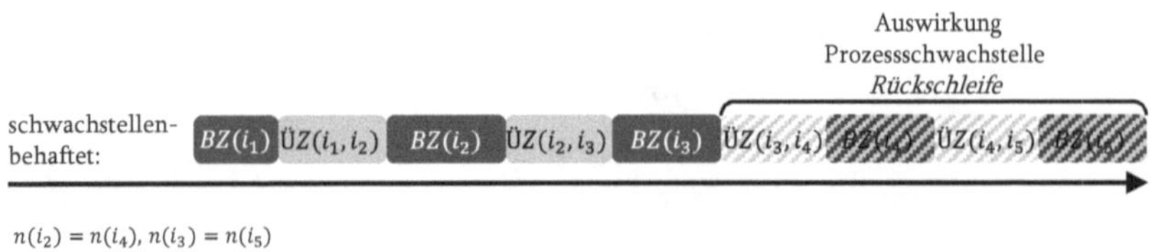

Abbildung 5.11: Prozessschwachstellenauswirkung: Rückschleife

Als Prozessschwachstellenauswirkung gelten alle Übergangs- und Bearbeitungszeiten innerhalb der Rückschleife. Dies umfasst den Zeitraum von Beginn des ersten Ereignisses i_* bis zum Ende des letzten Ereignisses der Rückschleife i_{*+k}. Die Quantifizierung erfolgt auf Prozessinstanzebene, da mehrere Ereignisse betroffen sind.

Formel 5.12: Schwachstellenauswirkung: Rückschleife

$$T_{SLOP}(i_*, \dots, i_{*+k}, m) = t_{end}(i_{*+k}, m) - t_{start}(i_*, m)$$

$$mit\ (i_*, \dots, i_{*+k}) \in P_{SLOP}(m^*, n^*, \dots, n^{k*})$$

mit i_* Erstes Ereignis in der schwachstellenbehafteten Aktivitätensequenz

i_{*+k} Letztes Ereignis in der schwachstellenbehafteten Aktivitätensequenz

n^{k*} Aktivitätsbezeichnung der letzten Aktivität in der Rückschleife

Ungewollte Aktivität $(SUNW)$

Beim Prozessschwachstellentyp *Ungewollte Aktivität* $(SUNW)$ gelten alle verbundenen Bearbeitungs- und Übergangszeiten des auftretenden Ereignis als Prozessschwachstelle. Für das erste Ereignis i_1 einer Prozessinstanz entfällt die vorgelagerte Übergangszeit. Die Quantifizierung erfolgt auf Ereignisebene (vgl. Formel 5.13):

Formel 5.13: Schwachstellenauswirkung: Ungewollte Aktivität

$$T_{SUNW}(i_*, m) = \begin{cases} t_{end}(i_*, m) - t_{start}(i_*, m), für\ i = i_1 \\ t_{end}(i_*, m) - t_{end}(i_{*-1}, m), für\ i \in \{i_2, \dots, i_k\} \end{cases}$$

$$mit\ i_* \in I_{SUNW}(n^*)$$

Die Auswirkung des Prozessschwachstellentyps *Unpassender Aktivitätenumfang (SUNS)* wird durch die Differenz der Bearbeitungszeit eines betroffenen Ereignisses mit der minimal erfassten Bearbeitungszeit für dieselbe Aktivität in allen Prozessinstanzen quantifiziert. Die minimal erfasste Bearbeitungszeit wird dabei als beste realistische Ausführung einer Aktivität und demnach als schwachstellenfreier Zustand angenommen (vgl. Quantifizierungsannahme (I) und Quantifizierungsannahme (IV) in Kapitel 5.1.3.2). Die Quantifizierung erfolgt auf Ereignisebene wie folgt:

Formel 5.14: Schwachstellenauswirkung: Unpassender Aktivitätenumfang

$$T_{SUNS}(i_*, m) = t_{end}(i_*, m) - t_{start}(i_*, m) - \min_{m \in M}(t_{end}(i_*, m) - t_{start}(i_*, m))$$

$$mit\ i_* \in I_{SUNS}(n^*)$$

mit M Menge aller Prozessinstanzen m des untersuchten Geschäftsprozesses

Übergangszeit (STRA)

Als Auswirkung des Prozessschwachstellentyp *Übergangszeit (STRA)* wird die gesamte Zeit zwischen zwei Ereignissen angenommen (vgl. Quantifizierungsannahme (V)). Als schwachstellenbehaftetes Ereignis, anhand dessen die Quantifizierung der Prozessschwachstelle Übergangszeit erfolgt, gilt gemäß Quantifizierungsannahme (II) das auf die Übergangszeit folgende Ereignis (vgl. Formel 5.15).

Formel 5.15: Schwachstellenauswirkung: Übergangszeit

$$T_{STRA}(i_{*-1}, i_*, m) = t_{start}(i_*, m) - t_{end}(i_{*-1}, m)$$

$$mit\ (i_*, i_{*-1}) \in P_{STRA}(n^*, n^{**})$$

mit (i_*, i_{*-1}) Ereignistupel, zwischen dessen Ereignissen die *Übergangszeit* liegt

Parallelisierungspotenzial (SPAR)

Der Prozessschwachstellentyp *Parallelisierungspotenzial (SPAR)* identifiziert potenziell parallelisierbare Ereignissequenzen, die in Prozessinstanzen sequenziell auftreten (vgl. Kapitel 2.3.1.3 und Kapitel 5.1.2.1). Im Unterschied zu den übrigen Prozessschwachstellentypen hat das *Parallelisierungspotenzial* keine Auswirkungen auf die Zykluszeit, da der daraus verursachte Zeitverlust nicht die Zeitdauer, sondern nur den Zeitpunkt von Ereignissen betrifft. Mangels Auswirkung auf die Zykluszeit wird die Parallelisierung nicht für die Berechnung der Geschäftsprozessleistung berücksichtigt. Die Auswirkungen auf die Durchlaufzeit sind im Anhang erläutert (vgl. Kapitel 9.4).

Tabelle 5.4 fasst die Quantifizierung der Prozessschwachstellenauswirkungen auf die Zykluszeit zusammen. Diese gelten jeweils für das einmalige Auftreten eines Prozessschwachstellentyps an einem Ereignis(-tupel) innerhalb einer Prozessinstanz.

Tabelle 5.4: Prozessschwachstellenauswirkungen auf Ereignisebene

Zeitliche Prozessschwachstellenauswirkung auf Ereignisebene
Redundante Aktivität:
$T_{SRED}(i_*, m) = \begin{cases} t_{end}(i_*, m) - t_{start}(i_*, m), für\ i = i_1 \\ t_{end}(i_*, m) - t_{end}(i_{*-1}, m), für\ i \in \{i_2, \dots, i_k\} \end{cases}$ $mit\ i_* \in I_{SRED}(m^*, n^*)$
Rückschleife:
$T_{SLOP}(i_*, \dots, i_{*+k}, m) = t_{end}(i_{*+k}, m) - t_{start}(i_*, m)$ $mit\ (i_*, \dots, i_{*+k}) \in P_{SLOP}(m^*, n^*, \dots, n^{k*})$
Ungewollte Aktivität:
$T_{SUNW}(i_*, m) = \begin{cases} t_{end}(i_*, m) - t_{start}(i_*, m), für\ i = i_1 \\ t_{end}(i_*, m) - t_{end}(i_{*-1}, m), für\ i \in \{i_2, \dots, i_k\} \end{cases}$ $mit\ i_* \in I_{SUNW}(n^*)$
Unpassender Aktivitätenumfang:
$T_{SUNS}(i_*, m) = t_{end}(i_*, m) - t_{start}(i_*, m) - \min_{m \in M}(t_{end}(i_*, m) - t_{start}(i_*, m))$ $mit\ i_* \in I_{SUNS}(n^*)$
Übergangszeit:
$T_{STRA}(i_{*-1}, i_*, m) = t_{start}(i_*, m) - t_{end}(i_{*-1}, m)$ $mit\ (i_*, i_{*-1}) \in P_{STRA}(n^*, n^{**})$
Parallelisierungspotenzial:
Keine Auswirkung auf die Zykluszeit; Auswirkung auf die Durchlaufzeit s. Anhang Kapitel 9.4

Anhand dieser Quantifizierungsregeln können die mithilfe der Prozessschwachstellenmodelle (vgl. Abbildung 5.8) identifizierten Prozessschwachstellen bezüglich ihrer Auswirkungen auf die Prozesszeit quantifiziert werden.

5.2 Modelle zur Ableitung und Quantifizierung von Maßnahmen

In diesem Kapitel wird zur Formalisierung der Prozessgestaltung die datenbasierte Ableitung und Quantifizierung von Maßnahmen modelliert. Das Lösungsmodul gliedert sich in zwei Schritte, die Maßnahmenableitung und die Maßnahmenquantifizierung.

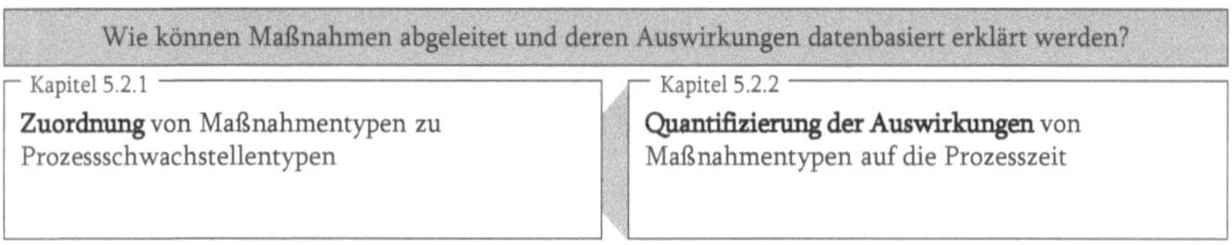

Abbildung 5.12: Übersicht: Zweites Lösungsmodul „Prozessgestaltung“

Im ersten Schritt werden für die Prozessgestaltung relevante Maßnahmentypen (vgl. Kapitel 2.3.2.2) den Prozessschwachstellentypen des ersten Lösungsmoduls zugeordnet (vgl. Kapitel 5.2.1). Diese Zuordnung formalisiert das qualitative Methodenwissen zur Maßnahmenableitung und befähigt eine Automatisierung. Sie beschreibt in der resultierenden Prozessschwachstellen-Maßnahmen-Matrix, welche Maßnahmentypen geeignet sind, einen Prozessschwachstellentyp zu beheben oder dessen zeitliche Auswirkung zu verkleinern. Im zweiten Schritt werden analog zum ersten Lösungsmoduls die zeitlichen Auswirkungen für die Maßnahmentypen quantifiziert (vgl. Kapitel 5.2.2). Dies erfolgt in Anlehnung an Vorarbeiten[402] und analog zur Prozessschwachstellenquantifizierung aus dem ersten Lösungsmodul. Durch die Formalisierung der Maßnahmenquantifizierung wird das Potenzial von Maßnahmen zur Reduktion der Zeitverluste durch Prozessschwachstellentypen datenbasiert bestimmbar. Das methodische Vorgehen des zweiten Lösungsmoduls wurde in Kapitel 4.3.2 vorgestellt.

5.2.1 Zuordnung von Maßnahmen zu Prozessschwachstellentypen

In der Prozessgestaltung werden Maßnahmen bestimmt, um die in der Prozessanalyse identifizierten Prozessschwachstellen zu beheben und die Geschäftsprozessleistung zu

[402] Vgl. Schopen, M. et al. (2023) Data-based Measure Derivation for Business Process Design, S. 570 - 571.

steigern (vgl. Kapitel 2.3.2). Dazu müssen die prozessstrukturellen Eigenschaften und die zeitlichen Auswirkungen von Prozessschwachstellentypen bekannt sein (vgl. Kapitel 5.1). Aufbauend darauf wird für die in Kapitel 2.3.2.2 definierten Maßnahmentypen geprüft werden, ob und zu welchem Ausmaß sie einen Prozessschwachstellentypen beheben. Dies erfolgt durch Expertenwissen des Autors und anhand der in den Kapiteln 2.3.1.3, 2.3.2.2 und 5.1 beschriebenen Eigenschaften von Prozessschwachstellentypen und Maßnahmentypen.

Bei der Zuordnung von Maßnahmentypen zu Prozessschwachstellentypen ist zu beachten, dass an einem Ereignis möglicherweise mehrere Prozessschwachstellen auftreten. Beispielsweise können innerhalb des Prozessschwachstellentyps *Rückschleife* die Prozessschwachstellentypen *Unpassender Aktivitätenumfang* oder *Übergangszeit* auftreten. Eine Behebung dieser beiden Prozessschwachstellen würde die zeitliche Auswirkung der *Rückschleife* reduzieren, sie jedoch nicht ursächlich beheben. Demnach wird ein Maßnahmentyp ausschließlich denjenigen Prozessschwachstellentypen zugeordnet, die er hinsichtlich ihrer prozessstrukturellen Eigenschaft behebt.

Zusätzlich sei darauf hingewiesen, dass die Maßnahmentypen kontextunabhängig vom zu untersuchenden Geschäftsprozess, Unternehmen, o.ä. sind. Dies ist erforderlich, um die kontextunabhängige Anwendbarkeit der Entscheidungsunterstützung basierend auf formalisiertem Methodenwissen sicherzustellen (vgl. Kapitel 4.2). Für den Anwendungsfall in der Praxis bedeutet dies, dass generische Maßnahmen zur Behebung identifizierter Prozessschwachstellen datenbasiert vorgeschlagen werden, die Umsetzung einer ausgewählten Maßnahme jedoch eine Operationalisierung im Anwendungskontext erfordert. Beispielsweise wäre für eine Prozessschwachstelle *Ungewollte Aktivität* (bspw. Ausdrucken einer Bestellung) der Maßnahmentyp *Aktivitätenelimination* eine geeignete Maßnahme. In der betrieblichen Praxis müsste nun operationalisiert werden, wie die redundante Aktivität eliminiert werden kann (bspw. durch digitale Übermittlung der Bestellung). Dies erklärt, weshalb es nur sechs kontextunabhängige generische Maßnahmentypen gibt (vgl. Kapitel 2.3.2.2), die kontextabhängigen Lösungen zur Umsetzung in der Praxis jedoch sehr vielfältig sein können.

Der Prozessschwachstellentyp *Redundante Aktivität* beschreibt die Wiederholung einer Aktivität innerhalb einer Prozessinstanz. Unter den in Kapitel 2.3.2.2 definierten Maßnahmentypen eignet sich der Maßnahmentyp *Aktivitätenelimination* zur vollständigen Behebung dieses Prozessschwachstellentyps, da die wiederholte Aktivitätenausführung bei korrekter Prozessausführung nicht notwendig ist und als schwachstellenbehaftet angenommen wird. Der Maßnahmentyp *Beschleunigung* würde die Schwachstellenauswirkung einer redundanten Aktivität kalkulatorisch zu Teilen reduzieren. Da inhaltlich jedoch die wiederholte Ausführung einer Aktivität nicht vorkommen sollte, behebt der Maßnahmentyp *Beschleunigung* nicht den ursächlichen Prozessschwachstellentyp und ist demnach ungeeignet. Der Maßnahmentyp *Iterationsvermeidung* bezieht sich nicht auf Einzelereignisse, sondern Ereignissequenzen.

Der Prozessschwachstellentyp *Rückschleife* beschreibt die Wiederholung von Aktivitätensequenzen innerhalb einer Prozessinstanz, wobei die wiederholte Ausführung der Aktivitätensequenz als schwachstellenbehaftet angenommen wird (vgl. Kapitel 5.1.3.). Aus den in Kapitel 2.3.2.2 definierten Maßnahmentypen behebt der Maßnahmentyp *Iterationsvermeidung* diesen Prozessschwachstellentypen vollständig. Zur Operationalisierung müssen die Ursachen für die Wiederholung der Aktivitätensequenz (z. B. unvollständige oder fehlerhafte Ausführung von vorangehenden Aktivitäten) behoben werden. Die Maßnahmentypen *Beschleunigung*, *Integration* und *Übergangszeitenreduktion* würden Schwachstellenauswirkung der Rückschleife zwar reduzieren, aber lediglich „Symptombehandlungen" darstellen. Zudem würden Ressourcen für die Reduzierung von Bearbeitungs- und Übergangszeiten aufgewendet, die eigentlich nicht existieren dürften.

Der Prozessschwachstellentyp *Ungewollte Aktivität* beschreibt das Auftreten nichtwertschöpfende, „ungewollter" Aktivitäten. Analog zum Prozessschwachstellentyp *Redundante Aktivität* eignet sich zu dessen Behebung der Maßnahmentyp *Aktivitätenelimination*. Die Maßnahmentypen *Beschleunigung*, *Integration* und *Reduzierung der Übergangszeit* würden auch in diesem Fall die Auswirkung der ungewollten Aktivität reduzieren. Da dies jedoch einen Ressourceneinsatz für nicht-wertschöpfende, „ungewollte" Aktivitäten impliziert, sind diese Maßnahmentypen nicht geeignet.

Der Prozessschwachstellentyp *Unpassender Aktivitätenumfang* identifiziert Aktivitäten mit prozessinstanzübergreifend stark variierenden Bearbeitungszeiten. Dies dient als Indiz für eine geringe Standardisierung der Aktivitätenausführung. Die Ursachen dafür können im Analysekontext vielfältig sein (z. B. personenabhängige Aktivitätenausführung, schwankende Qualität des Prozessobjekts). Ein Maßnahmentyp zur Adressierung dieses Prozessschwachstellentyps erfordert die (kontextabhängige) Standardisierung der Aktivitätenausführung zur Stabilisierung der Bearbeitungszeit der untersuchten Aktivität auf einen möglichst hohen Wert. Aus den in Kapitel 2.3.2.2

katalogisierten Maßnahmentypen eignet sich der Maßnahmentyp *Beschleunigung* zur Adressierung des Prozessschwachstellentyps *Unpassender Aktivitätenumfang*. Dieser beschreibt die Reduktion der Bearbeitungszeit von Prozessaktivitäten, wobei Standardisierung eine der Umsetzungsmöglichkeiten darstellt. Für den Kontext dieser Arbeit soll für Aktivitäten mit unpassendem Aktivitätenumfang angenommen werden, dass durch den Maßnahmentyp *Beschleunigung* die Prozessaktivität zukünftig immer mit einer stabilen Bearbeitungszeit ausgeführt wird. Durch diese Standardisierung sinkt der Variationskoeffizient der Bearbeitungszeiten dieser Aktivität kalkulatorisch auf den Wert Null, in der Praxis sind geringfügige Schwankungen nicht gänzlich vermeidbar. Weitere Maßnahmentypen sind nicht geeignet.

Der Prozessschwachstellentyp *Übergangszeit* umfasst den Zeitraum zwischen zwei sequenziellen Ereignissen und wird als nicht-wertschöpfend angenommen. Zur Adressierung dieses Prozessschwachstellentyps eignen sich zwei der in Kapitel 2.3.2.2 eingeführten Maßnahmentypen. Durch den Maßnahmentypen *Integration* werden zwei sequenziell auftretende Prozessaktivitäten zu einer Prozessaktivität verbunden und damit die dazwischenliegende Übergangszeit vollständig eliminiert. Dies erfordert neben der Elimination der Liegezeit auch, dass die beiden Prozessaktivitäten am selben Ort ausgeführt werden oder zwischen ihnen keine Transportzeit erforderlich ist. Ist die vollständige Integration von zwei aufeinanderfolgenden Prozessaktivitäten nicht möglich (z. B. aufgrund unvermeidbarer Transporte), ist der Maßnahmentyp *Übergangszeitenreduktion* eine Alternative. Dabei werden die Prozessschwachstelle, ihre Ursache und ihre Auswirkung jedoch nur zu Teilen behoben.

Ein *Parallelisierungspotenzial* beschreibt sequenzielle Aktivitätenfolgen, die möglicherweise zeitparallel ausführbar sind. Als einziger Prozessschwachstellentyp hat das *Parallelisierungspotenzial* keine Prozessleistungsverluste in Bezug auf die Zykluszeit, sondern nur auf die Durchlaufzeit (vgl. Kapitel 5.1.3.3). Das *Parallelisierungspotenzial* indiziert eine unnötig lange Durchlaufzeit durch sequenzielle Ausführung von Aktivitäten, die offenbar keine sequenzielle Ausführung erfordern und gleichzeitig ausgeführt werden könnten. Folglich ergibt sich die *Parallelisierung* als geeigneter Maßnahmentyp zur Adressierung dieses Prozessschwachstellentyps. Dieser Maßnahmentyp beschreibt die zeitgleiche Ausführung der betrachteten Prozessaktivitäten. Dadurch wird die Durchlaufzeit dieses Prozessabschnitts nur noch durch den kritischen Pfad mehrerer paralleler Prozesspfade und nicht mehr die Summe sämtlicher

Bearbeitungs- und Übergangszeiten der betroffenen Aktivitäten bestimmt. Die Zykluszeit wird durch diesen Maßnahmentyp nicht verändert. Weitere Maßnahmentypen eignen sich für diesen Prozessschwachstellentyp nicht.

Die Zuordnung von Maßnahmentypen zu Prozessschwachstellentypen wird in einer Matrix konsolidiert, wobei das Kreuz eine Eignung darstellt (vgl. Abbildung 5.13):

Prozessschwachstellentypen	Maßnahmentypen					
	Aktivitätenelimination	Iterationsvermeidung	Beschleunigung	Integrieren	Übergangszeitenreduktion	Parallelisierung
Redundante Aktivität	⊗					
Rückschleife		⊗				
Ungewollte Aktivität	⊗					
Unpassender Aktivitätenumfang			⊗			
Übergangszeit				⊗	⊗	
Parallelisierungspotenzial						⊗

⊗ = Eignung des Maßnahmentyps zur Behebung des Prozessschwachstellentyps

Abbildung 5.13: Prozessschwachstellentypen-Maßnahmentypen-Matrix

Durch diese Zuordnung wird das Methodenwissen zur Maßnahmenableitung für Prozessschwachstellen im Rahmen der Prozessgestaltung formalisiert. Diese Standardisierung der Lösungsfindung befähigt die Automatisierung der Maßnahmenableitung.

5.2.2 Quantifizierung von Maßnahmenpotenzialen

Im vorangegangenen Kapitel 5.2.1 wurde Methodenwissen zur qualitativen Prozessgestaltung formalisiert. Dies befähigt aufbauend auf der formalisierten Prozessanalyse (vgl. Kapitel 5.1) eine datenbasierte Ableitung von Maßnahmen zur Behebung von Prozessschwachstellen in einem Geschäftsprozess. In der Prozessgestaltung wird häufig eine Vielzahl von Maßnahmen abgeleitet. Durch die datenbasierte Prozessschwachstellenidentifizierung und Maßnahmenableitung in großen Prozessmodellen ist ein weiterer Anstieg von geeigneten Maßnahmen erwartbar. Eine aufwandsgerechte Prozessgestaltung erfordert die Priorisierung dieser Maßnahmen. Datenbasiert wird eine Priorisierung nach dem erwarteten Nutzenpotenzial einer Maßnahme möglich. Der Ressourcenaufwand zur Maßnahmenumsetzung ist anhand von Eventlogs nicht erfassbar, u. a. da dies von der Maßnahmenoperationalisierung im konkreten Geschäftsprozess abhängt. Zur Bewertung des Nutzenpotenzials von Maßnahmen der

Prozessgestaltung sollen im nachfolgenden Kapitel analog zu Kapitel 5.1.3 die Auswirkungen der vorgestellten Maßnahmentypen anhand von Eventlog-Daten quantifiziert werden. Die verwendeten Zeitarten, Prozesszeitmodelle und Quantifizierungsannahmen aus den Kapiteln 5.1.3.1 sowie Kapitel 5.1.3.2 gelten analog.

Die Quantifizierung der Maßnahmenpotenziale als zeitliche Maßnahmenauswirkungen erfolgt retrograd-kalkulatorisch anhand vergangener Prozessausführungen im Sinne einer „Was-wäre-wenn"-Logik. Dabei wird für die vorliegenden Prozessinstanzen des Prozessmodells kalkuliert, welche zeitliche Auswirkung die Umsetzung der jeweiligen Maßnahme gehabt hätte. Ergänzend zu den bereits vorgestellten Quantifizierungsannahmen (Kapitel 5.1.3.2) folgt aus Quantifizierungsannahme (I), dass die nach der Datenvorverarbeitung verbleibenden Bearbeitungs- bzw. Übergangszeiten technisch und organisatorisch erreichbar sind.

Nachfolgend werden je Maßnahmentyp die spezifischen Quantifizierungsannahmen erläutert und die Maßnahmenauswirkung schematisch skizziert. Auf dieser Basis werden die zeitlichen Auswirkungen des jeweiligen Prozessschwachstellentyps in einer mathematischen Formulierung formalisiert. Dabei wird die Quantifizierung immer für eine Prozessinstanz beschrieben, die Aggregationslogik für Zeitverluste und Nutzenpotenziale wird in Kapitel 5.3 erläutert. Die mathematische Formulierung beschreibt für eine historische Prozessinstanz die retrograd-kalkulatorische Zeiteinsparung, als ob die jeweilige Maßnahme durchgeführt worden wäre.

Aktivitätenelimination (MELI)

Der Maßnahmentyp *Aktivitätenelimination (MELI)* adressiert die Prozessschwachstellentypen *Redundante Aktivität* und *Ungewollte Aktivität*. Diese Aktivitäten tauchen nach Umsetzung der Maßnahme nicht mehr in Prozessinstanzen auf. Um das daraus entstehende Potenzial als zeitliche Auswirkung des Maßnahmentyps auf Ebene einer Prozessinstanz zu quantifizieren, wird in vergangenen Prozessinstanzen das schwachstellenbehaftete Ereignis eliminiert. Beim Prozessschwachstellentyp *Redundante Aktivität* betrifft dies die wiederholten Aktivitätenausführungen, beim Prozessschwachstellentyp *Ungewollte Aktivität* die Ereignisse mit der ungewollten Aktivitätsbezeichnung (vgl. Kapitel 5.1.3.3). Neben der Bearbeitungszeit des zu eliminierenden Ereignisses entfällt gemäß Quantifizierungsannahme (II) die vorangehende Übergangszeit. Daher wird die zeitliche Auswirkung des Maßnahmentyps *Aktivitätenelimination* schematisch wie folgt skizziert:

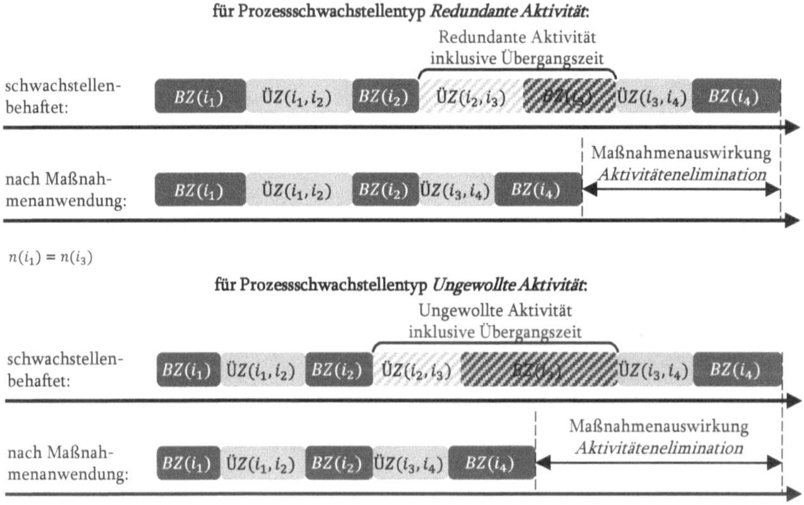

Abbildung 5.14: Maßnahmenauswirkung: Aktivitätenelimination

Dabei ist zu beachten, dass durch die Elimination einer schwachstellenbehafteten Aktivität i_* zukünftig die Aktivitäten i_{*-1} und i_{*+1} aufeinanderfolgen, deren gemeinsame Übergangszeit $ÜZ(i_{*-1}, i_{*+1})$ aus den untersuchten Prozessinstanzen häufig nicht bekannt ist. Gemäß Quantifizierungsannahme (III) verbleibt in diesem Fall die Übergangszeit vor Aktivität i_{*+1}, d. h. $ÜZ(i_*, i_{*+1})$. Die zeitliche Auswirkung, d. h. das Zykluszeitpotenzial des Maßnahmentyps *Aktivitätelimination*, bestimmt sich für eine Prozessinstanz retrograd-kalkulatorisch durch die Zeitspanne zwischen dem Endzeitpunkt des vorangegangenen Ereignisses und dem Ende des zu eliminierenden Ereignisses, wie Formel 5.16 mathematisch abbildet:

Formel 5.16: Maßnahmenauswirkung: Aktivitätenelimination

$$T_{MELI}(i_*, m) = \begin{cases} t_{end}(i_*, m) - t_{start}(i_*, m), für\ i = i_1 \\ t_{end}(i_*, m) - t_{end}(i_{*-1}, m), für\ i \in \{i_2, \dots, i_k\} \end{cases}$$

$$mit\ i_* \in I_{SRED}(m^*, n^*)$$

$$bzw.\, i_* \in I_{SUNW}(n^*)$$

mit i_* Schwachstellenbehaftetes Ereignis, das eliminiert wird

Iterationsvermeidung (MITE)

Der Maßnahmentyp *Iterationsvermeidung (MITE)* eignet sich zur Anwendung auf den Prozessschwachstellentyp *Rückschleife*. Dabei soll die zweite Ausführung der Aktivitätensequenz eliminiert werden (vgl. Kapitel 5.1.3.3). Das retrograd-kalkulatorische Potenzial dieses Maßnahmentyps ergibt sich aus den Bearbeitungs- und Übergangszeiten der wiederholenden Aktivitätensequenz. Daher wird die zeitliche Auswirkung des Maßnahmentyps *Iterationsvermeidung* schematisch wie folgt skizziert:

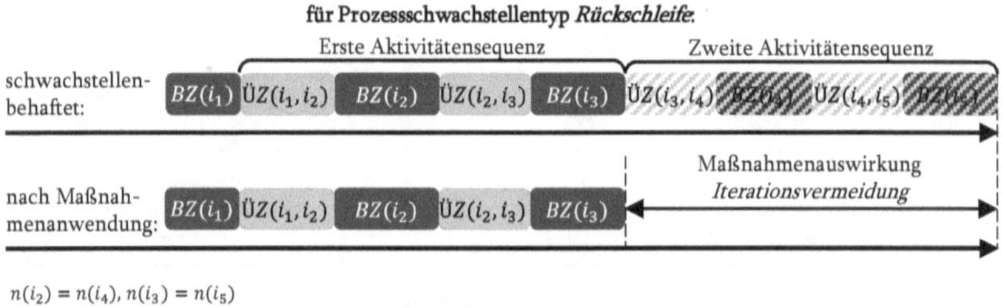

Abbildung 5.15: Maßnahmenauswirkung: Iterationsvermeidung

Analog zum Maßnahmentyp *Aktivitätenelimination* ist zu beachten, dass durch die Elimination einer Aktivitätensequenz zukünftig Aktivitäten aufeinanderfolgen, deren gemeinsame Übergangszeit aus den untersuchten Prozessinstanzen nicht bekannt ist. Gemäß Quantifizierungsannahme (III) verbleibt in diesem Fall die Übergangszeit vor der ersten Aktivität hinter der Rückschleife. Die zeitliche Auswirkung des Maßnahmentyps *Iterationsvermeidung* bestimmt sich für die untersuchten Prozessinstanzen retrograd-kalkulatorisch durch die Summe aller Zeiten innerhalb der Rückschleife. Diese sind jeweils die Zeitspanne zwischen dem Endzeitpunkt des vorangegangenen Ereignisses und dem Ende des zu eliminierenden Ereignisses für alle Ereignisse innerhalb der Rückschleife. Formel 5.17 beschreibt diesen Zusammenhang mathematisch.

Formel 5.17: Maßnahmenauswirkung: Iterationsvermeidung

$$T_{MITE}(i_*, \ldots, i_{*+k}, m) = t_{end}(i_{*+k}, m) - t_{start}(i_*, m)$$

$$mit\ (i_*, \ldots, i_{*+k}) \in P_{SLOP}(m^*, n^*, \ldots, n^{k*})$$

Beschleunigung (MBES)

Der Maßnahmentyp *Beschleunigung (MBES)* adressiert den Prozessschwachstellentyp *Unpassender Aktivitätenumfang*. Konkret bedeutet dies, dass die betroffene Aktivität bei zukünftigen Prozessausführungen immer gleichbleibend so schnell ausgeführt wird, wie die schnellste bzw. ein bei Anwendung festzulegendes Quantil der schnellsten Aktivitätenausführungen in historischen Prozessinstanzen. Abbildung 5.16 skizziert die zeitliche Auswirkung des Maßnahmentyps schematisch.

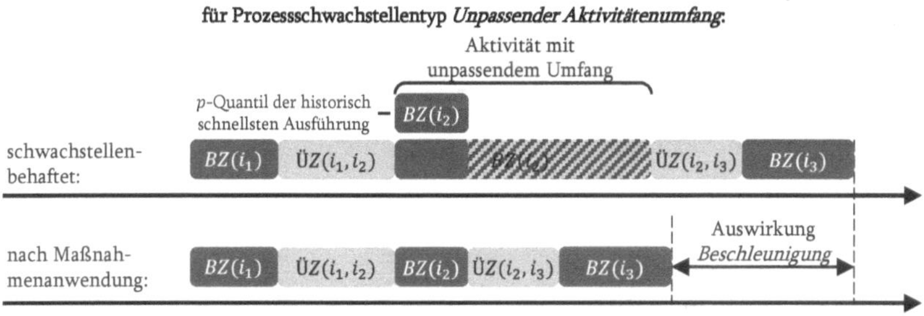

Abbildung 5.16: Maßnahmenauswirkung: Beschleunigung

Für den Maßnahmentyp *Beschleunigung* berechnet sich die Maßnahmenauswirkung für die untersuchten Prozessinstanzen retrograd-kalkulatorisch durch die Differenz der Bearbeitungszeiten zwischen dem betroffenen Ereignis und dem Referenzereignis. Das Referenzereignis ist ein Ereignis derselben Aktivitätsbezeichnung über alle Prozessinstanzen des untersuchten Prozessmodells mit der Ziel-Bearbeitungszeit. Die Ziel-Bearbeitungszeit ist dabei ein Quantil der Verteilung aller Bearbeitungszeiten dieser Aktivität über alle betrachteten Prozessinstanzen. Formel 5.18 beschreibt den mathematischen Zusammenhang für eine Prozessinstanz:

Formel 5.18: Maßnahmenauswirkung: Beschleunigung

$$T_{MBES}(i_*, m) = t_{end}(i_*, m) - t_{start}(i_*, m) - Q_{p,m\in M}\big(t_{end}(i_*, m) - t_{start}(i_* m)\big)$$

$$mit\ i_* \in I_{SUNS}(n^*)$$

mit Q_p Ausgewähltes Quantil mit $p \in \mathbb{Q}\ [0,1]$

Integrieren (MINT)

Die Maßnahme *Integrieren (MINT)* werden zwei sequenzielle Aktivitäten verbunden, sodass die sich dazwischen befindende *Übergangszeit* als Prozessschwachstellentyp entfällt. Es wird dabei angenommen, dass dies keinen zeitlichen Einfluss auf die Bearbeitungszeiten beider Aktivitäten oder die Übergangszeit vor der ersten Aktivität und nach der letzten Aktivität besitzt. Die prozessstrukturelle Auswirkung des Maßnahmentyps *Integrieren* lässt sich dann schematisch wie folgt skizzieren:

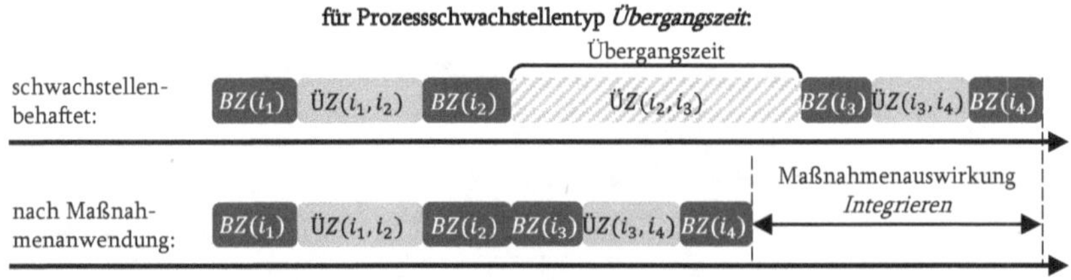

Abbildung 5.17: Maßnahmenauswirkung: Integrieren

Das Zeitpotenzial durch das *Integrieren* zweier Prozessaktivitäten entspricht der dazwischen befindlichen Übergangszeit (vgl. Formel 5.19):

Formel 5.19: Maßnahmenauswirkung: Integrieren

$$T_{MINT}(i_{*-1}, i_*, m) = t_{start}(i_*, m) - t_{end}(i_{*-1}, m)$$

$$mit\ (i_*, i_{*-1}) \in P_{STRA}(n^*, n^{**})$$

Übergangszeitenreduktion (MÜRE)

Für den Fall, dass zwei Aktivitäten nicht vollständig integrierbar sind, bietet sich der Maßnahmentyp *Übergangszeitenreduktion (MÜRE)* an. Dabei soll analog zum Maßnahmentyp *Beschleunigung* eine zeitliche Beschleunigung auf einen Referenzwert erfolgen. Für den Maßnahmentyp *Übergangszeitenreduktion* soll die betroffene Übergangszeit in zukünftigen Prozessausführungen auf einen in vergangenen Prozessausführungen gemessenen Referenzwert reduziert werden. Dieser Referenzwert ist ein in der Anwendung bestimmbares Quantil der sortierten Übergangszeiten in vergangenen Eventlogs. Der Maßnahmentyp *Übergangszeitenreduktion* lässt sich schematisch wie folgt skizzieren:

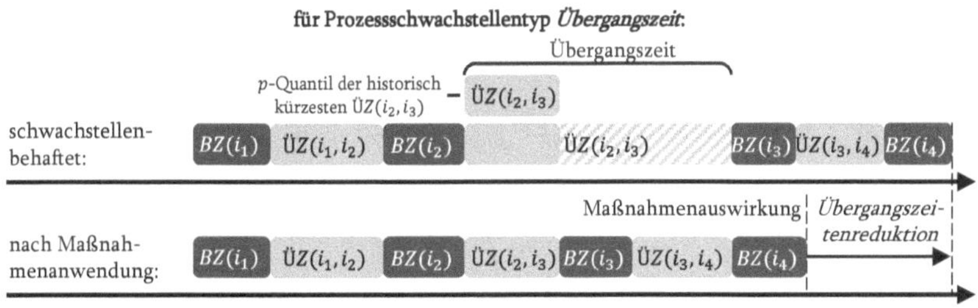

Abbildung 5.18: Maßnahmenauswirkung: Übergangszeitenreduktion

Für eine historische Prozessinstanz bestimmt sich die retrograde Maßnahmenauswirkung aus der Differenz zwischen der betroffenen Übergangszeit der Referenz-Übergangszeit. Auch in diesem Fall wird durch die Wahl des Quantils im Anwendungsfall die zu erreichende Ziel-Übergangszeit bestimmt (vgl. Formel 5.20).

Formel 5.20: Maßnahmenauswirkung: Übergangszeitenreduktion

$$T_{MÜRE}(i_{*-1}, i_*, m) = t_{start}(i_*, m) - t_{end}(i_{*-1}, m) - Q_{p,m\in M}\big(t_{start}(i_*, m) - t_{end}(i_{*-1}, m)\big)$$

$$mit\ (i_{*-1}, i_*) \in P_{STRA}(n^*, n^{**})$$

Parallelisierung (MPAR)

Der Maßnahmentyp *Parallelisierung (MPAR)* reduziert die Durchlaufzeit einer Prozessinstanz. Die datenbasierte Entscheidungsunterstützung berechnet die Prozessleistung anhand der Zykluszeit, auf die der Maßnahmentyp keinen Einfluss hat (vgl. Kapitel 2.3.2.2). Deshalb sei bezüglich der schematischen Darstellung und mathematischen Beschreibung der Auswirkung auf den Anhang verwiesen (s. Kapitel 9.4).

Tabelle 5.5 fasst die Quantifizierung der Maßnahmenauswirkungen auf die Zykluszeit bei Anwendung an einem Ereignis(-tupel) innerhalb einer Prozessinstanz zusammen.

Tabelle 5.5: Maßnahmenauswirkungen Ereignisebene

Zeitliche Maßnahmenauswirkung auf Ereignisebene
Aktivitätenelimination: $T_{MELI}(i_*, m) = \begin{cases} t_{end}(i_*, m) - t_{start}(i_*, m), für\ i = i_1 \\ t_{end}(i_*, m) - t_{end}(i_{*-1}, m), für\ i \in \{i_2, \dots, i_k\} \end{cases}$ $mit\ i_* \in I_{SRED}(m^*, n^*)\ bzw.\ i_* \in I_{SUNW}(n^*)$

Iterationsvermeidung:

$$T_{MITE}(\, i_*, \dots , i_{*+k}, m) = t_{end}(i_{*+k}, m) - t_{start}(i_*, m)$$

$$mit\ (\, i_*, \dots , i_{*+k}) \in P_{SLOP}(m^*, n^*, \dots , n^{k*})$$

Beschleunigung:

$$T_{MBES}(i_*, m) = t_{end}(i_*, m) - t_{start}(i_*, m) - Q_{p,m\in M}\big(t_{end}(i_*, m) - t_{start}(i_* m)\big)$$

$$mit\ i_* \in I_{SUNS}(n^*)$$

Integrieren:

$$T_{MINT}(i_{*-1}, i_*, m) = t_{start}(i_*, m) - t_{end}(i_{*-1}, m)$$

$$mit\ (i_*, i_{*-1}) \in P_{STRA}(n^*, n^{**})$$

Übergangszeitenreduktion:

$$T_{MÜRE}(i_{*-1}, i_*, m) = t_{start}(i_*, m) - t_{end}(i_{*-1}, m) - Q_{p,m\in M}\big(t_{start}(i_*, m) - t_{end}(i_{*-1}, m)\big)$$

$$mit\ (i_{*-1}, i_*) \in P_{STRA}(n^*, n^{**})$$

Parallelisierung:

Keine Auswirkung auf die Zykluszeit; Auswirkung auf die Durchlaufzeit s. Anhang Kapitel 9.4

Die entwickelte Maßnahmenquantifizierung befähigen eine eventlogbasierte Quantifizierung der zeitlichen Nutzenpotenziale von Maßnahmen in der Prozessgestaltung. Damit dient sie als Baustein für die zu entwickelnde Entscheidungsunterstützung für die Prozessanalyse und -gestaltung (vgl. Kapitel 4.3.3 und 5.3).

5.3 Entscheidungsunterstützung für die Prozessanalyse und -gestaltung

Die in den vorangegangenen Kapiteln modellierte Prozessanalyse (vgl. Kapitel 5.1) und Prozessgestaltung (vgl. Kapitel 5.2) werden in diesem Kapitel zu einer datenbasierten Entscheidungsunterstützung für die Geschäftsprozessverbesserung integriert. Diese Entscheidungsunterstützung soll in der Anwendung die Prozessschwachstellenidentifizierung und Maßnahmenableitung erleichtern und durch die Quantifizierung von Auswirkungen auf die Geschäftsprozessleistung die Priorisierung von Prozessschwachstellen und Entscheidungen über Maßnahmen unterstützen. Die Struktur des Kapitels gliedert sich in drei Schritte. Zunächst wird eine Kennzahl zur Beschreibung der Geschäftsprozessleistung entwickelt (vgl. Kapitel 5.3.1), die als zentrale Entscheidungs- und Optimierungsgröße der Entscheidungsunterstützung dient. Zwecks Operationalisierung wird in Kapitel 5.3.2 ein Kalkulationsmodell für die Geschäftsprozessleistung entwickelt, um anhand eines Eventlogs und der in den ersten beiden Lösungsmodulen vorgestellten Modelle die Leistung eines Geschäftsprozesses zu bestimmen. Abschließend wird eine anwendungsorientierte Entscheidungsunterstützung entwickelt, die die Prozessschwachstellen und Maßnahmen inklusive deren Auswirkung auf die Geschäftsprozessleistung für eine Entscheidung aufbereitet (vgl. Kapitel 5.3.3). Das methodische Vorgehen des dritten Lösungsmoduls wurde in Kapitel 4.3.3 sowie in Vorarbeiten des Autors[403] vorgestellt und wird einleitend zu den Unterkapiteln 5.3.1, 5.3.2 und 5.3.3 jeweils ausdetailliert.

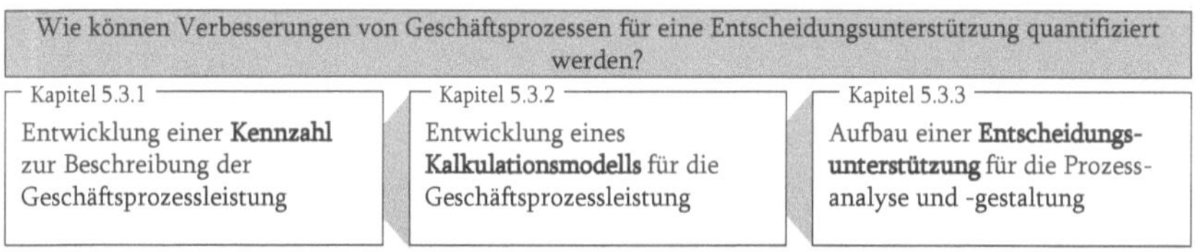

Abbildung 5.19: Übersicht: Drittes Lösungsmodul „Entscheidungsunterstützung"

Die datenbasierte Entscheidungsunterstützung für die Prozessanalyse und -gestaltung soll anhand von Eventlog-Daten die Geschäftsprozessleistung beschreiben, um Prozessschwachstellen und Maßnahmen entscheidungsorientiert zu bewerten. Die Geschäftsprozessleistung setzt sich aus mehreren Dimensionen, i. d. R. Zeit, Kosten und Qualität zusammen (vgl. Kapitel 2.1.2). Im Rahmen dieser Arbeit wird sich aus nachfolgenden Gründen auf die Prozesszeit beschränkt. Die Prozesszeit ist das gängigste Leistungsmerkmal von Geschäftsprozessen und wirkt sich direkt auf die Prozesseffizienz aus, indem die Reaktionszeit eines Unternehmens verkürzt wird.[404] Prozesskosten entstehen bei der Prozessausführung und sind vereinfacht ein Produkt der Faktoren (Bearbeitungs-)Zeit und Kosten(-satz der ausführenden Resssource). Bei Berücksichtigung der Prozesskosten in einer Geschäftsprozessleistungskennzahl würde demnach die Prozesszeit mehrfach berücksichtigt. Eine korrigierende Gewichtung ist aufgrund der Kontextabhängigkeit der Ressourcenkosten generisch nicht objektiv lösbar.

---

403 Vgl. Schuh, G. et al. (2022) Performance-based Decision Support for Business Process Analysis and Design.

404 Vgl. Schmelzer, H./Sesselmann, W. (2020) Geschäftsprozessmanagement in der Praxis, S. 374; Dumas, M. et al. (2021) Grundlagen des Geschäftsprozessmanagements, S. 66.

Die Kostensätze der ausführenden Ressourcen als zweiter Faktor der Prozesskosten sind unabhängig von der Prozessstruktur und betreffen lediglich die ausführenden Ressourcen. Über veränderte Prozessressourcen können beispielsweise Prozesskosten reduziert werden, ohne dass Prozessschwachstellen behoben werden. Nicht zuletzt liegen Kosteninformationen gewöhnlicherweise nicht in Eventlogs vor. Eine Zuordnung von Kostensätzen aus Stammdaten über die ausführenden Ressourcen im Eventlog sind zwar denkbar, würden jedoch die Praxistauglichkeit des Konzepts einschränken. Aus diesen Gründen ist eine Berücksichtigung der Prozesskosten in der Geschäftsprozessleistungskennzahl nicht zweckdienlich. Die Prozessqualität beschreibt zum einen die Qualität der Prozesserzeugnisse und zum anderen die Qualität der Prozessausführung. Der Fokus dieser Arbeit liegt auf der Prozessausführung. Deren Qualität wird über Prozessschwachstellentypen wie z. B. Rückschleifen oder ungewollte Aktivitäten (vgl. Kapitel 2.3.1.3) berücksichtigt, deren Auswirkungen sich in der Prozesszeit niederschlagen. Schlussfolgernd ist das Heranziehen der Prozesszeit als zentrale Dimension für die Bewertung der Geschäftsprozessleistung hinreichend, objektiv und aufgrund der Datenverfügbarkeit in Eventlogs praxistauglich.

5.3.1 Entwicklung einer Geschäftsprozessleistungskennzahl OPE

Als zentrale Phasen der Geschäftsprozessverbesserung haben die Prozessanalyse und -gestaltung das gemeinsame Ziel, die Geschäftsprozessleistung zu verbessern. Folglich müssen sämtliche Entscheidungen in der Prozesssanalyse und -gestaltung dem Anspruch einer Leistungsverbesserung genügen. Dies erfordert eine Kennzahl zur Bewertung der Geschäftsprozessleistung und des Einflusses von Prozessschwachstellen und Maßnahmen auf sie. Dem methodischen Vorgehen aus Kapitel 4.3.3 folgend wird eine solche Kennzahl als abhängige Entscheidungsgröße für die datenbasierte Entscheidungsunterstützung entwickelt. Wie eingangs erläutert, bezieht sie sich auf die Leistungsdimension Prozesszeit.

5.3.1.1 Grundlogik der Zeiteffizienz

Die zu entwickelnde Geschäftsprozessleistungskennzahl folgt in ihrer Grundlogik den Ansätzen nach SCHMELZER&SESSELMANN sowie DUMAS ET AL. Diese bewerten die Leistung von Geschäftsprozessen anhand der (Zyklus-)Zeiteffizienz als Quotient aus einer theoretischen Zykluszeit und der tatsächlichen Zykluszeit. Die theoretische Zykluszeit ergibt sich dabei aus der Reduktion der tatsächlichen Zykluszeit um Übergangszeiten (Transfer- und Liegezeiten).[405] Weitere nicht-wertschöpfende Zeitanteile bleiben in beiden Ansätzen unberücksichtigt. Die Grundlogik der relativen Geschäftsprozessleistungsbetrachtung bietet eine kontextunabhängige Bewertung von Geschäftsprozessen und ist für die zu entwickelnde Geschäftsprozessleistungskennzahl zweckdienlich. Um die qualitative und quantitative Prozessanalyse zu integrieren, soll sie um sämtliche in Kapitel 2.3.1.3 definierten und Kapitel 5.1 modellierten Prozessschwachstellentypen erweitert werden. Auftretende Prozessschwachstellen sollen folglich die Geschäftsprozessleistung senken, da sie die Zykluszeit um Verlustzeiten verlängern und demnach die Prozesseffizienz reduzieren. Die Verlustleistung durch die Prozessschwachstellen fußt auf den Schwachstellenquantifizierungen aus Kapitel 5.1.3. Das Ziel ist eine Kennzahl, die angibt, wie nah die spezifische Zykluszeit einer Prozessausführung an der theoretischen, schwachstellenfreien Zykluszeit dieses Geschäftsprozesses liegen. Die Geschäftsprozessleistungskennzahl muss demnach auf der Zykluszeit basieren, für schwachstellenfreie Prozessausführungen 100 % Geschäftsprozessleistung ausgeben, bei aufretenden Prozessschwachstellentypen entsprechend deren Quantifizierung proportional senken und immer einen Wert zwischen 0 % und 100 % annehmen. Aus diesen Anforderungen lässt sich nachfolgende Formel für die Geschäftsprozessleistung definieren:

Formel 5.21: Grundlogik für die Geschäftsprozessleistungskennzahl

$$Gechäftsprozessleistung = \left(1 - \frac{Verlustzeit}{Zykluszeit}\right)$$

Abbildung 5.20 verdeutlicht diesen Zusammenhang grafisch:

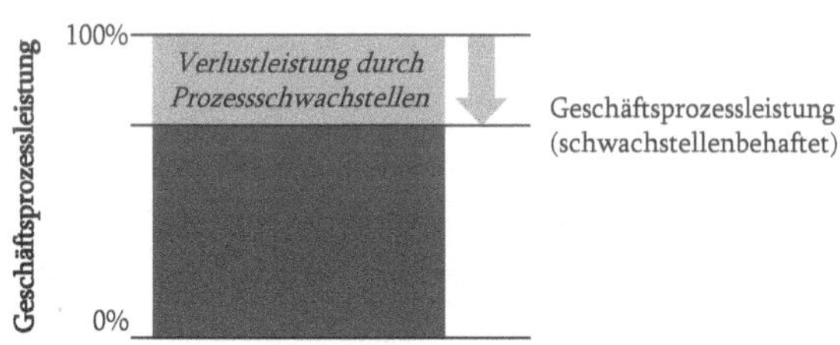

Abbildung 5.20: Schematische Darstellung der Geschäftsprozessleistung

[405] Vgl. Dumas, M. et al. (2018) Fundamentals of Business Process Management, S. 262; Schmelzer, H./Sesselmann, W. (2020) Geschäftsprozessmanagement in der Praxis, S. 414.

5.3.1.2 Adaption der OEE zur OPE

Die in Formel 5.21 vorgestellte Geschäftsprozessleistungskennzahl liefert die Grundlogik zur relativen Bewertung der Geschäftsprozessleistung als Zykluszeiteffizienz. Für eine detaillierte Untersuchung des aufgetretenen Prozessleistungsverlusts ist sie nicht ausreichend. Zur Detaillierung der Geschäftsprozessleistungskennzahl werden nachfolgend Verlustarten eingeführt, denen die Prozessschwachstellentypen zugeordnet werden. Dies erfolgt in Anlehnung an die Kennzahl OEE, die die Anlagenproduktivität bewertet und ungenutzte Potenziale in drei Verlustarten (Verfügbarkeits-, Leistungs- und Qualitätsverluste) klassifiziert.[406] Die OEE ist eine relative Leistungsbewertung, bei der auftretende Prozessleistungsverluste von einer theoretischen maximalen Anlageneffektivität von 100 % subtrahiert werden. Durch diesen Aufbau eignet die OEE sich zur systematischen Identifizierung von Verbesserungspotenzialen hinsichtlich der Anlageneffektivität. Die OEE weist eine hohe strukturelle Ähnlichkeit zur hergeleiteten Kennzahl (vgl. Formel 5.21) und dem Einsatzzweck der Geschäftsprozessleistungskennzahl auf, die die systematisch Identifizierung von Verbesserungspotenzialen in Geschäftsprozessen unterstützen soll. Aus diesem Grund wird eine *Overall Process Efficiency (OPE)* entwickelt, die die Leistung von Geschäftsprozessen auf einer Skala von 0 % bis 100 % bewertet und die Verluste aus Prozessschwachstellen in Verlustarten gruppiert. Dazu ist die Transformation der subjektorientierten OEE auf eine objektorientierte OPE notwendig. Subjektorientiert bedeutet in diesem Kontext, dass die OEE als Bewertungsmaß für die ausführende Ressource als „Prozesssubjekt" eingesetzt wird. Objektorientiert ist hingegen der Fokus der OPE als Bewertungsmaß für eine Prozessausführung als Prozessobjekt (z. B. ein Auftrag). Der Transfer von der OEE zur OPE erfolgt in zwei Schritten. Zunächst erfolgt die Anpassung der Anlagenverlustarten der OEE auf die Geschäftsprozessleistungsverlustarten der OPE, da die Definitionen der OEE-Verlustarten nicht auf die Geschäftsprozessleistung anwendbar sind. Die Prozessschwachstellentypen aus Kapitel 2.3.1.3 bzw. Kapitel 5.1 werden diesen Verlustarten zugewiesen. Im zweiten Schritt wird die Kalkulationsreihenfolge der einzelnen Verlustarten von der OEE auf die OPE angepasst.

Innerhalb der OEE beschreibt der Verfügbarkeitsgrad den Anteil der tatsächlichen an der möglichen Produktionszeit. Zeiträume, in denen die Anlage nicht betrieben wird

[406] Vgl. Nakajima, S. (1988) Introduction to TPM, S. 21 - 32.

(z. B. Stillstände, Störungen, Rüstvorgänge) gelten als Verfügbarkeitsverlust.[407] Übertragen auf die objektorientierte OPE entstehen Verfügbarkeitsverluste durch Zeiträume, in denen nicht „am“ Geschäftsprozess gearbeitet wird, d. h. den Prozessschwachstellentyp *Übergangszeit*. Der Verfügbarkeitsgrad eines Geschäftsprozesses ergibt sich aus dem Anteil der Bearbeitungszeiten an der Summe der Zykluszeiten und beschreibt, wie kontinuierlich „am“ Geschäftsprozess gearbeitet wird. Da der Begriff Verfügbarkeit für die Untersuchung von Geschäftsprozessen ungeeignet ist, werden nachfolgend die Bezeichnungen **Kontinuitätsgrad** bzw. **-verluste** verwendet.

Der Leistungsgrad der OEE beschreibt den Anteil der erzielten Ausbringungsmenge an der technisch-möglichen Ausbringungsmenge und ist damit ein Geschwindigkeitsmaß. Leistungsverluste ergeben sich im Kontext der OEE aus Geschwindigkeitsreduktionen und Kurzstillständen.[408] Übertragen auf die Geschäftsprozessleistung muss bewertet werden, wie nahe der Geschäftsprozess an seiner spezifisch höchsten Bearbeitungsgeschwindigkeit durchgeführt wird. Der Leistungsgrad eines Geschäftsprozesses kann folglich über die Geschwindigkeit der Prozessausführung, d. h. die Bearbeitungszeit der Prozessaktivitäten, beurteilt werden. Leistungsverluste werden durch den Prozessschwachstellentypen *Unpassender Aktivitätenumfang* verursacht. Die Bezeichnungen **Leistungsgrad** bzw. **-verluste** bleiben für die OPE erhalten.

Der Qualitätsgrad der OEE beschreibt den Anteil aller fehlerfrei produzierten Teile an der Gesamtausbringungsmenge eines Zeitraums. Qualitätsverluste ergeben sich beispielsweise als Ausschuss.[409] Der Qualitätsgrad beurteilt demnach die Effektivität, ob in der verfügbaren Zeit und mit der gegebenen Leistung auch das richtige Ergebnis produziert wurde. Für ein Prozessobjekt existiert keine zählbare Gutausbringungsmenge, der Grundgedanke lässt sich jedoch übertragen. Der Qualitätsgrad eines Geschäftsprozesses muss bewerten, inwiefern in der Zeit, in der am Prozess gearbeitet wurde, auch die richtige Tätigkeit verrichtet wurde. Er ist ein Maß für die Effektivität der Zeitnutzung und gibt den Zeitanteil der Gesamtzykluszeit mit zielgerichteter Prozessausführung wieder. Qualitätsverluste ergeben sich durch die Prozessschwachstellentypen *Ungewollte Aktivität*, *Redundante Aktivität* und *Rückschleife*. Bei diesen Prozessschwachstellentypen wird zwar am Geschäftsprozess gearbeitet, jedoch keine Wertschöpfung erbracht. Die *Redundante Aktivität* und *Rückschleife* werden dabei

---

[407] Vgl. Nakajima, S. (1988) Introduction to TPM, S. 21 - 32.

[408] Vgl. Nakajima, S. (1988) Introduction to TPM, S. 21 - 32.

[409] Vgl. Nakajima, S. (1988) Introduction to TPM, S. 21 - 32.

als prozessuale Nacharbeit verstanden werden. Da der Qualitätsgrad die Effektivität der Prozessausführung bewertet, werden im Folgenden die Begriffe Linearitätsgrad bzw. -verlust verwendet.

Wie bereits in Kapitel 5.1.3 erläutert, hat der Prozessschwachstellentyp *Parallelisierungspotenzial* keine Auswirkung auf die Zykluszeit und demnach die OPE. Abbildung 5.21 verdeutlicht diesen Zusammenhang.

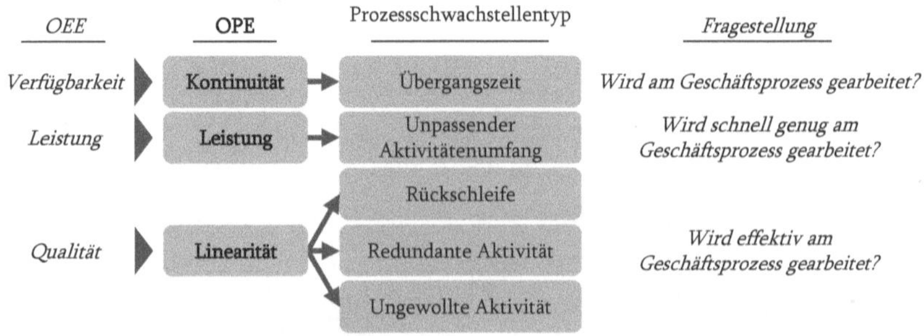

Abbildung 5.21: OPE-Transformation und Verlustarten-Zuordnung

Nach Überführung der Verlustarten von der OEE zur OPE wird nachfolgend der sequenzielle Aufbau der Verlustarten von einer subjektorientierten Anlagenbetrachtung zu einer objektorientierten Geschäftsprozessbetrachtung angepasst. Die Reihenfolge der OEE-Betrachtung nach NAKAJIMA[410] untersucht zunächst, inwiefern die untersuchte Anlage in Betrieb ist (Verfügbarkeit), anschließend wie schnell sie betrieben wird (Leistungsgrad) und abschließend zu welchem Anteil sie Gutmenge ausbringt (Qualitätsgrad). Für die OPE wird die Reihenfolge Kontinuitäts-, Linearitäts- und Leistungsgrad zugrundegelegt, d. h. im Vergleich zur OEE sind die letzten beiden Grade vertauscht. Dies basiert auf folgender Grundlogik: Zunächst werden von der gesamten Zykluszeit sämtliche Kontinuitätsverluste (d.h. Prozessschwachstellentypen Übergangszeit) subtrahiert. Als Zykluszeit kontinuierlicher Aktivitäten verbleibt die Zeit, in der „am“ Geschäftsprozess gearbeitet wird. Im zweiten Schritt werden mit den Linearitätsverlusten (d.h. Prozessschwachstellentypen Rückschleife, redundante Aktivität, ungewollte Aktivität) diejenigen Zeiten subtrahiert, in denen nicht zum Prozessziel beigetragen wird. Daraus ergibt sich die zielgerichtete Bearbeitungszeit. Im

[410] Vgl. Nakajima, S. (1988) Introduction to TPM, S. 21 - 32.

dritten Schritt werden Leistungsverluste (d. h. unpassende Aktivitätenumfänge) subtrahiert, um eine theoretisch prozessschwachstellenfreie Zykluszeit zu erhalten. Die Leistungsverluste werden nur für Zeiten ausgewiesen in denen „am“ Geschäftsprozess (Kontinuitätsgrad) und zielgerichtet (Linearitätsgrad) gearbeitet wird. Aus diesem Grund ist die Berücksichtigung des Linearitätsgrads vor dem Leistungsgrad zweckdienlich. Eine Beurteilung von unpassenden Aktivitätenumfängen, die ohnehin nicht zum Prozessergebnis beitragen, wäre an dieser Stelle nicht korrekt. Das Ergebnis dieser Subtraktionsreihenfolge ist eine theoretische, prozessschwachstellenfreie Zykluszeit. Sie besteht aus Zeiten, in denen „am“ Geschäftsprozess, zielgerichtet und mit der schnellstmöglichen Zeit gearbeitet wird. Dieses theoretische Ideal bestimmt sich aus den Prozesszeiten der untersuchten historischen Prozessinstanzen nach dem Verständnis der exploitativen Geschäftsprozessverbesserung (vgl. Kapitel 2.2.1.1). Über die theoretisch minimale Zykluszeit hinausgehende Verbesserungspotenziale (z. B. durch radikale Prozessveränderungen, neue Technologien etc.) sind explorativen Geschäftsprozessverbesserungen zuzuordnen, die kein Teil der datenbasierten Entscheidungsunterstützung sind. Abbildung 5.22 stellt die neudefinierte OPE-Logik dar.

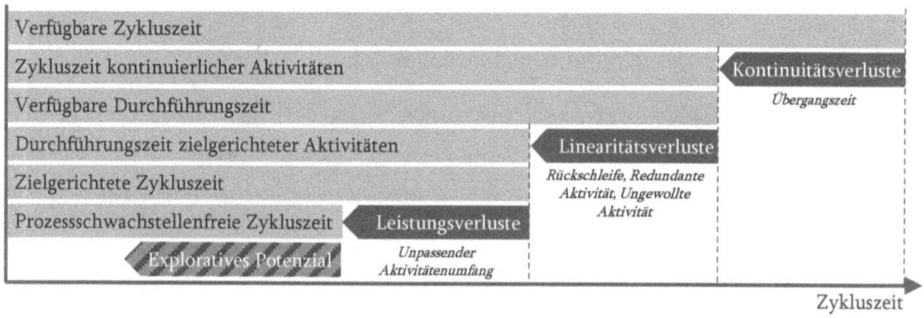

Abbildung 5.22: Schematische Darstellung der Overall Process Efficiency

Die OPE-Logik bildet die Grundlage der nachfolgenden Kalkulationen zur Berechnung der Geschäftsprozessleistung und damit der Entscheidungsunterstützung.

5.3.2 Entwicklung eines Kalkulationsmodells für die OPE

In Kapitel 5.3.1 wurde die OPE als Kennzahl zur Bewertung der Geschäftsprozessleistung vorgestellt. Dabei wurde zum einen die Grundlogik der Zykluszeiteffizienz und zum anderen die Gliederung in verschiedene OPE-Verlustarten erläutert. In diesem Kapitel wird die OPE in einem Kalkulationsmodell ausdetailliert, das die Berechnung der Kennzahl ausgehend von einem Eventlog beschreibt. Dadurch soll die Lücke zwischen der OPE-Kennzahl für einen Geschäftsprozess und Ereignisdaten zu einzelnen Prozessinstanzen geschlossen werden.

In Anlehnung an WANNES[411] wird ein Rechensystem für die Geschäftsprozessleistung eingeführt, an dessen Spitze die OPE für einen Geschäftsprozess bzw. ein Prozessmodell steht. Die Bestimmung von Kennzahlen auf Prozessmodell-Ebene erfordern die Aggregation aus den einzelnen Prozessausführungen, d. h. den Prozessinstanzen. Dazu muss zunächst die OPE auf Ebene der Prozessinstanzen berechnet werden. Daraus ergibt sich das in Abbildung 5.23 abgebildete Rechensystem.

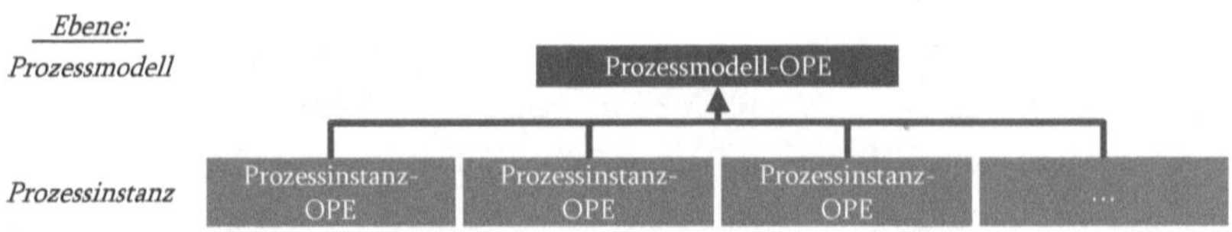

Abbildung 5.23: Rechensystem für die Geschäftsprozessleistung OPE

5.3.2.1 OPE-Kalkulation auf Ebene der Prozessinstanz

Zum Aufbau des Kalkulationsmodells muss zunächst die OPE auf Ebene der Prozessinstanz berechnet werden. Gemäß der OPE-Grundlogik (vgl. Formel 5.21) muss dazu die Verlustzeit je Prozessinstanz und die Zykluszeit je Prozessinstanz bekannt sein.

Die Verlustzeit einer Prozessinstanz ist die Summe der Verlustzeiten der Prozessschwachstellen, die in der untersuchten Prozessinstanz auftreten. Mittels der in Kapitel 5.1.3 vorgestellten Formeln werden diese in einem Eventlog quantifizierbar. Dabei ist eine weitere Quantifizierungsherausforderung bzw. -annahme zu berücksichtigen. Im Geschäftsprozess auftretende Bearbeitungs- oder Übergangszeiten sind möglicherweise „mehrfach schwachstellebehaftet", d.h. von mehreren Prozessschwachstellentypen betroffen. Dies tritt beispielsweise auf, wenn innerhalb einer Rückschleife auch Übergangszeiten auftreten. Die Zeiten dürfen jedoch nur in einfacher Menge als Verlustzeiten für die OPE-Kalkulation berücksichtigt werden, da die Kennzahl die Zeit als Grundgesamtheit verwendet. In der Geschäftsprozessrealität können auftretende

[411] Vgl. Wannes, A./Ghannouchi, S. (2019) KPI-Based Approach for Business Process Improvement, S. 266 - 267.

Zeiten nur einfach eliminiert werden. Eine Addition der Verlustzeiten für mehrfach schwachstellenbehaftete Zeiten würden sich auch mehrfach leistungsmindern auf die OPE auswirken. Zur OPE-Kalkulation muss daher eine einfache Berücksichtigung von Bearbeitungs- und Übergangszeiten sichergestellt werden, unabhängig von der Anzahl der verursachenden Prozessschwachstellen.

Um dies zur berücksichtigen, wird zur Aggregation der Verlustzeiten zur OPE-Kalkulation eine Prozessschwachstellenhierarchie eingesetzt. Dabei werden die identifizierten Prozessschwachstellen zunächst vollständig entsprechend der in Kapitel 5.1.3 vorgestellten Bewertungen quantifiziert, sodass zu jeder identifizierten Prozessschwachstelle die Verlustzeit ausgewiesen wird. Zur Vermeidung der mehrfachen Berücksichtigung bei der Aggregation von Verlustzeiten zur OPE-Kalkulation wird dann anhand der Prozessschwachstellenhierarchie geprüft, ob die enthaltenen Verlustzeiten bereits berücksichtigt wurden. Dabei werden die Verlustzeiten derjenigen Prozessschwachstellen ausgeschlossen, die in anderen identifizierten, „höherrangigen" Prozessschwachstellen erfasst sind. Eine Limitation dieses Ansatzes besteht darin, dass bei Prozessschwachstellen mit partiell überdeckenden Verlustzeiten (z.B. zwei Rückschleifen mit einer gemeinsamen Aktivität) einzelne Prozessschwachstellen vollständig aus der OPE-Kalkulation exkludiert werden und die Verlustzeit je Prozessinstanz in diesem Sonderfall nicht vollständig ausgewiesen ist.

Die Prüfung, ob eine Prozessschwachstellenbehaftete Bearbeitungs- oder Übergangszeit als Verlustzeit in einer „höherrangigen" Prozessschwachstelle berücksichtigt ist, erfordert eine priorisierte Prüfreihenfolge der Prozessschwachstellentypen. Dies erfolgt anhand der Prozessschwachstellenhierarchie. Diese verfolgt das Ziel, „große" Prozessschwachstellentypen mit potenziell vielen enthaltenen Prozessschwachstellentypen und höchstem Umfang an Verlustzeiten priorisiert bei der Leistungsbewertung mit ihren Verlustzeiten zu berücksichtigen. Dadurch soll eine möglichst hohe Abdeckung der identifizierten Verlustzeiten für die OPE-Bewertung sichergestellt und die o. g. Unvollständigkeit der berücksichtigten Verlustzeiten möglichst geringgehalten werden. Die Prüfung der Prozessschwachstellenhierarchie erfolgt auf Prozessinstanzebene, da die OPE-Bewertung grundsätzlich immer auf Prozessinstanzebene stattfindet. Zudem treten je nach Prozessinstanz unterschiedliche zeitliche Überschneidungen auf und müssen im Einzelfall korrekt berücksichtigt werden. Nachfolgend wird die Prozessschwachstellenhierarchie als Prüfreihenfolge der Prozessschwachstellentypen (vgl. Kapitel 2.3.1.3) vorgestellt:

Als Prozessschwachstellentyp mit der höchsten Priorität wird zunächst die *Rückschleife* und deren Verlustzeiten für die OPE-Bewertung berücksichtigt. Eine *Rückschleife* enthält definitionsgemäß mindestens zwei Ereignisse inklusive zugehöriger Bearbeitungs- und Übergangszeiten. Durch den großen Umfang des Prozessschwachstellentyps ist die Wahrscheinlichkeit, dass in einer Rückschleife weitere andere Prozessschwachstellen (z. B. *Unpassender Aktivitätenumfang*, *ungewollte Aktivität*, *usw.*), höher als bei anderen Prozessschwachstellentypen. Als oberster Prozessschwachstellentyp in der Schwachstellenhierarchie, werden sämtliche *Rückschleifen* mit ihrer Verlustzeit für die OPE-Bewertung herangezogen. Im nächsten Schritt wird der Prozessschwachstellentyp *Ungewollte Aktivität* hinsichtlich seiner Verlustzeiten für die OPE-Bewertung berücksichtigt. *Ungewollte Aktivitäten* betreffen jeweils nur ein Ereignis mit der vollen Bearbeitungs- und Übergangszeit. Da eine Prozessschwachstelle des Typs U*ngewollte Aktivität* jedoch mehrfach je Prozessinstanz und potenziell in jeder Prozessinstanz eines Prozessmodells auftreten kann, ist ihre potenzielle Verlustwirkung höher als andere Prozessschwachstellen mit einem betroffenen Ereignis einzustufen. Als nächstes wird der Prozessschwachstellentyp *redundante Aktivität* für die OPE-Bewertung berücksichtigt. Dieser betrifft ebenfalls die Bearbeitungs- und Übergangszeit von mindestens zwei Ereignissen, tritt jedoch nur innerhalb einer Prozessinstanz auf und wird daher geringer als der Prozessschwachstellentyp *ungewollte Aktivität* priorisiert. Die letzten beiden Prozessschwachstellentypen können keine weiteren „niederrangigeren" Prozessschwachstellentypen beinhalten. Sie betreffen auch unterschiedliche Zeitarten, sodass sie unabhängig voneinander für die OPE-Bewertung berücksichtigt werden. Der Prozessschwachstellentyp *unpassende Aktivitätenumfang* tritt zwar prozessinstanzübergreifend auf, betrifft jedoch lediglich einen Anteil der Bearbeitungszeit einer Aktivität und kann demnach keine niederrangigen Prozessschwachstellentypen enthalten. Der Prozessschwachstellentyp *Übergangszeit* betrifft den Zeitraum zwischen zwei Ereignissen und kann definitionsgemäß keinen weiteren Prozessschwachstellentypen mehr enthalten. Abbildung 5.24 illustriert die Prozessschwachstellenhierarchie für die OPE-Kalkulation:

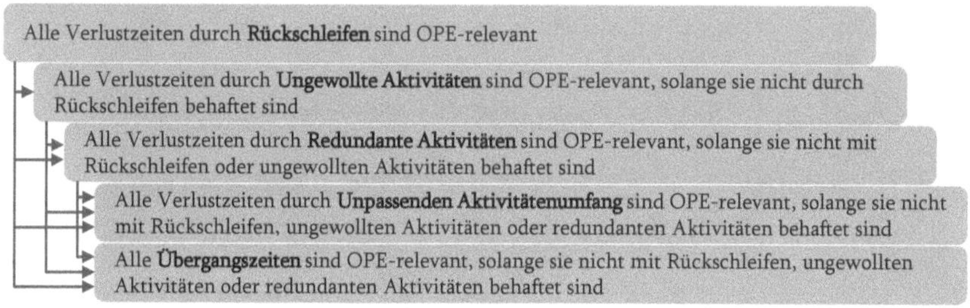

Abbildung 5.24: Prozessschwachstellenhierarchie

Es sei darauf hingewiesen, dass die Prozessschwachstellenhierarchie lediglich die Kalkulation der OPE auf Ebene der Prozessinstanz und folglich auch des Prozessmodells betrifft. Der dedizierte Ausweis der Verlustzeit und OPE-Verlustleistung ist für jede identifizierte Prozessschwachstelle vorzunehmen und basiert auf den Quantifizierungen aus Kapitel 5.1.3.

Nach Anwendung der Prozessschwachstellenhierarchie verleiben nur noch für die OPE-Kalkulation „relevante" Prozessschwachstellenverluste. Diese werden für die nachfolgenden Berechnungen durch den Zusatz „rel" im Index gekennzeichnet. Durch Berücksichtigung der Verlustartenzuordnung der OPE in Abbildung 5.21 lassen sich aus den einzelnen Prozessschwachstellenverlusten die relevanten Kontinuitäts-, Linearitäts- und Leistungsverlustzeiten je Prozessinstanz berechnen. Demnach ist die relevante Kontinuitätsverlustzeit einer Prozessinstanz $T_{relKoV}(m)$ die Summe aller relevanten Verlustzeiten durch *Übergangszeiten* in dieser Prozessinstanz.

Formel 5.22: Relevante Kontinuitätsverlustzeit der Prozessinstanz

$$T_{relKoV}(m) = \sum T_{relSTRA}(i_{*-1}, i_{*}, m)$$

mit $T_{relSTRA}(i_{*-1}, i_{*}, m)$ Verlustzeit durch eine in Prozessinstanz m prozessleistungsrelevante Prozessschwachstelle *Übergangszeit*

Die relevante Linearitätsverlustzeit einer Prozessinstanz $T_{relLiV}(m)$ ergibt sich durch prozessinstanzbezogene Aggregation der relevanten Prozessschwachstellenverluste durch *redundante Aktivitäten*, *Rückschleifen* und *ungewollte Aktivitäten*:

Formel 5.23: Relevante Linearitätsverlustzeit der Prozessinstanz

$$T_{relLiV}(m) = \sum T_{relSRED}(i_*, m) + \sum T_{relSLOP}(i_*, \ldots, i_{*+k}, m) + \sum T_{relSUNW}(i_*, m)$$

mit $T_{relSRED}(i_*, m)$ Verlustzeit durch eine in Prozessinstanz m prozessleistungsrelevante Prozessschwachstelle *Redundante Aktivität*

$T_{relSLOP}(i_*, \ldots, i_{*+k}, m)$ Verlustzeit durch eine in Prozessinstanz m prozessleistungsrelevante Prozessschwachstelle *Rückschleife*

$T_{relSUNW}(i_*, m)$ Verlustzeit durch eine in Prozessinstanz m prozessleistungsrelevante Prozessschwachstelle *Ungewollte Aktivität*

Die relevante Leistungsverlustzeit einer Prozessinstanz T_{relLeV} ist die Summe der relevanten Verlustzeiten durch *Unpassende Aktivitätenumfänge* einer Prozessinstanz:

Formel 5.24: Relevante Leistungsverlustzeit der Prozessinstanz

$$T_{relLeV}(m) = \sum T_{relSUNS}(i_*, m)$$

mit $T_{relSUNS}(i_*, m)$ Verlustzeit durch eine in Prozessinstanz m prozessleistungsrelevante Prozessschwachstelle *Unpassender Aktivitätenumfang*

Die Summe der relevanten Kontinuitäts-, Linearitäts- und Leistungsverlustzeiten je Prozessinstanz ergibt die relevante Gesamtverlustzeit einer Prozessinstanz $T_{relGeV}(m)$ und beschreibt, wieviel zusätzliche Zykluszeit in der untersuchten Prozessinstanz durch die aufgetretenen Prozessschwachstellen verursacht wurde:

Formel 5.25: Relevante Gesamtverlustzeit der Prozessinstanz

$$T_{relGeV}(m) = T_{relKoV}(m) + T_{relLiV}(m) + T_{relLeV}(m)$$

Die Zykluszeit einer Prozessinstanz ergibt sich als Summe aller Bearbeitungszeiten und Übergangszeiten ihrer Ereignisse (vgl. Tabelle 5.3). Daraus folgt für die OPE auf Ebene der Prozessinstanz die Berechnung gemäß Formel 5.26:

Formel 5.26: OPE der Prozessinstanz

$$OPE(m) = 1 - \frac{T_{relGeV}(m)}{ZZ(m)}$$

Für die Anwendung in der Praxis ist neben der absoluten OPE-Höhe auch die prozentuale Höhe der OPE-Verlustarten sowie die einzelnen OPE-Grade interessant. Außerdem ist in der Praxis die prozentuale Höhe der Kontinuitäts-, Linearitäts- und Leistungsverluste sowie der Kontinuitäts-, der Linearitäts- und der Leistungsgrad interessant. Die zugehörigen Berechnungsvorschriften zur Kalkulation auf Ebene der Prozessinstanz befinden sich im Anhang (vgl. Formel 9.3 bis Formel 9.9).

Als Zielvision für die Analyse und Gestaltung eines Geschäftsprozesses dient die prozessschwachstellenfreie Zykluszeit. Diese quantifiziert den Zeitaufwand für eine Prozessausführung ohne Prozessschwachstellen (vgl. Abbildung 5.22), die einer OPE von 100 % entspricht. Die prozessschwachstellenfreie Zykluszeit berechnet sich auf Ebene der Prozessinstanz gemäß Formel 5.27.

Formel 5.27: Prozessschwachstellenfreie Zykluszeit der Prozessinstanz

$$ZZ_{schwachstellenfrei}(m) = ZZ(m) - T_{relGeV}(m)$$

5.3.2.2 OPE-Kalkulation auf Ebene des Prozessmodells

Für die Analyse und Gestaltung von Geschäftsprozessen in der Praxis interessiert neben der Leistung einzelner, historischer Prozessausführungen vor allem die grundsätzliche Leistung des Geschäftsprozesses, d. h. die Bewertung des gesamten Prozessmodells. Gemäß des Rechensystems in Abbildung 5.23 ist dazu die Aggregation der OPE-Leistungen aller Prozessinstanzen eines Prozessmodells zur Prozessmodell-OPE erforderlich. Die Aggregation erfolgt dabei für sämtliche OPE-Kalkulationen durch Bildung des ungewogenen Durchschnitts über alle Prozessinstanzen des Prozessmodells. Die aggregierte Prozessmodell-OPE ergibt sich folglich gemäß Formel 5.28.

Formel 5.28: OPE des Prozessmodells

$$OPE(M) = \frac{\sum_{m \in M}^{M} OPE(m)}{|M|} = \frac{\sum_{m \in M}^{M} \left(1 - \frac{T_{relGeV}(m)}{ZZ(m)}\right)}{|M|}$$

mit M Menge aller Prozessinstanzen m im Prozessmodell M

Die Aggregation der relevanten Kontinuitäts-, Linerarităts-, Leistungs- und Gesamtverluste, Kontinuitäts-, Lineraritäts-, und Leistungsgrade, Zykluszeiten und prozessschwachstellenfreien Zykluszeiten von Prozessinstanz- auf Prozessmodellebene erfolgt analog per Durchschnittsbildung über die untersuchten Prozessinstanzen. Die sich ergebenden Formeln sind im Anhang aufgeführt (vgl. Formel 9.10 bis Formel 9.22). Durch die Berücksichtigung der Schwachstellenhierarchie bei OPE-Berechnung auf Prozessinstanzebene ist keine erneute Prüfung überdeckender Verlustzeiten erforderlich und die Konsistenz der Berechnung gewährleistet.

5.3.3 Aufbau einer OPE-basierten Entscheidungsunterstützung

In Kapitel 5.3.1 wurde die OPE als Geschäftsprozessleistungskennzahl und in Kapitel 5.3.2 das zugehörige Kalkulationsmodell entwickelt. Dies erfüllt die Anforderung nach einer holistischen Kennzahl zur Beschreibung der Geschäftsprozessleistung und ermöglicht die quantitative Bewertung eines Geschäftsprozesses sowie die Aufschlüsselung der Verlustarten Kontinuität, Linearität und Leistung. Zur Fokussierung von Ressourcen und Unterstützung von Entscheidungen in der Prozessanalyse und -gestaltung ist zusätzlich die Quantifizierung der Auswirkungen von Prozessschwachstellen sowie der Nutzenpotenziale durch Maßnahmen hinsichtlich der Geschäftsprozessleistung erforderlich (vgl. inhaltliche Anforderungen in Kapitel 4.1.1). In diesem Kapitel wird die OPE-basierte Entscheidungsunterstützung aufgebaut. Dazu wird zunächst OPE-Bewertung von Prozessschwachstellen und Maßnahmen entwickelt. Anschließend werden die Funktionalitäten der Lösungsmodule 1 bis 3 (vgl. Kapitel 5.1 bis 5.3) zusammengefasst und der Aufbau der Entscheidungsunterstützung für die Prozessanalyse und -gestaltung beschrieben.

5.3.3.1 OPE-Bewertung von Prozessschwachstellen

Die Prozessschwachstellenmodelle aus Lösungsmodul 1 liefern die Prozessschwachstellen und quantifizieren deren einmaliges Auftreten absolut in Bezug auf die Prozesszeit (vgl. Kapitel 5.1). Damit die in den Kapiteln 5.3.1 und 5.3.2 entwickelte Geschäftsprozessleistungskennzahl OPE als zentrale Entscheidungs- und Optimierungsgröße dient, ist der durch eine Prozessschwachstelle verursachte OPE-Verlust für die Prozessinstanz und für das Prozessmodell zu quantifizieren. Dafür werden vorbereitend die zeitlichen Quantifizierungen einzelner Prozessschwachstellen (vgl. Kapitel 5.1.3) für gleiche Prozessschwachstellen innerhalb einer Prozessinstanz aggregiert. Dies ist beispielsweise erforderlich, wenn eine *ungewollte Aktivität* mehrfach in einer Prozessinstanz auftaucht. Die Aggregation erfolgt für alle Prozessschwachstellen desselben Prozessschwachstellentyps einer Prozessinstanz m mit denselben betroffenen Aktivitäten n bzw. Aktivitätentupeln, bspw. (n_1, n_2). Aufbauend auf den Einzelquantifizierungen aus Tabelle 5.4 ergeben nach Aggregation folgende Quantifizierungen:

Tabelle 5.6: Prozessschwachstellenauswirkungen auf Prozessinstanzebene

Zeitliche Prozessschwachstellenauswirkungen auf Prozessinstanzebene

Redundante Aktivität:

$$T_{SRED}(m,n) = \sum_{i \in I_{SRED}(m^*,n^*)} \begin{cases} t_{end}(i,m) - t_{start}(i,m), für\ i = i_1 \\ t_{end}(i,m) - t_{end}(i_{-1},m), für\ i \in \{i_2, \dots, i_k\} \end{cases}$$

Rückschleife:

$$T_{SLOP}(m,n_1,\dots,n_k) = \sum_{(i_1,\dots,i_k) \in P_{SLOP}(m^*,n^*,\dots,n^{k*})} \left(t_{end}(i_k,m) - t_{start}(i_1,m)\right)$$

Ungewollte Aktivität:

$$T_{SUNW}(m,n) = \sum_{i \in I_{SUNW}(n^*)} \begin{cases} t_{end}(i,m) - t_{start}(i,m), für\ i = i_1 \\ t_{end}(i,m) - t_{end}(i_{-1},m), für\ i \in \{i_2, \dots, i_k\} \end{cases}$$

Unpassender Aktivitätenumfang:

$$T_{SUNS}(m,n) = \sum_{i \in I_{SUNS}(n^*)} \Big(t_{end}(i,m) - t_{start}(i,m) - \min_{m \in M}\big(t_{end}(i,m) - t_{start}(i,m)\big)\Big)$$

Übergangszeit:

$$T_{STRA}(m,n_1,n_2) = \sum_{(i_1,i_2) \in P_{STRA}(n^*,n^{**})} \left(t_{start}(i_2,m) - t_{end}(i_1,m)\right)$$

Anschließend erfolgt die Quantifizierung des OPE-Verlusts einer Prozessschwachstelle für eine Prozessinstanz. Dazu werden die aggregierten Prozessschwachstellenverluste durch die Zykluszeit der Prozessinstanz $ZZ(m)$ dividiert. Der OPE-Verlust gibt den schwachstellenbehafteten Zeitanteil der betrachteten Prozessschwachstelle an der der Zykluszeit einer Prozessinstanz an. Für die Prozessschwachstellentypen ergeben sich die OPE-Verluste auf Prozessinstanzebene gemäß Tabelle 5.7.

Tabelle 5.7: OPE-Verluste auf Prozessinstanzebene

OPE-Verluste je Prozessschwachstellentyp auf Prozessinstanzebene
Redundante Aktivität:
$OPE_{SRED}(m,n) = \frac{T_{SRED}(m,n)}{ZZ(m)}$
Rückschleife:
$OPE_{SLOP}(m,n_1,\dots,n_k) = \frac{T_{SLOP}(m,n_1,\dots,n_k)}{ZZ(m)}$
Ungewollte Aktivität:
$OPE_{SUNW}(m,n) = \frac{T_{SUNW}(m,n)}{ZZ(m)}$
Unpassender Aktivitätenumfang:
$OPE_{SUNS}(m,n) = \frac{T_{SUNS}(m,n)}{ZZ(m)}$
Übergangszeit:
$OPE_{STRA}(m,n_1,n_2) = \frac{T_{STRA}(m,n_1,n_2)}{ZZ(m)}$

Analog zu den vorherigen Berechnungen interessiert bei der Analyse und Gestaltung von Geschäftsprozessen in der Praxis vordergründig die OPE auf Ebene des gesamten Prozessmodells. Zur Aggregation der OPE-Verluste wird das Rechensystem gemäß Abbildung 5.23 herangezogen und analog zu Kapitel 5.3.2.2 der ungewogene Durchschnitt über alle Prozessinstanzen gebildet. Die Quantifizierung der OPE-Verluste durch einzelne Prozessschwachstellen bezogen auf das gesamte Prozessmodell erfolgt durch Multiplikation der Auswirkungen auf Prozessinstanzebene mit dem Kehrwert der Anzahl untersuchter Prozessinstanzen des Prozessmodells. Daraus ergeben sich für den OPE-Verlust auf Ebene des Prozessmodells folgende Quantifizierungsformeln:

Tabelle 5.8: OPE-Verluste auf Prozessmodellebene

OPE-Verlust je Prozessschwachstellentyp auf Prozessmodellebene
Redundante Aktivität: $$OPE_{SRED}(M,n) = \frac{\sum_{m\in M}^{M}\left(\frac{T_{SRED}(m,n)}{ZZ(m)}\right)}{\lvert M\rvert}$$
Rückschleife: $$OPE_{SLOP}(M,n_1,\dots,n_k) = \frac{\sum_{m\in M}^{M}\left(\frac{T_{SLOP}(m,n_1,\dots,n_k)}{ZZ(m)}\right)}{\lvert M\rvert}$$
Ungewollte Aktivität: $$OPE_{SUNW}(M,n) = \frac{\sum_{m\in M}^{M}\left(\frac{T_{SUNW}(m,n)}{ZZ(m)}\right)}{\lvert M\rvert}$$
Unpassender Aktivitätenumfang: $$OPE_{SUNS}(M,n) = \frac{\sum_{m\in M}^{M}\left(\frac{T_{SUNS}(m,n)}{ZZ(m)}\right)}{\lvert M\rvert}$$
Übergangszeit: $$OPE_{STRA}(M,n_1,n_2) = \frac{\sum_{m\in M}^{M}\left(\frac{T_{STRA}(m,n_1,n_2)}{ZZ(m)}\right)}{\lvert M\rvert}$$

Anders als die OPE-Kalkulationen in Kapitel 5.3.2 quantifizieren die in diesem Kapitel vorgestellten Formeln die Auswirkungen für sämtliche identifizierte Prozessschwachstellen. Dieser prozessschwachstellenbezogene Ausweis von OPE-Verlusten bedingt, dass mehrfach prozessschwachstellenbehaftete Zeiten mehrfach ausgewiesen werden. Dies ist wichtig, um in der Anwendung vollständige Transparenz über die Prozessschwachstellen eines Geschäftsprozesses zu gewährleisten. Denn auch die Behebung einer in der Prozessschwachstellenhierarchie niederrangigen Prozessschwachstelle (d.h. die nicht zur Kalkulation der OPE herangezogen wird) hat eine Auswirkung auf die OPE. Beispielsweise wird bei Vorliegen einer (niederrangigen) Übergangszeit innerhalb einer (höherrangigen) Rückschleife zur Kalkulation der OPE nur die Verlustzeit der Rückschleife als relevante Verlustzeit herangezogen. Die Verlustzeit der Übergangszeit ist dabei in der Verlustzeit der Rückschleife enthalten und wird deshalb nicht zusätzlich leistungsmindernd berücksichtigt. Neben der allgemeinen Transparenz über die OPE ist bei der Durchführung der Prozessanalyse und -gestaltung ist jedoch wichtig, auch die Verlustwirkung dieser Übergangszeit zu kennen. Ihre Elimination beseitigt nämlich nicht nur direkt die durch sie verursachte Verlustzeit, sondern reduziert auch die Verlustwirkung der höherrangigen Rückschleife und verbessert die Gesamt-OPE. Dieser verwertungsneutrale Ausweis von OPE-Verlusten und -Potenzialen ist wichtig, da zum Zeitpunkt der Berechnung nicht bekannt ist, ob im vorliegenden Beispiel die Rückschleife als ganzes eliminiert wird und die Untersuchung der Übergangszeit damit relevant ist. Daraus folgt, dass aus diesen unterschiedlichen Quantifizierungsvorgehen mathematisch ein Delta zwischen dem relevanten Gesamtverlust (vgl. Formel 5.25, zeitbezogener Ausweis) und der Summe aller einzelnen OPE-Verluste (vgl. Tabelle 5.7, schwachstellenbezogener Ausweis) resultiert. Dieses Delta ist jedoch erforderlich, um einerseits die OPE korrekt auszuweisen und andererseits sämtliche Prozessschwachstellen verwertungsneutral zu quantifizieren.

5.3.3.2 OPE-Bewertung von Maßnahmen

Analog zu Kapitel 5.3.3.1 werden für die Maßnahmen aus Lösungsmodul 2 (vgl. Kapitel 5.2) nachfolgend die OPE-Potenziale für einzelne Maßnahmen auf Ebene der Prozessinstanz und des Prozessmodells bewertet. Dazu werden vorbereitend die zeitlichen Quantifizierungen der Maßnahmen (vgl. Kapitel 5.2.2) für gleiche Maßnahmen innerhalb einer Prozessinstanz aggregiert. Aufbauend auf den Einzelquantifizierungen in Tabelle 5.5 ergeben sich Maßnahmenauswirkungen auf Prozessinstanzebene:

Tabelle 5.9: Maßnahmenauswirkungen auf Prozessinstanzebene

Zeitliche Maßnahmenauswirkung auf Prozessinstanzebene
Aktivitätenelimination:
$$T_{MELI}(m,n) = \sum_{i \in I_{SRED}(m^*,n^*)} \begin{cases} t_{end}(i,m) - t_{start}(i,m), für\ i = i_1 \\ t_{end}(i,m) - t_{end}(i_{-1},m), für\ i \in \{i_2,\dots,i_k\} \end{cases}$$
$bzw.$
$$T_{MELI}(m,n) = \sum_{i \in I_{SUNW}(n^*)} \begin{cases} t_{end}(i,m) - t_{start}(i,m), für\ i = i_1 \\ t_{end}(i,m) - t_{end}(i_{-1},m), für\ i \in \{i_2,\dots,i_k\} \end{cases}$$
Iterationsvermeidung:
$$T_{MITE}(m,n_1,\dots,n_k) = \sum_{(i_1,\dots,i_k) \in P_{SLOP}(m^*,n^*,\dots,n^{k*})} \left(t_{end}(i_k,m) - t_{start}(i_1,m)\right)$$

Beschleunigung:

$$T_{MBES}(m,n) = \sum_{i \in I_{SUNS}(n^*)} \Big(t_{end}(i,m) - t_{start}(i,m) - Q_{p,m\in M}\big(t_{end}(i,m) - t_{start}(i,m)\big)\Big)$$

Integrieren:

$$T_{MINT}(m,n_1,n_2) = \sum_{(i_1,i_2)\in P_{STRA}(n^*,n^{**})} \big(t_{start}(i_2,m) - t_{end}(i_1,m)\big)$$

Übergangszeitenreduktion:

$$T_{MÜRE}(m,n_1,n_2) = \sum_{(i_1,i_2)\in P_{STRA}(n^*,n^{**})} \Big(t_{start}(i_1,m) - t_{end}(i_2,m) - Q_{p,m\in M}\big(t_{start}(i_2,m) - t_{end}(i_1,m)\big)\Big)$$

Im Unterschied zum OPE-Verlust einer Prozessschwachstelle beschreibt das OPE-Potenzial einer Maßnahme, um wieviel Prozent die OPE bei Anwendung dieser Maßnahme höher wäre und bezieht sich demnach auf eine kalkulatorisch reduzierte Prozesszeit. Die Werte des OPE-Verlusts einer Prozessschwachstelle und des OPE-Potenzials der zugehörigen Maßnahme sind folglich nicht vergleichbar und selbst bei vollständiger Elimination der Prozessschwachstelle nicht identisch. Das OPE-Potenzial einer Maßnahme ergibt sich als Differenz zwischen der aktuellen OPE und der OPE unter Berücksichtigung der reduzierten Gesamtverlustzeit und reduzierten Zykluszeit. Formel 5.29 beschreibt diese Grundlogik für das OPE-Potenzial einer generischen Maßnahme $M - Typ$:

Formel 5.29: OPE-Potenzial einer Maßnahme Prozessinstanzebene

$$OPE_{M-Typ}(m,n) = \frac{T_{relGeV}(m)}{ZZ(m)} - \frac{T_{relGeV}(m) - T_{M-Typ}(m,n)}{ZZ(m) - T_{M-Typ}(m,n)}$$

mit $T_{M-Typ}(m,n)$ Potenzial von Maßnahmentyp $M - Typ$ an Aktivität n auf die Prozesszeit der Prozessinstanz m

Die Grundlogik von Formel 5.29 gilt für alle Maßnahmentypen außer der Beschleunigung unpassenden Aktivitätenumfangs. Bei Ausführung einer Beschleunigung sinkt die Zykluszeit einer Prozessinstanz nur um die Maßnahmenauswirkung der Beschleunigung (z. B. Beschleunigung der Bearbeitungszeit eines Ereignisses um 30 Minuten gemäß dem Ziel-Quantil), die relevante Gesamtverlustzeit sinkt jedoch um den Zeitumfang der Prozessschwachstellenauswirkung (z. B. 50 Minuten), da nach Beschleunigung der Aktivitäten der Variationskoeffizient der Bearbeitungszeiten unter den Grenzvariationskoeffizienten fällt und damit keine Prozessschwachstelle mehr vorliegt. Eine weiterführende Erläuterung anhand eines Zahlenbeispiels findet sich im Anhang unter Kapitel 9.6. Aus dieser Begründung ergibt sich zur Quantifizierung des OPE-Potenzials *Beschleunigung* nachfolgende Adaption:

Formel 5.30: OPE-Potenzial der Maßnahme MBES Prozessinstanzebene

$$OPE_{MBES}(m,n) = \frac{T_{relGeV}(m)}{ZZ(m)} - \frac{T_{relGeV}(m) - T_{Auswirkung}(m,n)}{ZZ(m) - T_{MBES}(m,n)}$$

mit $T_{Auswirkung}(m,n) = \begin{cases} T_{SUNS}(m,n), für\ T_{SUNS}(m,n) \in T_{relSUNS}(i_*,m) \\ T_{MBES}(m,n), für\ T_{SUNS}(m,n) \notin T_{relSUNS}(i_*,m) \end{cases}$

$T_{Auswirkung}(m,n)$ Zur Quantifizierung des OPE-Potenzials berücksichtigte Auswirkung der Maßnahme *Beschleunigen* von Prozessschwachstelle i_* des Typs $SWST-Typ$ in Prozessinstanz m auf die Prozesszeit

Mittels einer Fallunterscheidung $T_{Auswirkung}(m,n)$ wird dabei geprüft, ob die Bearbeitungszeit der zu beschleunigenden Aktivität prozessleistungsrelevant oder durch eine höherrangige Prozessschwachstelle gemäß Prozessschwachstellenhierarchie belegt ist. Ist die Bearbeitungszeit der zu beschleunigenden Prozessaktivität nicht durch eine höherrangige Prozessschwachstelle behaftet, wird im Zähler des Subtrahenden die Prozessschwachstellenauswirkung des *Unpassenden Aktivitätenumfangs* eingesetzt. Durch diese Logik wird die Prozessschwachstellenhierarchie auch bei der Quantifizierung des OPE-Potenzials berücksichtigt und die zu erwartende OPE-Steigerung durch Anwendung der Maßnahme korrekt ausgewiesen. Ist die Bearbeitungszeit der zu beschleunigenden Prozessaktivität nicht-prozessleistungsrelevant, d. h. durch eine höherrangige Prozessschwachstelle behaftet, wird im Zähler des Subtrahenden die zeitliche Maßnahmenauswirkung eingesetzt, da sich die Beschleunigung eines Ereignisses nur im Umfang der Maßnahmenauswirkung auch die durch höherrangige Prozessschwachstellen behaftete Bearbeitungszeit auswirkt. In diesem Fall entspricht die Formel der Quantifizierungsformel des OPE-Potenzials für die übrigen Maßnahmentypen. Für die spezifischen Maßnahmentypen ergeben sich die OPE-Potenziale in der Prozessinstanz gemäß Tabelle 5.10.

Tabelle 5.10: OPE-Potenziale auf Prozessinstanzebene

OPE-Potenzial je Maßnahmentyp auf Prozessinstanzebene
Aktivitätenelimination:
$$OPE_{MELI}(m,n) = \frac{T_{relGeV}(m)}{ZZ(m)} - \frac{T_{relGeV}(m) - T_{MELI}(m,n)}{ZZ(m) - T_{MELI}(m,n)}$$
Iterationsvermeidung:
$$OPE_{MITE}(m,n_1,\dots,n_k) = \frac{T_{relGeV}(m)}{ZZ(m)} - \frac{T_{relGeV}(m) - T_{MITE}(m,n_1,\dots,n_k)}{ZZ(m) - T_{MITE}(m,n_1,\dots,n_k)}$$
Beschleunigung:
$$OPE_{MBES}(m,n) = \frac{T_{relGeV}(m)}{ZZ(m)} - \frac{T_{relGeV}(m) - T_{Auswirkung}(m,n)}{ZZ(m) - T_{MBES}(m,n)} \ mit$$
$$T_{Auswirkung}(m,n) = \begin{cases} T_{SUNS}(m,n), für\ T_{SUNS}(m,n) \in T_{relSUNS}(i_*,m) \\ T_{MBES}(m,n), für\ T_{SUNS}(m,n) \notin T_{relSUNS}(i_*,m) \end{cases}$$
Integrieren:
$$OPE_{MINT}(m,n_1,n_2) = \frac{T_{relGeV}(m)}{ZZ(m)} - \frac{T_{relGeV}(m) - T_{MINT}(m,n_1,n_2)}{ZZ(m) - T_{MINT}(m,n_1,n_2)}$$
Übergangszeitenreduktion:
$$OPE_{MÜRE}(m,n_1,n_2) = \frac{T_{relGeV}(m)}{ZZ(m)} - \frac{T_{relGeV}(m) - T_{MÜRE}(m,n_1,n_2)}{ZZ(m) - T_{MÜRE}(m,n_1,n_2)}$$

Analog zu Kapitel 5.3.3.1 erfolgt die Quantifizierung der OPE-Potenziale auf Prozessmodellebene mithilfe des ungewogenen Durchschnitts über alle Prozessinstanzen:

Tabelle 5.11: OPE-Potenziale auf Prozessmodellebene

OPE-Potenzial je Maßnahmentyp auf Prozessmodellebene
Aktivitätenelimination:
$$OPE_{MELI}(M,n) = \frac{\sum_{m \in M}^{M} \left(\frac{T_{relGeV}(m)}{ZZ(m)} - \frac{T_{relGeV}(m) - T_{MELI}(m,n^*)}{ZZ(m) - T_{MELI}(m,n^*)} \right)}{\lvert M \rvert}$$
Iterationsvermeidung:
$$OPE_{MITE}(M,n_1,\dots,n_k) = \frac{\sum_{m \in M}^{M} \left(\frac{T_{relGeV}(m)}{ZZ(m)} - \frac{T_{relGeV}(m) - T_{MITE}(m,n_1,\dots,n_k)}{ZZ(m) - T_{MITE}(m,n_1,\dots,n_k)} \right)}{\lvert M \rvert}$$

Beschleunigung:

$$OPE_{MELI}(M,n) = \frac{\sum_{m\in M}^{M}\left(\frac{T_{relGeV}(m)}{ZZ(m)} - \frac{T_{relGeV}(m) - T_{Auswirkung}(m,n)}{ZZ(m) - T_{MBES}(m,n)}\right)}{|M|}$$

$$mit\ T_{Auswirkung}(m,n) = \begin{cases} T_{SUNS}(m,n), für\ T_{SUNS}(m,n) \in T_{relSUNS}(i_*,m) \\ T_{MBES}(m,n), für\ T_{SUNS}(m,n) \notin T_{relSUNS}(i_*,m) \end{cases}$$

Integrieren:

$$OPE_{MINT}(M,n_1,n_2) = \frac{\sum_{m\in M}^{M}\left(\frac{T_{relGeV}(m)}{ZZ(m)} - \frac{T_{relGeV}(m) - T_{MINT}(m,n_1,n_2)}{ZZ(m) - T_{MINT}(m,n_1,n_2)}\right)}{|M|}$$

Übergangszeitenreduktion:

$$OPE_{MÜRE}(M,n_1,n_2) = \frac{\sum_{m\in M}^{M}\left(\frac{T_{relGeV}(m)}{ZZ(m)} - \frac{T_{relGeV}(m) - T_{MÜRE}(m,n_1,n_2)}{ZZ(m) - T_{MÜRE}(m,n_1,n_2)}\right)}{|M|}$$

5.3.3.3 Zusammenführung zur Entscheidungsunterstützung

Der Zielsetzung (vgl. Kapitel 1.2) und dem Grobkonzept (vgl. Kapitel 4.3) folgend sollen die Lösungsmodule „Prozessanalyse“ (vgl. Kapitel 5.1) und „Prozessgestaltung“ (vgl. Kapitel 5.2) integriert und um die in den vorangegangenen Kapiteln entwickelte Geschäftsprozessleistungskennzahl OPE erweitert (vgl. Kapitel 5.3.1 und 5.3.2) werden. Daraus ergibt sich eine datenbasierte Entscheidungsunterstützung für die Analyse und Gestaltung von Geschäftsprozessen, die als holistische Gesamtlösung die Aufgaben der Prozessanalyse und -gestaltung zu großen Teilen datenbasiert und damit automatisiert anwendbar macht. Nachfolgend werden die Eingangsinformationen, Funktionalitäten und Ausgangsinformationen der Entscheidungsunterstützung vorgestellt.

Die Eingangsinformationen für die datenbasierte Entscheidungsunterstützung werden im Wesentlichen durch die in Kapitel 5.1.1 abgeleiteten Datenbedarfe spezifiziert. Demnach sind ereignisorientierte Daten, d. h. ein Eventlog, über den zu untersuchenden Geschäftsprozess erforderlich. Zu jedem Ereignis müssen dabei die Datenattribute *Prozessinstanz, Aktitivität, Startzeitpunkt, Endzeitpunkt* vorliegen. Zudem gilt dieser Eventlog gemäß Quantifizierungsannahme (I) als bereinigt um unrealistisch-lange und -kurze Prozesszeiten durch Fehlbuchungen. Zusätzlich zum Datenbedarf erfordert die datenbasierte Entscheidungsunterstützung Steuerinformationen zur Ausführung einzelner Prozessschwachstellen- und Maßnahmenmodelle. Für die Identifizierung des Prozessschwachstellentyps *Ungewollte Aktivität* ist eine Liste mit ungewollten Aktivitätsbezeichnungen bereitzustellen. Die Identifizierung des Prozessschwachstellentyps *Unpassender Aktivitätenumfang* erfordert das Festsetzen eines Werts für den Grenzvariationskoeffizienten, über dem eine Aktivität als schwachstellenbehaftet im Sinne einer unzureichenden Standardisierung gilt. Analog sind für die Maßnahmentypen *Beschleunigung* und *Reduzierung der Übergangszeit* Quantilwerte festzulegen. Diese Variablen bestimmen das Quantil der historisch besten Bearbeitungs- und Übergangszeiten, die als realistisch erreichbare Verbesserung angenommen werden.

Die Funktionalitäten der datenbasierten Entscheidungsunterstützung für die Analyse und Gestaltung von Geschäftsprozessen ergeben sich aus der Gesamtheit des formalisierten Methodenwissens in den ersten drei Lösungsmodulen (vgl. Kapitel 5.1, 5.2 und 5.3) angewendet auf Eventlogs eines Geschäftsprozesses. Durch die Anwendung der Prozessschwachstellenmodelle des ersten Lösungsmoduls werden definierte Prozessschwachstellentypen in Eventlogs datenbasiert identifizierbar. Zusätzlich wird die dadurch verursachte Verlustzeit datenbasiert quantifizierbar. Die identifizierten Prozessschwachstellen werden dokumentiert (vgl. Kapitel 5.1). Das zweite Lösungsmodul ermöglicht die Ableitung geeigneter Maßnahmentypen zu den identifizierten Prozessschwachstellen sowie die retrograd-kalkulatorische Quantifizierung ihrer Auswirkung auf die Prozesszeit (vgl. Kapitel 5.2). Aus dem dritten Lösungsmodul ergibt sich die Quantifizierbarkeit der Geschäftsprozessleistung OPE für einzelne Prozessinstanzen sowie das gesamte Prozessmodell. Zudem werden die in den ersten beiden Lösungsmodulen quantifizierten Prozesszeitauswirkungen von Prozessschwachstellen und Maßnahmen auf die OPE übertragen. Dadurch werden OPE-Verluste durch Prozessschwachstellen und OPE-Potenziale durch Maßnahmen auf Ebene einzelner Prozessinstanzen und des gesamten Prozessmodells quantifiziert. Die OPE-Quantifizierung ermöglicht zudem die Sortierung der identifizierten Prozessschwachstellen und abgeleiteten Maßnahmen (vgl. Kapitel 5.3). Die Entscheidungsunterstützung unterstützt die dynamische Anwendung von Maßnahmen auf das Prozessmodell durch Anpassung des Eventlogs gemäß der formalisierten Maßnahmenauswirkungen in Kapitel 5.2.2. Tabelle 5.12 fasst die Funktionalitäten der Entscheidungsunterstützung zusammen.

Tabelle 5.12: **Funktionalitäten der Entscheidungsunterstützung**

Nr.	Funktionalität	Phase
1	Modellbasierte Identifizierung von Prozessschwachstellen	Prozess-analyse
2	Quantifizierung der Geschäftsprozessleistung auf Prozessinstanz- und Prozessmodellebene	
3	Quantifizierung von Zeit- und OPE-Verlusten durch Prozessschwachstellen auf Prozessinstanz- und Prozessmodellebene	
4	Dokumentation der Prozessschwachstellen	
5	Priorisierung der Prozessschwachstellen anhand ihres OPE-Verlustes	
6	Ableitung geeigneter Maßnahmen zur Behebung identifizierter Prozessschwachstellen	Prozess-gestaltung
7	Quantifizierung der Zeit- und OPE-Potenziale durch Maßnahmen auf Prozessinstanz- und Prozessmodellebene	
8	Dokumentation der zugeordneten Maßnahmenvorschläge	
9	Priorisierung der Maßnahmenvorschläge anhand ihres OPE-Potenzials	
10	Dynamische Anpassung des Prozessmodells nach Maßnahmenauswahl	

Aus den beschriebenen Funktionalitäten ergeben sich die Ausgangsinformationen der Entscheidungsunterstützung. Diese werden in drei Informationsarten unterteilt, deren separate Darstellung in einer graphischen Benutzeroberfläche erfolgt. Die erste Informationsart betrifft in Anlehnung an bestehende Process Mining Lösungen eine graphische Darstellung des untersuchten Prozessmodells. Die Modellierung erfolgt dabei anhand von Process Mining Discovery Algorithmen. Diese Aufgabe der Prozessaufnahme wird aufgrund der Verfügbarkeit in der Praxis in dieser Arbeit nicht weiter ausdetailliert (vgl. Kapitel 2.2.2.2). Die zweite Informationsart betrifft die Informationen über die Geschäftsprozessleistung OPE des Prozessmodells. Dabei werden die OPE-Verluste nach Kontinuitäts-, Linerarітäts- und Leistungsverlusten ausdetailliert. Diese Informationsart erfüllt damit die Leistungsmessung als Aufgabe der quantitativen Prozessanalyse. Die dritte Informationsart dient der operativen Entscheidungsunterstützung und umfasst eine Liste der identifizierten Prozessschwachstellen bezogen auf das gesamte Prozessmodell. Zu jeder Prozessschwachstelle sind die verursachten OPE- und Prozesszeitverluste sowie geeignete Maßnahmen und dadurch erzielbare OPE-Potenziale dargestellt. Ergänzend werden du den Prozessschwachstellen noch hinreichende Informationen wie die Auftretenshäufigkeit in den betroffenen Prozessinstanzen sowie die Verlustart ausgewiesen. Diese Informationsart unterstützt unmittelbar Entscheidungen in der Analyse und Gestaltung von Geschäftsprozessen. Diese Liste wird als Entscheidungsliste bezeichnet, da sie neben der Bereitstellung entscheidungsrelevanter Informationen auch über Schaltflächen Entscheidungen wie beispielsweise die Auswahl von Maßnahmen aufnimmt. Abbildung 5.25 visualisiert die Benutzeroberfläche der Entscheidungsunterstützung. Auf der linken Seite ist das Prozessmodell abgebildet. Die rechte Seite der Benutzeroberfläche zeigt im oberen Bereich die Geschäftsprozessleistungsinformationen und im unteren Bereich die Entscheidungsliste zur operativen Entscheidungsunterstützung und -ausführung.

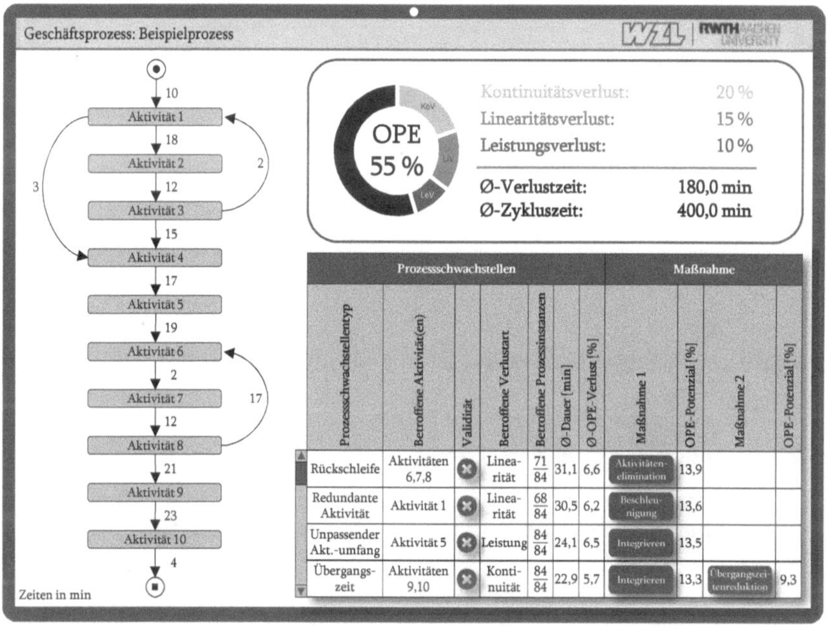

Abbildung 5.25: Benutzeroberfläche der Entscheidungsunterstützung

Durch die Bereitstellung dieser Informationen automatisiert die Entscheidungsunterstützung einen Großteil der in der Prozessanalyse und -gestaltung anfallenden Aufgaben, sodass Aufwände sinken. Durch die Anwendung von standardisiert-formalisiertem Methodenwissen auf Prozessdaten werden die Ergebnisse zudem objektiver. Die datenbasierte Quantifizierung ermöglicht die Bewertung der OPE-Auswirkungen von Prozessschwachstellen und Maßnahmen und integriert damit die qualitative und quantitative Prozessanalyse bzw. -gestaltung erstmals.

5.4 Hybride Vorgehensweise zur Prozessanalyse und -gestaltung

Im vorangegangenen Kapitel 5.3 wurde die Entscheidungsunterstützung für die Analyse und Gestaltung von Geschäftsprozessen entwickelt. Diese stellt ein Werkzeug dar, welches die Aufgaben der Prozessanalyse (vgl. Kapitel 2.3.1 bzw. 2.3.1.1) und -gestaltung (vgl. Kapitel 2.3.2 bzw. 2.3.2.1) teilautomatisiert. Durch die Entscheidungsunterstützung verändert sich die operative Vorgehensweise zur Prozessanalyse und -gestaltung im Vergleich zu konventionellen Vorgehensweisen (vgl. Kapitel 2.2.1.2). In diesem Kapitel wird eine hybride Vorgehensweise zur Prozessanalyse und -gestaltung unter Einsatz der datenbasierten Entscheidungsunterstützung entwickelt. Dazu wird untersucht, inwiefern die Entscheidungsunterstützung konventionelle Aufgaben der Prozessanalyse und -gestaltung automatisiert oder neue Aufgaben entstehen. Daraus ergibt sich eine neue Vorgehensweise für die datenbasierte hybride Analyse und Gestaltung von Geschäftsprozessen.

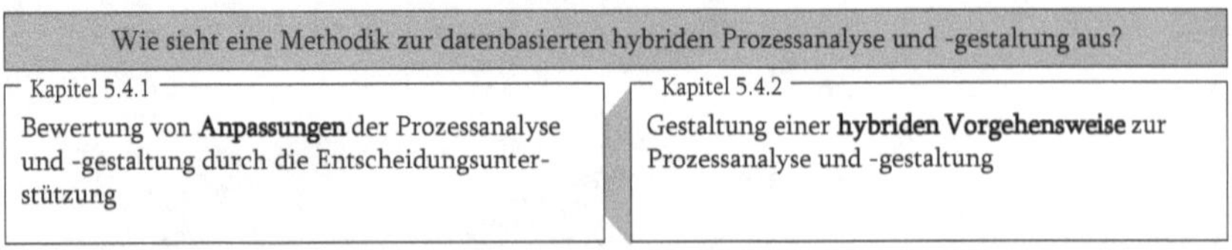

Abbildung 5.26: Übersicht: Viertes Lösungsmodul „Hybride Vorgehensweise“

Das vierte Lösungsmodul beschreibt die Praxisanwendung der entwickelten Entscheidungsunterstützung und schließt den Forschungsbedarf dieser Arbeit.

5.4.1 Anpassungsbewertung durch die Entscheidungsunterstützung

In Kapitel 2 wurden Referenzvorgehen für die Geschäftsprozessverbesserung (vgl. Abbildung 2.2) sowie detaillierend die Prozessanalyse (vgl. Abbildung 2.3) und die Prozessgestaltung (vgl. Abbildung 2.6) vorgestellt. Diese beschreiben die durchzuführenden Aufgaben zur Analyse und Gestaltung von Geschäftsprozessen in einer konventionellen, beispielsweise workshopbasierten, Vorgehensweise. Mit der in den Lösungsmodulen 1 bis 3 entwickelten Entscheidungsunterstützung (vgl. Kapitel 5.1, 5.2 und 5.3) ist eine datenbasierte Lösung für die Prozessanalyse und -gestaltung verfügbar, die eine Teilautomatisierung der Referenzvorgehen ermöglicht. Durch Gegenüberstellung der Referenzvorgehen mit den Funktionalitäten der datenbasierten Entscheidungsunterstützung werden Automatisierungspotenziale für die Referenzaufgaben der Prozessanalyse und -gestaltung bestimmt. Zusätzlich wird untersucht, ob durch die datenbasierte Entscheidungsunterstützung neue Aufgaben erforderlich werden.

Zuvor werden die der Prozessanalyse vorgelagerten Phasen der Prozessidentifikation und der Prozessmodellierung sowie die der Prozessgestaltung nachgelagerten Phasen der Prozessimplementierung und Prozessüberwachungen hinsichtlich ihrer Anpassungsbedarfe beschrieben. Die Prozessidentifikation als Auswahl des zu verbessernden Geschäftsprozesses verändert sich durch die datenbasierte Entscheidungsunterstützung nicht grundsätzlich. Jedoch stehen durch die Entscheidungsunterstützung automatisiert Informationen über die Geschäftsprozessleistung zur Verfügung, wodurch leistungsschwache Geschäftsprozesse mit geringer OPE aufwandsgerecht identifizierbar werden. Die Prozessaufnahme verändert sich von einer workshopbasierten Prozessaufnahme zu einer datenbasierten Prozessmodellierung mittels Process Mining Discovery Algorithmen anhand von Eventlogs (vgl. Kapitel 2.2.2.2). Dadurch wird die Prozessaufnahme aufwandsgerecht und objektiver. Gleichzeitig nutzt sie dieselbe Datenbasis wie die datenbasierte Entscheidungsunterstützung für die Prozessanalyse und -gestaltung, sodass ein einheitliches Prozessmodell für alle Phasen der Geschäftsprozessverbesserung zur Verfügung steht. Die datenbasierte Entscheidungsunterstützung visualisiert in der Benutzeroberfläche ein mittels Process Mining Discovery erhobenes Prozessmodell des Ist-Prozesses (vgl. Kapitel 5.3.3.2 bzw. Abbildung 5.25). Die auf die Prozessgestaltung folgende Phase der Prozessimplementierung verändert sich durch die Entscheidungsunterstützung nicht, da in dieser Phase die operative Umsetzung des entwickelten Soll-Prozesses und der damit verbundenen Verbesserungsmaßnahmen erfolgt. Potenziell ändert sich der Umfang der durchzuführenden Maßnahmen und Veränderungen im Prozess, wenn die Geschäftsprozessverbesserung durch die Entscheidungsunterstützung aufwandsgerechter wird und häufiger mit inkrementellen Verbesserungen durchgeführt wird. Für die Phase der Prozessüberwachung ermöglicht die automatisierte OPE-Messung eine kontinuierliche und aufwandsgerechte Prozessüberwachung.

Nachfolgend wird überprüft, inwiefern die referentiellen Aufgaben der Prozessanalyse und -gestaltung (vgl. Kapitel 2.3.1.2 und 2.3.2.2) durch die datenbasierte Entscheidungsunterstützung (vgl. Kapitel 5.1, 5.2 und 5.3) automatisiert oder erweitert werden. Dazu werden in Tabelle 5.13 die Funktionalitäten der datenbasierten Entscheidungsunterstützung (vgl. Tabelle 5.12) den Referenzaufgaben der Prozessanalyse (vgl.

Abbildung 2.3) und Prozessgestaltung (vgl. Abbildung 2.6) zugeordnet. Eine Zuordnung findet statt, wenn eine Funktionalität der Entscheidungsunterstützung die jeweilige Referenzaufgabe aus den Referenzvorgehen automatisiert ausführen kann.

Tabelle 5.13: Automatisierungspotenziale der Entscheidungsunterstützung

Phase	Referenzaufgabe	Automatisierung durch (Nr.) Funktionalität
Prozessanalyse	Qualitative Analyse	(1) Modellbasierte Identifizierung von Prozessschwachstellen
	Quantitative Analyse	(2) Quantifizierung der Geschäftsprozessleistung auf Prozessinstanz- und Prozessmodellebene (3) Quantifizierung von Zeit- und OPE-Verlusten durch Prozessschwachstellen auf Prozessinstanz- und Prozessmodellebene
	Schwachstellenvalidierung	*Keine Automatisierung durch die Entscheidungsunterstützung*
	Schwachstellenpriorisierung	(4) Priorisierung der Prozessschwachstellen anhand ihres OPE-Verlustes
	Schwachstellendokumentation	(5) Dokumentation der Prozessschwachstellen
Prozessgestaltung	Maßnahmenableitung	(6) Ableitung geeigneter Maßnahmen zur Behebung identifizierter Prozessschwachstellen
	Maßnahmenvalidierung	*Keine Automatisierung durch die Entscheidungsunterstützung*
	Maßnahmenbewertung	(7) Quantifizierung der Zeit- und OPE-Potenziale durch Maßnahmen auf Prozessinstanz- und Prozessmodellebene
	Maßnahmenpriorisierung	(9) Priorisierung der Maßnahmenvorschläge anhand ihres OPE-Potenzials
	Soll-Prozessgestaltung	*Teilautomatisierung durch* (10) Dynamische Anpassung des Prozessmodells nach Maßnahmenauswahl
	Dokumentation	(8) Dokumentation der zugeordneten Maßnahmenvorschläge (10) Dynamische Anpassung des Prozessmodells nach Maßnahmenauswahl

Tabelle 5.13 verdeutlicht, dass die datenbasierte Entscheidungsunterstützung die meisten Referenzaufgaben der konventionellen Prozessanalyse und -gestaltung automatisiert. Das Delta zwischen den Funktionalitäten der Entscheidungsunterstützung und den Referenzaufgaben der Prozessanalyse und -gestaltung besteht aus Aufgaben,

die nicht oder nur teilweise durch die datenbasierte Entscheidungsunterstützung automatisiert werden. Dies betrifft die Schwachstellenvalidierung, die Maßnahmenvalidierung und die Soll-Prozessgestaltung.

Kein Automatisierungspotenzial besteht bei den beiden Validierungsaufgaben. Sie dienen bei konventionellen Vorgehensweisen der Überprüfung der personengebunden identifizierten Prozessschwachstellen und vorgeschlagenen Maßnahmen. Diese erfolgen häufig implizit während der Workshops zur Prozessschwachstellenidentifizierung und Maßnahmenableitung. Die datenbasierte Entscheidungsunterstützung automatisiert die Prozessschwachstellenidentifizierung und Maßnahmenableitung mithilfe von formalisiertem Methodenwissen, sodass diese Workshops entfallen. Da die datenbasierte Entscheidungsunterstützung kein Kontextwissen über den untersuchten Geschäftsprozess berücksichtigt, muss die kontextuale Richtigkeit der identifizierten Prozessschwachstellen und vorgeschlagenen Maßnahmen weiterhin personengebunden überprüft werden. Dies betrifft bei der Schwachstellenvalidierung beispielsweise die Überprüfung, ob eine als redundant identifizierte Aktivität im Kontext des untersuchten Geschäftsprozesses wirklich eine Prozessschwachstelle darstellt oder begründet mehrfach auftritt (z. B. aufgrund einer regulatorischen Vorgabe). Als Maßnahmenvalidierung gilt es die Anwendbarkeit eines Maßnahmenvorschlags für den zu verbessernden Geschäftsprozess zu überprüfen.

Eine Teilautomatisierung durch die datenbasierte Entscheidungsunterstützung ist bei der Referenzaufgabe „Soll-Prozessgestaltung" gegeben. Diese Referenzaufgabe umfasst die Auswahl der bewerteten Maßnahmen zur Adaption des Ist-Prozesses. Die Entscheidungsunterstützung stellt lediglich die Auswirkung auf die prozesszeitorientierte OPE bereit. Weitere entscheidungsrelevante Kriterien wie Aufwand, Kosten und Dauer der Umsetzung sind kontextabhängig und erfordern die Operationalisierung der abgeleiteten Maßnahmenvorschläge. Die Auswahl der bezogen auf die OPE bereits bewerteten Maßnahmen erfolgt daher personengebunden. Die Adaption des Prozessmodells durch Anwendung der Maßnahme wird bei Auswahl einer Maßnahme durch die Entscheidungsunterstützung automatisch vorgenommen. Folglich wird diese Referenzaufgabe durch die datenbasierte Entscheidungsunterstützung teilautomatisiert.

Abbildung 5.27 skizziert die Automatisierungen und Teilautomatisierung der Referenzaufgaben der Prozessanalyse und -gestaltung (vgl. Abbildung 2.3 und Abbildung 2.6) durch die Funktionalitäten der datenbasierten Entscheidungsunterstützung.

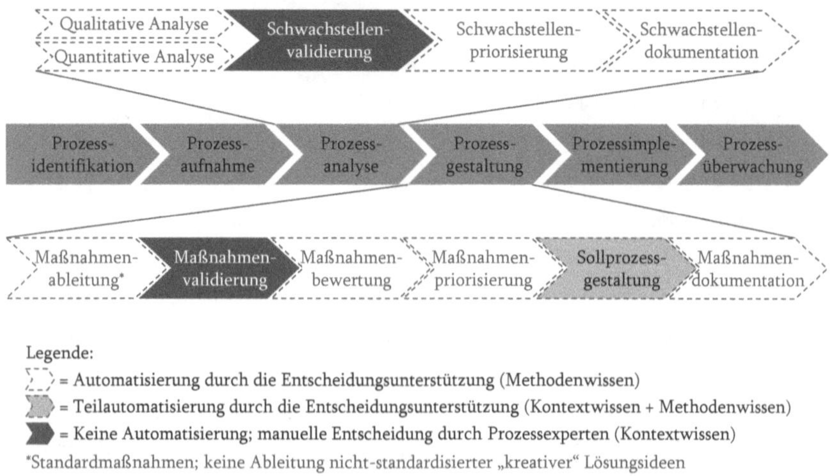

Abbildung 5.27: Automatisierung durch die Entscheidungsunterstützung

Gleichzeitig entstehen durch die datenbasierte Entscheidungsunterstützung neue Aufgaben im Sinne von Vorverarbeitungsaufwänden am untersuchten Eventlog sowie die Konfiguration der Entscheidungsunterstützung. Zudem leitet die datenbasierte Entscheidungsunterstützung für identifizierte Prozessschwachstellen ausschließlich die formalisierten Maßnahmentypen ab. Kreative Verbesserungsideen von Prozessbeteiligten finden anders als bei konventionellen workshopbasierten Ansätze keine Berücksichtigung (vgl. auch *Redesign Orbit* in Abbildung 2.5). Deshalb ist eine personengebundene Ergänzung von nicht-standardisierten Verbesserungsideen notwendig.

Die datenbasierte Entscheidungsunterstützung automatisiert einen Großteil der Aufgaben in der Prozessanalyse und -gestaltung, sodass diese nahezu gleichzeitig ausgeführt werden. Dies ermöglicht eine häufigere, inkrementelle Prozessanalyse und -gestaltung, bei der im Gegensatz zu konventionellen Vorgehensweisen unter Umständen nur einzelne Prozessschwachstellen behoben werden. Aufgrund der umfangreichen Automatisierung und ergänzenden Aufgaben ist eine schrittweise Anpassung einzelner Aufgaben der bisherigen Referenzvorgehen nicht zielführend. Stattdessen wird im nachfolgenden Kapitel eine neue Vorgehensweise für die hybride Prozessanalyse und -gestaltung unter Einsatz der datenbasierten Entscheidungsunterstützung entwickelt.

5.4.2 Gestaltung einer hybriden Vorgehensweise

Die in Kapitel 5.4.1 bewerteten Automatisierungspotenziale verdeutlichen, dass der Einsatz der Entscheidungsunterstützung in der Prozessanalyse und -gestaltung eine hybride Vorgehensweise erfordert, welche das Methodenwissen in der datenbasierten Entscheidungsunterstützung und das personengebundene Kontextwissen inklusive menschlicher Lösungskreativität integriert zur Anwendung bringt. Dies deckt sich mit den inhaltlichen Anforderungen gemäß Kapitel 4.1.1.

In konventionellen Vorgehensweisen wird der zu verbessernde Geschäftsprozess zunächst vollständig der Prozessanalyse und anschließend der Prozessgestaltung unterzogen. Das Vorgehen der datenbasierten hybriden Analyse und Gestaltung von Geschäftsprozessen hebt diese Trennung von Prozessanalyse und -gestaltung auf und verbindet sie zu einer gemeinsamen Phase. Die datenbasierte Entscheidungsunterstützung führt die automatisierbaren Aufgaben der Prozessanalyse und -gestaltung nahezu gleichzeitig aus, sodass zu jeder identifizierten Prozessschwachstelle (Prozessanalyse) unmittelbar Informationen über Maßnahmen und Nutzenpotenziale (Prozessgestaltung) zur Verfügung stehen, um eine Entscheidung zu unterstützen.

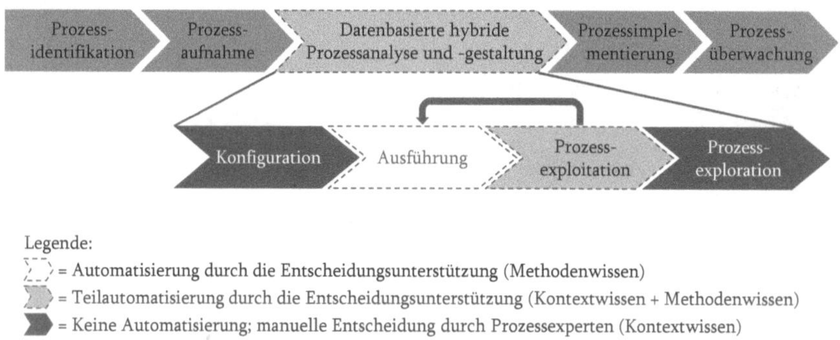

Abbildung 5.28: Vorgehen zur datenbasierten hybriden Analyse und Gestaltung von Geschäftsprozessen

Das Vorgehen innerhalb dieser gemeinsamen Phase unterscheidet sich, bedingt durch die Teilautomatisierung in der Entscheidungsunterstützung, ebenfalls vom Referenzprozess. Anstelle einer sequenziellen Durchführung der Einzelaufgaben ist die Phase nach automatisierten, teilautomatisierten und nicht-automatisierten Sub-Phasen getrennt. Das Vorgehen beginnt mit der manuellen *Konfiguration* der Entscheidungsunterstützung, gefolgt von ihrer automatisierten *Ausführung*. Anhand der Entscheidungsunterstützung werden in der teilautomatisierten *Prozessexploitation* Entscheidungen zur Behebung von Prozessschwachstellen getroffen. In Anlehnung an ROSEMANN wird diese Sub-Phase als exploitativ charakterisiert, da inkrementelle Veränderungen am Geschäftsprozess zur Behebung von Prozessschwachstellen vorgenommen werden (vgl. Kapitel 2.2.1.1).[412] Da mit jeder Maßnahmenauswahl das Prozessmodell verändert wird (vgl. Kapitel 5.3.3.3), werden die Sub-Phasen *Ausführung* und *Prozessexploitation* iterativ durchlaufen. Nach Beenden dieser Iteration bietet die manuelle *Prozessexploration* abschließend die Möglichkeit für darüberhinausgehende Verbesserungen am Geschäftsprozess durch kreative Maßnahmen, weshalb ihr in Anlehnung an ROSEMANN ein explorativer Charakter zugeschrieben wird (vgl. Kapitel 2.2.1.1).[413] Nachfolgend werden die Aufgaben innerhalb dieser vier Sub-Phasen vorgestellt.

5.4.2.1 Konfiguration der Entscheidungsunterstützung

Die Konfigurationsphase dient der Datenvorverarbeitung des Eventlogs sowie der Konfiguration der Entscheidungsunterstützung für den Anwendungskontext des Unternehmens und des zu untersuchenden Geschäftsprozesses. Zunächst wird aus betrieblichen Informationssystemen ein Eventlog mit den Attributen Prozessinstanz, Aktivität, Startzeitpunkt, Endzeitpunkt des zu untersuchenden Geschäftsprozesses extrahiert (vgl. Datenbedarfe aus Kapitel 5.1.1). Im nächsten Schritt werden im Eventlog für jedes Ereignis die Bearbeitungszeit und die vorgelagerte Übergangszeit ergänzt (Formeln vgl. Tabelle 5.3), um über statistische Streuungsmaße unrealistische Ausreißer durch Fehlbuchungen o. ä. festzustellen. Diese Ausreißer beeinflussen potenziell die Identifizierung der Prozessschwachstellentypen *Unpassender Aktivitätenumfang* und *Übergangszeit* und sind demnach aus dem zu untersuchenden Eventlog zu bereinigen. Dabei muss im Einzelfall entschieden werden, ob eine Elimination der gesamten Prozessinstanz oder – sofern möglich – eine Zeitkorrektur erfolgt. Damit ist die Datenvorverarbeitung als erste Aufgabe innerhalb der Konfigurationsphase abgeschlossen. Anschließend erfolgt die eigentliche Konfiguration der datenbasierten Ent-

[412] Vgl. Rosemann, M. (2014) Proposals for Future BPM Research Directions, S. 4.

[413] Vgl. Rosemann, M. (2014) Proposals for Future BPM Research Directions, S. 7 - 8.

scheidungsunterstützung für die Prozessanalyse und -gestaltung für den Anwendungskontext, der maßgeblich durch das Unternehmen und den zu untersuchenden Geschäftsprozess bestimmt wird. Die Konfiguration wird idealerweise in Zusammenarbeit der Methodenexperten und Prozessbeteiligten durchgeführt. Zunächst erfolgt die kontextabhängige Konfiguration der Prozessschwachstellentypen *Unpassender Aktivitätenumfang* und *Ungewollte Aktivität.* Für den Prozessschwachstellentyp *Unpassender Aktivitätenumfang* wird ein Grenzvariationskoeffizient festgelegt, oberhalb dessen die Streuung der Aktivitätenbearbeitungszeit als Prozessschwachstelle gilt. Für den Prozessschwachstellentyp *Ungewollte Aktivität* wird eine Liste mit den ungewollten Aktivitätsbezeichnungen bzw. deren Wortstämme und Synonyme angelegt. In der Praxis kann diese Liste auch einmalig angelegt und dann für spätere Nutzungen adaptiert werden. Nachdem die Prozessschwachstellenmodelle konfiguriert sind, erfolgt zusätzlich eine Modellierung neuer Prozessschwachstellentypen erfolgen. Grundsätzlich werden die in Kapitel 2.3.1.3 beschriebenen und Kapitel 5.1 modellierten Prozessschwachstellentypen als vollständiges generisches Abbild der in der Praxis auftretenden Prozessschwachstellen betrachtet. Im Einzelfall macht die Modellierung kontextabhängiger (demnach nicht-generischer) Prozessschwachstellentypen Sinn, wenn diese besonders häufig auftreten, gesondert ausgewiesen und datenbasiert-automatisiert in einem Eventlog erfasst werden sollen. Die Modellierung dieser neuen Prozessschwachstellentypen muss hinsichtlich der Identifizierung und Quantifizierung analog zu Kapitel 5.1 berücksichtigen und die OPE-Bewertung inklusive der Zuordnung zu einer Verlustart und Einordnung in die Schwachstellenhierarchie analog zu Kapitel 5.3 erfolgen. Zudem sollte zu jedem neuen Prozessschwachstellentyp mindestens eine der in Kapitel 5.2 modellierten Maßnahmen zugeordnet werden oder, falls kontextual erforderlich, neu modelliert werden. Nach Konfiguration der Prozessschwachstellentypen erfolgt die Konfiguration der Maßnahmentypen. Grundsätzlich bedeuten Maßnahmen die Elimination der zugrundeliegenden Prozessschwachstelle. Die beiden Maßnahmen *Beschleunigung* und *Übergangszeitenreduktion* reduzieren jedoch nur anteilig die Auswirkungen der Prozessschwachstelle. Dieser Anteil bestimmt sich als Quantil historischer Übergangs- bzw. Bearbeitungszeiten (vgl. Formel 5.18 und Formel 5.20). Daher wird in der Konfigurationsphase für die Maßnahmentypen *Beschleunigung* und *Übergangszeitenreduktion* ein Quantil für die heranzuziehenden erreichbaren Zielzeiten definiert. Anhand dieses Wertes wird das Leistungspotenzial bezüglich der OPE für die jeweilige Maßnahme berechnet. Analog zur

Modellierung neuer kontextspezifischer Prozessschwachstellen kann auch für Maßnahmen eine kontextspezifische Ergänzung vorgenommen werden, sofern dies im Anwendungsfall zielführend ist. Dabei ist wichtig, dass die Modellierung ebenfalls der in Kapitel 5.2 beschriebenen Modellierungs- und Quantifizierungslogik folgt, in die OPE-Logik gemäß Kapitel 5.3 integriert wird und einem Prozessschwachstellentypen zugeordnet wird. Mit diesem Schritt ist die datenbasierte Entscheidungsunterstützung vollständig für die Anwendung auf den Eventlog des zu untersuchenden Geschäftsprozesses konfiguriert. Abbildung 5.29 illustriert die Aufgaben in der Konfigurationsphase graphisch.

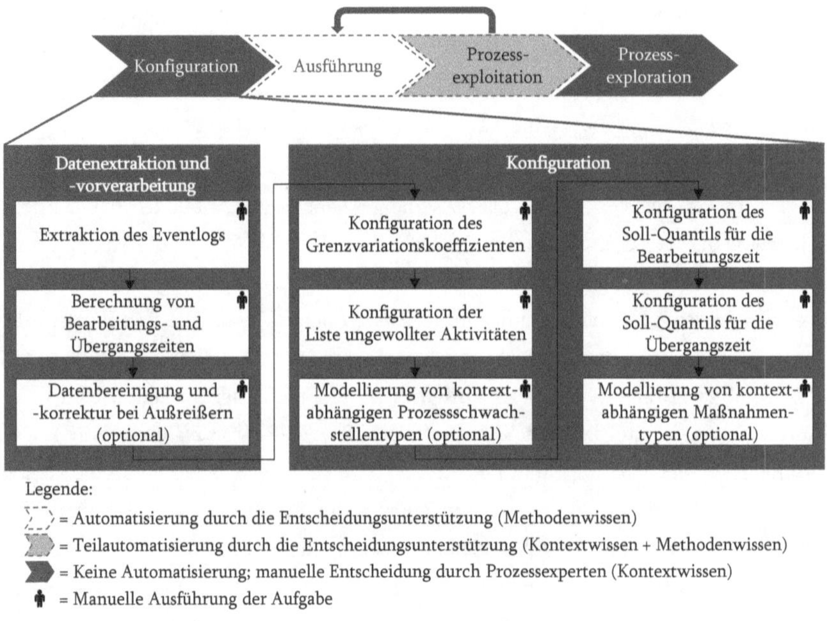

Abbildung 5.29: Vorgehen in der Sub-Phase „Konfiguration“

5.4.2.2 Ausführung der Entscheidungsunterstützung

Nach ihrer Konfiguration wird in der zweiten Sub-Phase des hybriden Vorgehens die datenbasierte Entscheidungsunterstützung ausgeführt. Dies beginnt mit der Anwendung der Prozessschwachstellenmodelle auf den vorverarbeiteten Eventlog zwecks Identifizierung von Prozessschwachstellen (vgl. Kapitel 5.1). Für die identifizierten Prozessschwachstellen erfolgt anschließend die Quantifizierung (vgl. Kapitel 5.1.3), die den absoluten Einfluss der jeweiligen Prozessschwachstellen auf die Prozesszeit ausgibt und einer OPE-Verlustart zuweist. Anschließend werden für jede Prozessschwachstelle die relativen OPE-Verluste auf Prozessinstanz-Ebene (vgl. Tabelle 5.7) und Gesamtprozess-Ebene (vgl. Tabelle 5.8) quantifiziert. Die Prozessanalyse wird in einer Liste mit allen Prozessschwachstellen sowie ergänzenden Informationen (Prozessschwachstellentyp, betroffene Aktivität, Anteil betroffener Prozessinstanzen, Verlustart, durchschnittlicher Zeitverlust, durchschnittlicher OPE-Verlust auf Prozessinstanzebene, OPE-Verlust für das Prozessmodell) dokumentiert.

Im nächsten Schritt werden anhand der je Prozessschwachstelle zugewiesenen Verlustart die OPE inklusive der Verlustarten (Kontinuitäts-, Linearitäts- und Leistungsverlust) auf Prozessinstanz-Ebene und Gesamtprozess-Ebene berechnet. Dabei werden von den je Prozessschwachstelle kalkulierten OPE-Verlusten nur die Verlustzeiten der jeweils ranghöchsten Prozessschwachstellen gemäß der Prozessschwachstellenhierarchie herangezogen (vgl. Kapitel 5.3.2). Aus der OPE-Kalkulation ergibt sich zudem die durchschnittliche schwachstellenfreie Zykluszeit als Zusatzinformation in der Anwendung. Die aggregierten Informationen auf Prozessinstanz- und Gesamtprozess-Ebene werden als separate Informationen ausgewiesen. Für die Details der Kalkulationen sei auf das in Kapitel 5.3.2 vorgestellte Kalkulationsmodell verwiesen. Die bis hierhin vorgestellten Funktionen und Berechnungen betreffen die datenbasierte Entscheidungsunterstützung für die Prozessanalyse.

Die datenbasierte Entscheidungsunterstützung für die Prozessgestaltung startet mit der Maßnahmenzuordnung. Dabei werden zu jeder im Eventlog identifizierten Prozessschwachstelle automatisiert eine oder mehrere Maßnahmen gemäß der Prozessschwachstellen-Maßnahmen-Matrix (vgl. Abbildung 5.13) bzw. der ergänzenden Zuordnung aus der Konfigurationsphase zugewiesen. Nach der Maßnahmenzuordnung erfolgt die Maßnahmenquantifizierung als absolute Zeitwerte (vgl. Kapitel 5.2.2) sowie relative OPE-Potenziale auf Prozessinstanz- und Gesamtprozessebene (vgl. Kapitel 5.3.2 bzw. Tabelle 5.10 und Tabelle 5.11). Diese Informationen ergänzen die Dokumentation der Prozessanalyse zu einer Entscheidungsliste. Die Entscheidungsliste dient als Entscheidungsgrundlage für die nachfolgende Sub-Phase der exploitativen Prozessanalyse und -gestaltung. Deshalb erfolgt zum Abschluss der Ausführungsphase die Priorisierung der Prozessschwachstellen. Dazu wird die Entscheidungsliste absteigend nach Höhe des OPE-Verlusts durch die identifizierten Prozessschwachstellen auf Gesamtprozessebene sortiert. Dies ermöglicht in der Anwendung die Fokussierung von begrenzten Ressourcen auf besonders schwerwiegende Probleme. Abbildung 5.30 stellt die Abläufe in der Entscheidungsunterstützung in der Ausführungsphase dar.

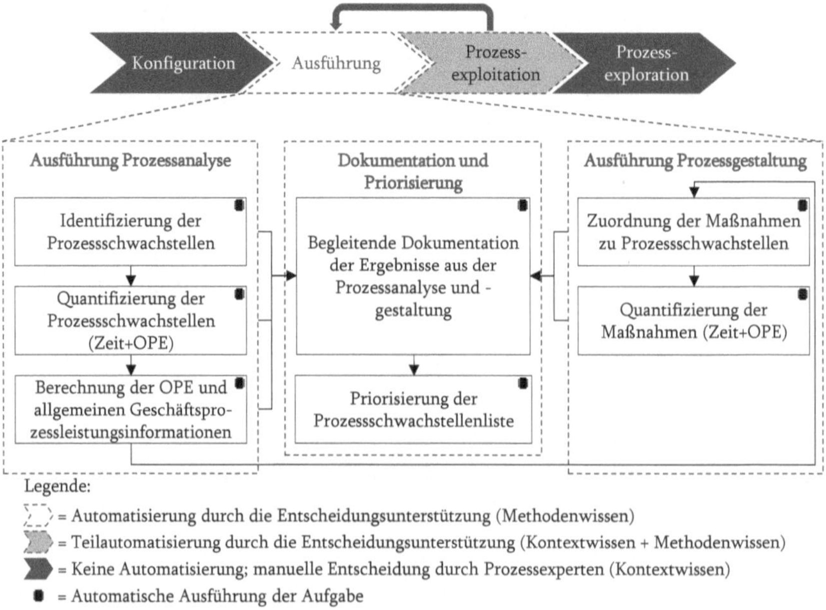

Abbildung 5.30: Vorgehen in der Sub-Phase „Ausführung“

Es sei erwähnt, dass alternativ zur Entscheidungsliste als Liste aller Prozessschwachstellen mithilfe der vorliegenden Daten und Informationen auch eine Liste aller Maßnahmenliste generiert werden kann, die besonders nutzenversprechende Maßnahmen priorisiert ausweist. Dem Grundgedanken der exploitativen Geschäftsprozessverbesserung folgend, der zur Leistungssteigerung die Behebung von Prozessschwachstellen vorsieht (vgl. Kapitel 2.2.1.1), werden die nachfolgenden Phasen anhand der Entscheidungsliste sortiert nach Prozessschwachstellen erläutert.

Die Ausführungsphase führt die Modelle der Kapitel 5.1, 5.2 und 5.3 integriert und automatisiert aus. Deshalb ist die Ausführungsphase, trotz des großen inhaltlichen Umfangs abhängig von der informationssystemischen Unterstützung, in sehr kurzer Zeit ausführbar. Damit reduziert sie den hohen Zeitaufwand konventioneller Vorgehensweisen für die Durchführung von Workshops zur Prozessanalyse und -gestaltung.

5.4.2.3 Prozessexploitation

Nach der automatisierten Ausführung der Entscheidungsunterstützung werden in der Prozessexploitation die vorbereiteten Entscheidungen über Maßnahmen zur Behebung der Prozessschwachstellen getroffen. Aus der Ausführungsphase stehen die Informationen über Prozessschwachstellen, Maßnahmen sowie die Geschäftsprozessleistung in der Entscheidungsunterstützung als zentrale Informationsbasis für die Prozessexploitation zur Verfügung. Die Prozessexploitation erfolgt innerhalb der Entscheidungsunterstützung mithilfe der Entscheidungsliste, die identifizierte Prozessschwachstellen, geeignete Maßnahmen und sämtliche OPE-bezogene Informationen ausweist (vgl. Kapitel 5.4.2.2). In der Praxis ist die Untersuchung sämtlicher Prozessschwachstellen eines Geschäftsprozesses aufgrund von Ressourcenbeschränkungen oftmals nicht möglich. Zudem kann die Behebung von Prozessschwachstellen mit nur geringen Auswirkungen auf die Geschäftsprozessleistung unwirtschaftlich sein. Die Entscheidungsunterstützung bietet die Möglichkeit, Prozessschwachstellen einzeln zu untersuchen und Maßnahmen auszuwählen. Die Sortierung der Entscheidungsliste nach Größe des OPE-Verlusts ermöglicht dabei die Fokussierung auf die Behebung besonders schwerwiegender Prozessschwachstellen. Dadurch erhält das Vorgehen der Prozessanalyse und -gestaltung einen zunehmend iterativen Charakter. Nach jeder Auswahl einer Maßnahme für eine identifizierte Prozessschwachstelle ändern sich kalkulatorisch die Ereignisse, Zeiten und Leistungen der historischen Prozessinstanzen. Durch die Dynamisierung wird nach jeder Maßnahmenauswahl die zweite Sub-Phase „Ausführung" der Entscheidungsunterstützung neu ausgeführt. Da nach einmaliger Konfiguration der Entscheidungsunterstützung und durch die automatisierte Ausführung der Entscheidungsunterstützung bis zu diesem Schritt kaum manuelle Aufwände anfallen, ermöglicht dies häufigere und kleinere Geschäftsprozessverbesserungen im Vergleich zu konventionellen Projekten zur Geschäftsprozessverbesserung.

Operativ wird in der Prozessexploitation aus der priorisierten Entscheidungsliste eine beliebige Prozessschwachstelle (z. B. die Prozessschwachstelle mit dem höchsten OPE-Verlust auf Gesamtprozessebene) zur Detailanalyse ausgewählt. Für diese Prozessschwachstelle muss zunächst mithilfe von Kontextwissen validiert werden, ob die modellbasiert-identifizierte Prozessschwachstelle im vorliegenden Untersuchungskontext tatsächlich eine Prozessschwachstelle darstellt oder beispielsweise prozessual unvermeidlich ist (z. B. aufgrund unveränderlicher Übergangszeiten durch Reifeprozesse). Nicht-valide Prozessschwachstellen werden aus der OPE-Kalkulation exkludiert und in der Entscheidungsliste als bearbeitet und nicht-valide markiert. Nach erfolgreicher Validierung der Prozessschwachstelle werden dem Benutzer geeignete Maßnahmen zur Behebung der Prozessschwachstelle inklusive ihrem OPE-Potenzial vorgeschlagen. Auf dieser Basis muss für jede der vorgeschlagenen Maßnahmen bewertet werden, ob sie zur Adressierung der Prozessschwachstelle geeignet und im vorliegenden Untersuchungskontext umsetzbar ist. Falls diese grundsätzliche Eignung gegeben ist, muss die Zweckmäßigkeit der Maßnahme unter Abwägung von Nutzen, Aufwand, Kosten, Umsetzungsaufwand, etc. bewertet werden. Dies erfordert die theoretische Operationalisierung der vorgeschlagenen, generischen Standardmaßnahmen mithilfe von Expertenwissen über die Aufwände und Zeitdauern im Untersuchungskontext. Bei der Entscheidung über Maßnahmen in der Prozessgestaltung handelt es sich folglich um multikriterielle Entscheidungen, für die durch die datenbasierte Entscheidungsunterstützung das Kriterium „Nutzen für die Geschäftsprozessleistung" automatisiert quantifiziert wird. Nach Bewertung der Zweckmäßigkeit aller vorgeschlagenen Maßnahmen kann die präferierte Maßnahmen ausgewählt werden. Diese Maßnahme wird in die Maßnahmendokumentation überführt. Zudem wird der Eventlog dahingehend angepasst, dass in allen historischen Prozessinstanzen die prozessstrukturelle Veränderung durch die Maßnahme (z. B. Aktivitätenelimination) sowie die Korrektur der Maßnahmenauswirkung (z. B. Reduzierung der Übergangszeit) abgebildet werden. Anschließend wird die Sub-Phase „Ausführung" erneut ausgeführt und die OPE auf Prozessinstanz- und Gesamtprozessebene erhöht sich. Alternativ zur Auswahl einer Maßnahme kann auch die Option „Keine Maßnahme" ausgewählt werden, wenn keine Maßnahme umsetzbar oder zweckmäßig ist. Die Prozessschwachstelle gilt dann trotzdem als bearbeitet, sodass analog zur fehlgeschlagenen Validierung im Falle überlappender Prozessschwachstellen niederrangigere Prozessschwachstellen OPE-relevant werden. Dieses iterative Vorgehen wird nach Ermessen der Prozessbeteiligten für einzelne Prozessschwachstellen solange wiederholt, bis ein zufriedenstellender Soll-Prozess erzielt wurde, der OPE-Verlust verbleibender Prozessschwachstellen eine Detailanalyse nicht rechtfertigt, weitere Maßnahmen den Änderungsumfang am Prozess zu stark erhöhen, die Analyse ressourcenbedingt (z. B. Zeit) beendet werden muss oder alle Prozessschwachstelle bearbeitet sind. Abbildung 5.31 illustriert dieses Vorgehen graphisch:

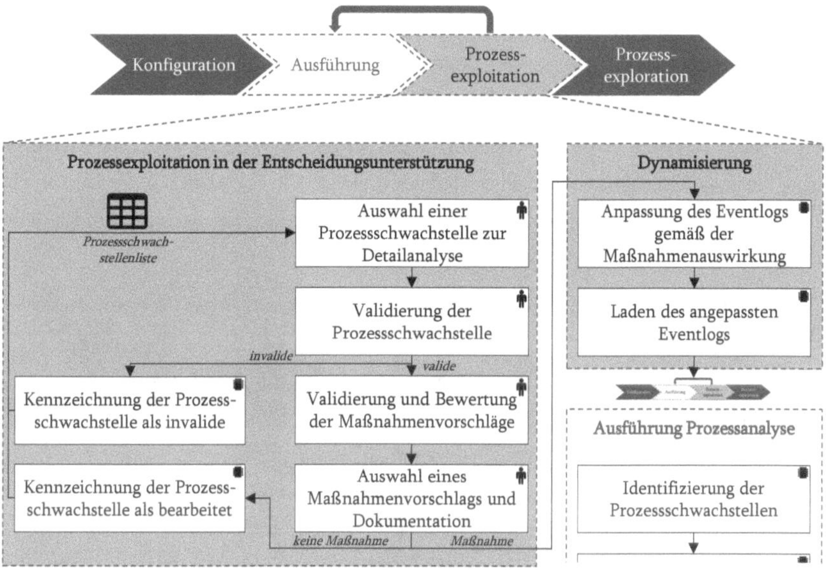

Legende:

= Automatisierung durch die Entscheidungsunterstützung (Methodenwissen)
= Teilautomatisierung durch die Entscheidungsunterstützung (Kontextwissen + Methodenwissen)
= Keine Automatisierung; manuelle Entscheidung durch Prozessexperten (Kontextwissen)
= Automatische Ausführung der Aufgabe
= Manuelle Ausführung der Aufgabe

Abbildung 5.31: Vorgehen in der Sub-Phase „Prozessexploitation"

Nach Beenden dieser Iteration sind die Prozessinstanzen des Prozessmodells durch die Maßnahmenanwendung angepasst und die theoretische OPE sowie weitere Kennzahlen (z. B. Verlustarten, schwachstellenfreie Zeiten) dieser Prozessinstanzen bekannt. Unter allen Prozessinstanzen des untersuchten Geschäftsprozesses wird die angepasste Prozessinstanz mit der höchsten OPE als Grundlage für den zu konzipierenden Soll-Prozess vorgeschlagen. Die finale Auswahl verbleibt den Prozessbeteiligten. Das Ergebnis der exploitativen Prozessanalyse und -gestaltung besteht aus der Dokumentation ausgewählter Maßnahmen für die Prozessimplementierung, dem angepasstem Eventlog historischer Prozessinstanzen als Grundlage für das Soll-Prozessmodell sowie der kalkulatorischen OPE für historische angepasste Prozessinstanzen.

5.4.2.4 Prozessexploration

Nach der Prozessexploitation verbleibt der angepasste Eventlog einer historischen Prozessinstanz, in der durch die Anwendung von Standardmaßnahmen identifizierte Prozessschwachstellen behoben wurden. Zur Vervollständigung der Prozessanalyse und -gestaltung fehlen noch drei Aufgaben: die Modellierung des Soll-Prozesses, die Anwendung von Parallelisierungen zur Reduzierung der Durchlaufzeit und zuletzt die Anwendung explorativer Maßnahmen der Prozessgestaltung.

Als Grundlage für den Soll-Prozess gibt die Prozessexploitation die Prozessinstanz aus, die nach Anwendung der ausgewählten Maßnahmen kalkulatorisch die beste OPE aufweist. Aus Datenperspektive ist dies ein Eventlog einer historischen Prozessinstanz, bei dem durch Maßnahmenanwendung Zeiträume gelöscht oder gekürzt wurden. Das zu erzeugende Soll-Prozessmodell hingegen soll zeitpunktunabhängig sein und neben der Prozessstruktur nur die Bearbeitungs- und Übergangszeiten anzeigen. Zwecks Lösung wird aus dem Eventlog der angepassten historischen Prozessinstanz ein synthetischer Eventlog für den Soll-Prozess generiert. Dieser Soll-Prozess basiert auf der Prozessstruktur und den Bearbeitungs- sowie Übergangszeiten der zum Abschluss der Prozessexploitation ausgewählten Prozessinstanz. Die Prozessstruktur ergibt sich aus der Event-ID oder der zeitlichen Reihenfolge der Ereignisse dieser Prozessinstanz. Die Bearbeitungs- und Übergangszeiten des Soll-Prozessmodells ergeben sich aus den für diese Prozessinstanz in der Entscheidungsunterstützung kalkulierten und durch Maßnahmenanwendung adaptierten Bearbeitungs- und Übergangszeiten. Zwecks Visualisierung des Prozessmodells wird durch Festlegen eines kalkulatorischen Startzeitstempels des ersten Ereignisses auf einen „Nullzeitpunkt", z. B. den 01.01.1900 um 00:00:00 Uhr ein synthetischer Eventlog für das Soll-Prozessmodell erzeugt und mit Process Mining Discovery Algorithmen modelliert (vgl. Kapitel 2.2.2.2).

Die zweite Aufgabe der Sub-Phase „Prozessexploration" besteht in der Untersuchung von Parallelisierungsmöglichkeiten für den Soll-Prozess. Die Entscheidungsunterstützung betrachtet lediglich die Zykluszeit, d. h. den Zeitaufwand der Prozessausführung. Da divergierende Prozesspfade in einem komplexen Prozessmodell nicht aufwandsgerecht berücksichtigt werden können, bleiben Parallelisierungspotenziale von Aktivitäten und damit durchlaufzeitenbezogene Entscheidungen in der Entscheidungsunterstützung unberücksichtigt. Aufgrund der hohen Praxisrelevanz der Durchlaufzeit eines Geschäftsprozesses sind Parallelisierungspotenziale bei der Prozessanalyse und -gestaltung jedoch zu beachten. Anhand des Soll-Prozessmodells wird die Durchlaufzeit kalkuliert und anhand der Visualisierung einer Soll-Prozessinstanz werden parallele Prozesspfade erkennbar. Grundsätzlich bietet die Entscheidungsunterstützung die Möglichkeit, den Prozessschwachstellentyp „Parallelisierungspotenzial" in einem Eventlog einer Prozessinstanz zu erkennen. Dieser hat in der OPE-Zykluszeitbetrachtung jedoch keine Auswirkung. Durch die Reduktion auf Soll-Prozessmodell aus einer synthetischen Prozessinstanz kann die Auswirkung der Parallelisierung mehrerer Aktivitäten auf die Durchlaufzeit beschrieben, anhand des graphischen Prozessmodells erkannt und zusätzlich zur OPE ausgewiesen werden.

Als dritte Aufgabe der Sub-Phase „Prozessexploration" verbleibt die explorative Verbesserung des Soll-Prozesses. Die datenbasierte Entscheidungsunterstützung dient einem exploitativen Vorgehen zur Prozessanalyse und -gestaltung, in welchem identifizierte Prozessschwachstellen behoben werden. Der Umfang beschränkt sich dabei auf die modellierten, generisch-kontextunabhängigen Prozessschwachstellen- und Maßnahmentypen. Eine Studie zur Bewertung von Geschäftsprozessverbesserungen mittels Prozessverbesserungsmuster von FALK ET AL. zeigte grundsätzlich bessere Ergebnisse beim Einsatz von Prozessverbesserungsmustern, die höchsten Einzelverbesserungen jedoch bei kreativen Lösungsfindungen.[414] Kreativität als Besonderheit menschlichen Denkens lässt sich nicht einfach automatisieren.[415] Aus diesem Grund soll für das Konzept dieser Arbeit eine Kombination aus datengestützter Prozessexploitation und anschließend expertenbasierter Prozessexploration eingesetzt werden. Durch explorative Anpassungen werden am Geschäftsprozess über die Standardverbesserung hinausgehende Verbesserungspotenziale gehoben. Diese erfordern das kontextbezogene Wissen und die Kreativität der Prozessbeteiligten (vgl. Kapitel 2.2.1.2). Deshalb erfolgt im dritten Schritt die eigentliche explorative Verbesserung der synthetischen Prozessinstanz zu einem Soll-Prozessmodell. Dabei können Prozessbeteiligte durch individuelles Kontextwissen oder kreative Lösungsansätze den Geschäftsprozess verbessern. Ein Beispiel wäre das Eliminieren mehrerer Aktivitäten durch eine neuartige technologische Lösung oder Outsourcing. Die Umsetzung im Prozessmodell erfolgt durch die Verschiebung oder Aktivitätenelimination und Übergängen sowie Adaption der zugehörigen Bearbeitungs- und Übergangszeiten. Die umsetzende

---

[414] Vgl. Falk, T. (2017) Evaluation of a pattern-based approach for business process improvement, S. 250.
[415] Vgl. Beierle, C./Kern-Isberner, G. (2019) Methoden wissensbasierter Systeme, S. 10.

Softwarelösung muss sowohl für Parallelisierungen als auch für die explorative Prozessanalyse und -gestaltung eine direkte Adaption im Prozessmodell im Sinne einer „Drag&Drop"-Lösung ermöglichen. Diese Veränderungen in der Benutzeroberfläche verändern den Eventlog der zugrundeliegenden synthetischen Prozessinstanz. Die Auswirkungen der Adaptionen des Prozessplaners auf die OPE und die Durchlaufzeit können dadurch kalkuliert und entscheidungsunterstützend bereitgestellt werden. Abbildung 5.32 visualisiert die Aufgaben in der Prozessexploration.

Abbildung 5.32: Vorgehen in der Sub-Phase „Prozessexploration"

Das Ergebnis der Prozessexploration ist das Prozessmodell des Soll-Prozesses.

5.5 Zwischenfazit: Detailkonzept zur datenbasierten hybriden Analyse und Gestaltung von Geschäftsprozessen

In Kapitel 5 wurde das entwickelte Grobkonzept zur datenbasierten hybriden Analyse und Gestaltung von Geschäftsprozessen ausdetailliert. Dabei wurden in den Kapiteln 5.1, 5.2 und 5.3 eine datenbasierte Entscheidungsunterstützung für die Prozessanalyse und -gestaltung aufgebaut und in Kapitel 5.4 eine hybride Vorgehensweise für deren

Einsatz zur Analyse und Gestaltung von Geschäftsprozessen in der Praxis entwickelt. Die datenbasierte Entscheidung formalisiert Methodenwissen über die Prozessanalyse und -gestaltung derart, dass es auf Eventlogs eines Prozesses automatisiert anwendbar wird. Dazu wurde in Kapitel 5.1 zunächst Methodenwissen über Prozessschwachstellen formalisiert. Dabei spezifizieren Prozessschwachstellenmodelle generische Prozessschwachstellentypen hinsichtlich der Datenbedarfe an den Eventlog, Identifizierungsregeln, algorithmischen Anforderungen und der Ausgabeform, um eine datenbasierte Identifizierung in Eventlogs zu ermöglichen. Zusätzliche Quantifizierungsregeln beschreiben die Auswirkungen der Prozessschwachstellentypen auf die Bearbeitungs- und Übergangszeiten in einem Eventlog und verknüpfen so die qualitative mit der quantitativen Prozessanalyse. In Kapitel 5.2 wurde das Methodenwissen über Maßnahmen der Prozessgestaltung formalisiert. Dazu wurden relevante Maßnahmentypen aus der Literatur definiert und den Prozessschwachstellentypen zugeordnet, die sie beheben oder deren Auswirkungen sie mindern. Diese standardisierte Zuordnung ermöglicht die Automatisierung der Maßnahmenableitung. Zusätzlich wurden Quantifizierungsregeln aufgestellt, mit denen das Potenzial der Maßnahmentypen zur Reduktion der Bearbeitungs- oder Übergangszeit kalkuliert werden. In Kapitel 5.3 wurde die datenbasierte Entscheidungsunterstützung aufgebaut, welche die ersten beiden Lösungsmodule integriert und um eine Leistungsbewertung ergänzt. Der Kern ist die Overall Process Efficiency (OPE) als Kennzahl zur Beschreibung der Geschäftsprozessleistung, die für einen schwachstellenfreien Geschäftsprozess 100 % beträgt. Anhand der Quantifizierungen aus den Kapiteln 5.1 und 5.2 werden die OPE-Verluste durch Prozessschwachstellen und die Leistungspotenziale durch Maßnahmen für jede Prozessinstanz und das gesamte Prozessmodell beschrieben. Die datenbasierte Entscheidungsunterstützung stellt dem Prozessplaner für die Analyse und Gestaltung eines Geschäftsprozesses folglich identifizierte Prozessschwachstellen, deren Leistungsauswirkung, geeignete Maßnahmen, deren Leistungspotenziale sowie Informationen über die OPE des Geschäftsprozesses bereit. Durch die datenbasierte Entscheidungsunterstützung werden ein Großteil der Aufgaben der Prozessanalyse und -gestaltung automatisiert. Dies erhöht die Ergebnisobjektivität und befähigt durch reduzierte manuelle Aufwände eine häufigere Durchführung der Prozessanalyse und -gestaltung. In Kapitel 5.4 wurde eine Vorgehensweise zum Einsatz der datenbasierten Entscheidungsunterstützung für die Analyse und Gestaltung von Geschäftsprozessen in der Praxis entwickelt. Dieser umfasst die Konfiguration der Entscheidungsunterstützung, deren Ausführung, die Prozessexploitation und abschließend die Prozessexploration. Durch die Integration von kreativen menschlichen Verbesserungsideen abseits des in der Entscheidungsunterstützung formalisierten Methodenwissens ergibt sich eine Vorgehensweise für die datenbasierte hybride Analyse und Gestaltung von Geschäftsprozessen (vgl. Abbildung 5.28). In ihrer Gesamtheit adressiert die Methodik die in Kapitel 4.1 dargelegten inhaltlichen Anforderungen aus Theorie und Praxis sowie die Lösungshypothesen aus Kapitel 4.2. Damit stellt sie einen Ansatz für eine aufwandsgerechte und objektive Analyse und Gestaltung von Geschäftsprozessen dar.

In Kapitel 6 wird die entwickelte Methodik operationalisiert und zwecks Validierung anhand von zwei Fallbeispielen angewandt.

6 Anwendung und kritische Reflexion

Die in Kapitel 4 konzeptionierte und in Kapitel 5 detaillierte Methodik zur datenbasierten hybriden Analyse und Gestaltung von Geschäftsprozessen wird gemäß dem Forschungsprozess nach ULRICH nachfolgend angewandt und reflektiert.[416] Dazu erfolgt in Kapitel 6.1 die prototypische Implementierung der Methodik zur Anwendung in der Praxis. Anschließend erfolgt die Anwendung und Validierung anhand von zwei Datensätzen zu Geschäftsprozessen. In der Methodik wurden vollumfänglich Prozessschwachstellentypen zu Geschäftsprozessen modelliert. In Prozessausführungen eines Geschäftsprozesses in der Praxis tauchen häufig nur ein Teil der in Kapitel 5.1 modellierten Prozessschwachstellentypen auf. Zum Zwecke einer vollständigen funktionalen Validierung der Methodik wird deshalb in Kapitel 6.2 ein synthetischer Datensatz generiert, der sämtliche modellierten Prozessschwachstellentypen mindestens einmal enthält. Anhand dieses Datensatzes wird die Richtigkeit der aufgestellten Regeln zur Identifizierung und Quantifizierung von Prozessschwachstellen, Ableitung und Quantifizierung von Maßnahmen sowie der OPE-Quantifizierung validiert. Zwecks Validierung der Praxistauglichkeit und Bewertung des Mehrwerts durch die Methode wird die Entscheidungsunterstützung in Kapitel 6.3 auf einen realen Datensatz eines Geschäftsprozesses bei der Fahrzeug GmbH angewandt. Die gewonnenen Erkenntnisse werden in Kapitel 6.4 kritisch reflektiert.

6.1 Prototypische Anwendung der Methodik in der Praxis

Die entwickelte Methodik wird zwecks Operationalisierung prototypisch mittels Software umgesetzt. Der Fokus liegt dabei auf den ersten drei Lösungsmodulen, die in ihrer Gesamtheit das formalisierte Methodenwissen in einer datenbasierten Entscheidungsunterstützung bündeln. Nach einer grundsätzlichen Vorstellung der funktionalen Umsetzung der Entscheidungsunterstützung folgt in Kapitel 6.1.1 die Vorstellung

[416] Vgl. Ulrich, H. et al. (1984) Management, S. 193.

der Konfiguration der Entscheidungsunterstützung. In Kapitel 6.1.2 wird die Umsetzung und in Kapitel 6.1.3 die Darstellung der Entscheidungsunterstützung vorgestellt.

Die prototypische Umsetzung der konzipierten Entscheidungsunterstützung erfolgte in der höheren Programmiersprache *Python*[417] im Backend. Für die Darstellung einer Benutzeroberfläche im Frontend wurde das JavaScript-Framework *vue.js*[418] eingesetzt. Die Implementierung der Entscheidungsunterstützung erfolgt als eigens definierte Funktion *Entscheidungsunterstützung* in Python. Zur technischen Umsetzung der Funktion Entscheidungsunterstützung werden die Bibliotheken *pandas* zum Einlesen eines Eventlogs aus einer .xlsx-Datei und Strukturierung in Tabellen für logische und mathematische Operationen, *datetime* zur Konvertierung von Datenformaten, *numpy* zur Berechnung von Quantilen und *pm4py* für die Generierung eines Prozessmodells mithilfe von Process Mining Algorithmen importiert. Der Aufbau der Entscheidungsunterstützung inklusive der Datentabellenarchitektur wird in den nachfolgenden Absätzen erläutert und ist in Abbildung 6.1 graphisch dargestellt.

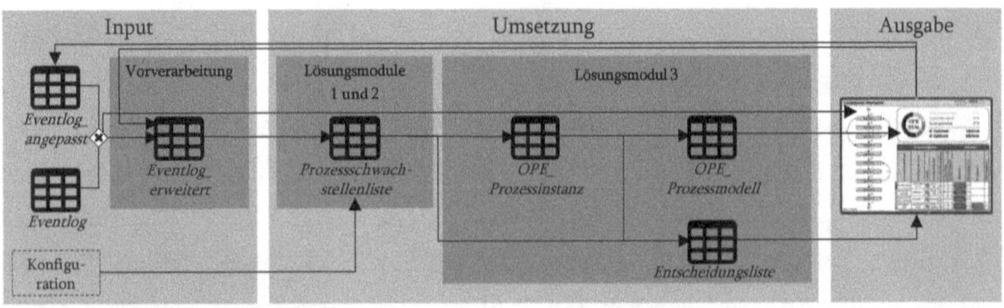

Abbildung 6.1: Datentabellenarchitektur der Entscheidungsunterstützung

6.1.1 Input der Entscheidungsunterstützung

Als Input für die Funktion *Entscheidungsunterstützung* dienen der zu untersuchende *Eventlog* sowie die Konfigurationsparameter aus der Konfigurationsphase gemäß Kapitel 5.4.2.1. Entsprechend Tabelle 5.1 muss der Eventlog die Attribute *Prozessinstanzidentifikator, Aktivitätsbezeichnung, Startzeitstempel* und *Endzeitstempel* enthalten. Die Zeitstempel erfordern das Format *DD.MM.YYYY hh:mm:ss,* z. B. *01.01.2023 08:15:01.* Gemäß den Quantifizierungsannahmen ist der einzulesende Eventlog be-

[417] Vgl. Sharma, A. et al. (2020) Python: the programming language of future, S. 115.
[418] Vgl. You, E. (07.04.2023) Introduction | Vue.js.

reits um Fehlbuchungen bereinigt. Bei der initialen Ausführung der Entscheidungsunterstützung dient der *Eventlog* des Geschäftsprozesses als Input, nach Ausführung der ersten Maßnahmen in der iterativ-dynamischen Prozessexploitation (vgl. Kapitel 5.3.3.3) wird der angepasste Eventlog (*Eventlog_angepasst*) weiterverwendet. Der Eventlog wird als *pandas*-Datentabelle eingelesen und zunächst nach Bezeichnung der Prozessinstanz und anschließend nach Startzeitpunkten sortiert. Abbildung 6.4 verdeutlicht den Aufbau des Eventlogs graphisch.

Prozessinstanzidentifikator	Aktivitätsbezeichnung	Startzeitstempel	Endzeitstempel
#1234	Drehen	01.01.2023 08:01:18	01.01.2023 08:11:23
#1234	Fräsen	01.01.2023 08:15:01	01.01.2023 08:19:23
...	...	...	...

Abbildung 6.2: Aufbau Datentabelle Eventlog

Als Inputparameter aus der Konfigurationsphase werden die ungewollten Aktivitätsbezeichnungen definiert und die Werte für den *Grenzvariationskoeffizienten* (vgl. Kapitel 5.1.2.1) zur Erkennung des Prozessschwachstellentyps Unpassender Aktivitätenumfang sowie das Ziel-Quantil der erreichbaren Bearbeitungszeit für den Maßnahmentyp Beschleunigung (*Quantil_MBES*, vgl. Kapitel, 5.1.3.3) und Übergangszeit für den Maßnahmentyp Übergangszeitenreduktion (*Quantil_MÜRE*, vgl. Kapitel 5.1.3.3) übergeben. Die Konfiguration erfolgt manuell in der Benutzeroberfläche.

In einer neuen Datentabelle *Eventlog_erweitert* werden dem *Eventlog* Spalten zur Definition der Ereignisreihenfolge innerhalb von Prozessinstanzen (*Ereigniszähler_Prozessinstanz*) sowie zur Kennzeichnung invalider Prozessschwachstellen (*SRED_Validität, SLOP_Validität, SUNS_Validität, STRA_Validität, SPAR_Validität*, vgl. Kapitel 5.4.2.3) hinzugefügt. Wird eine Prozessschwachstelle in der Entscheidungsunterstützung kontextbasiert als invalide gekennzeichnet, wird anhand der Kennzeichnung in diesen Spalten die Prozessschwachstelle bei zukünftigen Ausführungen nicht mehr ausgewiesen (vgl. Abbildung 6.3).

Prozessinstanz-identifikator	Aktivitäts-bezeichnung	Startzeitstempel	Endzeitstempel	Ereigniszähler_Prozessinstanz	SRED_Validität	SLOP_Validität	SUNS_Validität	STRA_Validität	SPAR_Validität
#1234	Drehen	01.01.2023 08:01:18	01.01.2023 08:11:23	1				invalide	
#1234	Fräsen	01.01.2023 08:15:01	01.01.2023 08:19:23	2					
...	...	...	...	...	...	...	...	...	...

Abbildung 6.3: Aufbau Datentabelle Eventlog_erweitert

6.1.2 Umsetzung der Entscheidungsunterstützung

Zur Umsetzung der Lösungsmodule 1 und 2 wird die Datentabelle *Prozessschwachstellenliste* initialisiert. Die Zeilenindizierung entspricht der Zeilenindizierung im *Eventlog_erweitert* und damit der Ereignisanzahl im Eventlog. Zur Umsetzung der Methodik werden insgesamt 39 Spalten mit Informationen zu Ereignissen, deren Auftreten, Prozessschwachstellen und Maßnahmen initialisiert (vgl. Tabelle 6.1).

Tabelle 6.1: Spalten in der Datentabelle Prozessschwachstellenliste

Kategorie	Spalten
Ereignisinformationen	Prozessinstanz, Aktivitätsbezeichnung (2 Spalten)
Auftretensinformationen	Ereigniszähler_Prozessinstanz, Bearbeitungszeit, Übergangszeit, Bearbeitungszeit+Übergangszeit, Auftretenshäufigkeit (5 Spalten)
Prozessschwachstellen-informationen	Für jeden der sechs Prozessschwachstellentypen: Auftreten, Identifikator, Zeitauswirkung (18 Spalten)
Maßnahmeninformationen	Für jedes der sieben Prozessschwachstellentyp-Maßnahmen-Tupel (vgl. Abbildung 5.13): Maßnahme, Zeitpotenzial (14 Spalten)

Die Ereignisinformationen werden aus dem *Eventlog_erweitert* übernommen. Für die Auftretensinformationen ergibt sich der Ereigniszähler innerhalb der Prozessinstanz. In der Spalte *Bearbeitungszeit* wird die Differenz der Spalten *Endzeitstempel* und *Startzeitstempel* aus der Datentabelle *Eventlog_erweitert* ausgewiesen. In der Spalte *Übergangszeit* wird die Differenz zwischen dem Beginn des Ereignisses und dem Ende des vorgelagerten Ereignisses aus der Datentabelle *Eventlog_erweitert* ausgewiesen. Dabei wird anhand des Werts in der Spalte *Ereigniszähler_Prozessinstanz* das Startereignis der Prozessinstanz exkludiert, da dieses keine vorgelagerte Übergangszeit aufweist. Negative Übergangszeiten werden zu Null gesetzt, damit diese bei Addition mit der Bearbeitungszeit des Ereignisses nicht die Bearbeitungszeit des jeweiligen Ereignisses verringern. Daraufhin wird der Spalte *Bearbeitungszeit+Übergangszeit* in *Prozessschwachstellenliste* die Summe der Spalten *Übergangszeit* und *Bearbeitungszeit* zugewiesen. Damit sind die vorbereitenden Kalkulationen für die Entscheidungsunterstützung implementiert. Nachfolgend wird die Implementierung der einzelnen Lösungsmodule zur Umsetzung der Entscheidungsunterstützung beschrieben.

6.1.2.1 Umsetzung der Lösungsmodule Prozessanalyse und Prozessgestaltung

Analog zur hybriden Vorgehensweise gemäß Abbildung 5.28 werden auch die Lösungsmodule „Prozessanalyse“ und „Prozessgestaltung“ integriert implementiert.

Demnach werden die Identifizierung, Quantifizierung, Maßnahmenableitung und -quantifizierung für jeden Prozessschwachstellentypen zusammenhängend durchgeführt. Dieses Vorgehen wird für jeden Prozessschwachstellentyp iteriert.

Zur Identifizierung des Prozessschwachstellentyps **Redundante Aktivität** wird zunächst eine Liste der auftretenden Prozessinstanzen erstellt. Anschließend wird die Datentabelle *Prozessschwachstellenliste* jeweils nach einer *Prozessinstanz* gefiltert und die Spalte *Auftretenshäufigkeit* mit der Auftretenshäufigkeit einer Aktivitätsbezeichnung innerhalb der Prozessinstanz gefüllt. Durch Abfrage mittels einer booleschen Maske werden alle Zeilen mit einer *Auftretenshäufigkeit* von größer als eins in der Spalte *SRED als* redundante Aktivität gekennzeichnet und als *Identifikator_SRED* der String „Redundante Aktivität_" verkettet mit der Aktivitätsbezeichnung ausgewiesen. Als Prozessschwachstellenauswirkung *T_SRED* wird der Wert der Spalte *Übergangszeit+Bearbeitungszeit* herangezogen. Entsprechend der Prozessschwachstellen-Maßnahmen-Matrix (vgl. Abbildung 5.13) wird die zugehörige Maßnahme „Aktivitätenelimination" als String der Spalte *SRED_MELI* zugewiesen. Als Maßnahmenauswirkung in der Spalte *T_SRED_MELI* wird derselbe Wert wie *T_SRED* zugewiesen. Abbildung 6.4 visualisiert für diesen Fall exemplarisch, die Notation erfolgt für alle nachfolgend beschriebenen Prozessswachstellentypen analog.

Ereignis		Auftreten			Prozessschwachstellen				Maßnahmen		
…					Redundante Aktivität (SRED)			…	Redundante Aktivität (SRED) – Aktivitätenelimination (MELI)		
…	Aktivität	…	Bearbeitungszeit+ Übergangszeit	Auftretens-häufigkeit	*SRED* (Auftreten)	*Identifikator_SRED* (Identifikator)	*T_SRED* (Zeitauswirkung)	…	*SRED_MELI* (Maßnahme 1)	*T_SRED_MELI* (Zeitpotenzial)	…
…	Fräsen	…	8,0 min	2	SRED	Redundante Aktivität_Fräsen	8,0 min	…	Aktivitäten-elimination	8,0 min	…
…	…	…	…	…	…	…	…	…	…	…	…

Abbildung 6.4: Aufbau Datentabelle Prozessschwachstellenliste: Beispiel SRED

Zur Identifizierung des Prozessschwachstellentyps **Rückschleife** wird zunächst für jede Prozessinstanz ein Subdatensatz erstellt und darin über zusätzliche Listen und Indizes das Auftauchen von Aktivitätentupeln gezählt. Dabei werden schrittweise Aktivitätentupel mit zunehmender Länge geprüft, d. h. zunächst Aktivitätentupel aus zwei Aktivitäten, anschließend Aktivitätentupel aus drei Aktivitäten, usw. Als Rückschleife werden diejenigen mehrfach auftauchenden Aktivitätensequenzen ausgewiesen, die nicht in einer noch längeren, mehrfach auftretenden Aktivitätensequenz enthalten sind. So wird immer die längste auftretende Rückschleife ausgewiesen. In der Datentabelle *Prozessschwachstellenliste* wird den betroffenen Zeilen in der Spalte *SLOP* der String „Rückschleife" zugewiesen. Der Spalte *Identifikator_SLOP* wird der

String „Rückschleife_“ verkettet mit den betroffenen Aktivitätsbezeichnungen zugewiesen. Zur Quantifizierung der Prozessschwachstellenauswirkung wird die Spalte *Übergangszeit+Bearbeitungszeit* für alle Ereignisse der Rückschleife addiert und in der letzten betroffenen Zeile in der Spalte *T_SLOP* ausgewiesen. Als Maßnahme wird in derselben Zeile der Spalte *SLOP_MITE* der String „Iteration vermeiden“ zugewiesen. Die Auswirkung der Maßnahme entspricht betragsmäßig der Prozessschwachstellenauswirkung und wird in der Spalte *T_SLOP_MITE* ausgewiesen.

Zur Identifizierung des Prozessschwachstellentyps **Ungewollte Aktivität** werden mittels einer booleschen Maske in der Datentabelle *Prozessschwachstellenliste* die Zeilen ausgewählt, bei denen die Spalte *Aktivitätsbezeichnung* mit einer der Aktivitätsbezeichnungen in der Liste ungewollter Aktivitäten *UNW_Aktivitätsbezeichnungen* übereinstimmt. Für diese Zeilen wird der Spalte *SUNW* in der Datentabelle *Prozessschwachstellenliste* der String „Ungewollte Aktivität“ zugewiesen. Der Spalte *Identifikator_SUNW* wird die Kennzeichnung „Ungewollte Aktivität“ verkettet mit der Aktivitätsbezeichnung als Prozessschwachstellenidentifikator zugewiesen. Zur Quantifizierung der Prozessschwachstellenauswirkung wird der Wert aus der Spalte *Bearbeitungszeit+Übergangszeit* der Spalte *Auswirkung_Schwachstelle_UNW* gemäß Formel 5.13 zugewiesen. Entsprechend der Prozessschwachstellen-Maßnahmen-Matrix wird der *SUNW_MELI* in den betroffenen Zeilen die Kennzeichnung „Eliminieren“ zugewiesen. Die Maßnahmenauswirkungen in der Spalte *T_SUNW_MELI* ist analog zur Prozessschwachstellenauswirkung.

Zur Identifizierung des Prozessschwachstellentyps **Unpassender Aktivitätenumfang** wird für jede Aktivitätsbezeichnung eine boolesche Maske erstellt, die aus der Datentabelle *Prozessschwachstellenliste* alle Zeilen auswählt, für die die Aktivitätsbezeichnung gleich dieser einzigartigen Aktivitätsbezeichnung ist. Für jede einzigartige Aktivität wird die minimale Bearbeitungszeit, das durch den Inputparameter *Quantil_MBES* festgelegte Quantil der Bearbeitungszeiten sowie der Variationskoeffizient der Bearbeitungszeiten über alle Ereignisse dieser Aktivitätsbezeichnung bestimmt. Das Quantil gibt dabei nur diskrete, in der Stichprobe auftretende Zeiten zurück. Liegt das Quantil zwischen zwei Elementen der Stichprobe, wird die längere Bearbeitungszeit zurückgegeben. Liegt der Variationskoeffizient über dem *Grenzvariationskoeffizient*, wird jedem Ereignis mit der betroffenen Aktivitätsbezeichnung in der Datentabelle *Prozessschwachstellenliste* in der Spalte *SUNS* der String „Unpassender Aktivitätenumfang“ zugewiesen. Als Prozessschwachstellenidentifikator dient die Zeichenkette aus dem String „Unpassender Aktivitätenumfang_“ verkettet mit der betroffenen Aktivitätsbezeichnung. Zur Prozessschwachstellenquantifizierung wird in jeder Zeile mit der betroffenen Aktivitätsbezeichnung in der Spalte *T_SUNS* die Differenz aus der *Bearbeitungszeit* und minimalen Bearbeitungszeit ausgegeben (vgl. Formel 5.14). Gemäß der Prozessschwachstellen-Maßnahmen-Matrix wird der Spalte *SUNS_MBES* der String „Beschleunigen“ zugewiesen. Zur Kalkulation der zeitlichen Prozessschwachstellenauswirkung *T_SUNS_MBES* gemäß Formel 5.18 wird für jedes betroffene Ereignis die Differenz der Werte aus den Spalten *Bearbeitungszeit* und *Quantil_MBES* ausgewiesen, sofern der Wert *Quantil_MBES* für diese Aktivität kleiner oder gleich der jeweiligen Bearbeitungszeit ist. Andernfalls wird die zeitliche Auswirkung Null ausgewiesen.

Zur Identifizierung des Prozessschwachstellentyps **Übergangszeit** wird überprüft, ob der Wert der Spalte *Übergangszeit* größer als Null ist. In diesem Fall wird der Spalte *STRA* der String „Übergangszeit“ und der Spalte *T_STRA* der Wert aus der Spalte *Übergangszeit* zugewiesen. Der Prozessschwachstellenidentifikator entspricht der Zeichenkette bestehend aus dem String „Übergangszeit_“ sowie den Aktivitätsbezeichnungen der beiden umliegenden Aktivitäten. Für die Übergangszeit eignen sich die Maßnahmentypen Integrieren und Übergangszeitenreduktion. Für den Maßnahmentyp Integrieren wird der Spalte *STRA_MINT* der String „Integrieren“ zugewiesen. Die zeitliche Maßnahmenauswirkung *T_STRA_MINT* entspricht dem Wert der Spalte *Übergangszeit*. Für den Maßnahmentyp Übergangszeitenreduktion wird der Spalte *STRA_MÜRE* der String „Übergangszeitenreduktion“ zugewiesen. Zur Quantifizierung des Maßnahmentyps Übergangszeitenreduktion werden über den Prozessschwachstellenidentifikator gleichartige Übergangszeiten prozessinstanzübergreifend gesucht. Analog zum Maßnahmentyp Beschleunigung wird anhand des Inputparameters das festgelegte Quantil historischer Übergangszeiten *Quantil_MÜRE* bestimmt. Für alle auftretenden Übergangszeiten, die größer als diese Ziel-Übergangszeit sind, gilt die Differenz als zeitliches Maßnahmenpotenzial und wird in die Spalte *T_STRA_MÜRE* übernommen. Für Übergangszeiten, die kürzer oder gleich dem Quantilwert sind, wird der Wert Null als Maßnahmenauswirkung zugewiesen.

Wenngleich der Prozessschwachstellentyp **Parallelisierungspotenzial** keinen OPE-Einfluss hat, wird er durch die Entscheidungsunterstützung identifiziert. Dazu wird iterativ für jede Aktivitätsbezeichnung jeweils eine Liste mit den auftretenden Vorgängeraktivitäten und eine Liste mit den Nachfolgeraktivitäten angelegt. Sobald für eine Aktivitätsbezeichung die beiden Listen eine Schnittmenge aufweisen, wird für jedes Auftreten des Aktivitätentupels der Spalte *SPAR* der String „Parallelisierungspotenzial" zugewiesen und als Prozessschwachstellenidentifikator der String „Parallelisierungspotenzial_" mit den betroffenen Aktivitätsbezeichnungen verkettet.

6.1.2.2 Umsetzung der OPE-Quantifizierung

Die Umsetzung des dritten Lösungsmoduls betrifft die Kalkulation der Geschäftsprozessleistung OPE sowie von Prozesszeiten. Dazu werden die drei Datentabellen *OPE_Prozessinstanz*, *OPE_Prozessinstanz* und *OPE_Prozessinstanz* angelegt (vgl. Abbildung 6.1). In der Datentabelle *OPE_Prozessinstanz* werden durch iteratives Filtern der Datentabelle *Prozessschwachstellenliste* die Zykluszeiten und Durchlaufzeiten je Prozessinstanz berechnet. Zur Kalkulation der Geschäftsprozessleistung wird für jede Prozessinstanz aus der *Prozessschwachstellenliste* eine neue Sub-Datentabelle mit den Ereignissen der Prozessinstanz erstellt. Iterativ werden in dieser Sub-Datentabelle die auftretenden Prozessschwachstellen absteigend entlang der Prozessschwachstellenhierarchie (vgl. Abbildung 5.24) gesucht. Die zeitlichen Auswirkungen der Prozessschwachstellen werden dabei der Spalte *Gesamtverlustzeit_Prozessinstanz* zugewiesen und aufaddiert. Die Zuweisung und Addition erfolgt dabei gemäß der Prozessschwachstellenhierarchie nur, wenn die durch die jeweilige Prozessschwachstelle betroffene Bearbeitungs- oder Übergangszeit nicht bereits bei einer höherrangigen Prozessschwachstelle als Verlustzeit berücksichtigt wurde. Die Berechnung der Kontinuitäts-, Linearitäts- und Leistungsverluste je Prozessinstanz erfolgt unter analoger Berücksichtigung der Prozessschwachstellenhierarchie. Dabei werden die Verlustzeiten aus der Datentabelle *Prozessschwachstellenliste* gemäß der Verlustartenzuordnung der Prozessschwachstellentypen (vgl. Abbildung 5.21) in den Spalten *Kontinuitätsverlustzeit_Prozessinstanz, Linearitätsverlustzeit_Prozessinstanz* und *Leistungsverlustzeit_Prozessintanz* aufaddiert und durch den Wert der Spalte *Zykluszeit_Prozessinstanz* dividiert. Die Spalte *OPE_Prozessinstanz* wird als Differenz des Quotienten der Spalten *Gesamtverlustzeit_Prozessinstanz* und *Zykluszeit_Prozessinstanz* zum Wert 1 berechnet. Abbildung 6.5 verdeutlicht den Aufbau der Datentabelle exemplarisch.

Prozess-instanz	Zykluszeit_ Prozessinstanz	Durchlaufzeit_ Prozessinstanz	Gesamtverlustzeit_ Prozessinstanz	Kontinuitätsverlustzeit_ Prozessinstanz	Linearitätsverlustzeit_ Prozessinstanz	Leistungsverlustzeit_ Prozessinstanz	OPE_ Prozessinstanz
#1234	100,0 min	90,0 min	45,0 min	31,0 min	8,0 min	6,0 min	55,0 %
...	...	...	...	...	...	...	...

Abbildung 6.5: Aufbau Datentabelle OPE_Prozessinstanz

Anschließend erfolgt zur Umsetzung des Rechensystems gemäß Abbildung 5.23 die Aggregation der Prozessleistungsinformation von Prozessinstanzebene zur Prozessmodellebene. Dies erfolgt in Datentabelle *OPE_Prozessmodell* (vgl. Abbildung 6.1). Dazu werden für alle Spalten der Datentabelle *OPE_Prozessinstanz* die Spaltensummen als Variablen ausgegeben. Mittels Division durch die Anzahl der Prozessinstanzen des Prozessmodells, d. h. die Zeilen der Datentabelle *OPE_Prozessinstanz*, werden die Informationen *Ø-Zykluszeit_Prozessmodell*, *Ø-Gesamtverlustzeit_Prozessmodell* und *OPE_Prozessmodell* berechnet. Durch Subtraktion der beiden Terme ergibt sich die *Ø-Schwachstellenfreie Zykluszeit_Prozessmodell*. Die jeweilige Division der Spaltensummen *Kontinuitätsverlustzeit_Prozessinstanz*, *Linearitätsverlustzeit_Prozessinstanz* und *Leistungsverlustzeit_Prozessinstanz* durch die *Ø-Zykluszeit_Prozessmodell* ergeben die Spalten *Kontinuitätsverlust_Prozessmodell*, *Linearitätsverlust_Prozessmodell*, *Leistungsverlust_Prozessmodell*.

Prozess-modell	Ø-Zykluszeit_ Prozessmodell	Ø-Gesamtverlustzeit_ Prozessmodell	Ø-Schwachstellenfreie Zykluszeit_Prozessmodell	Kontinuitätsverlust_ Prozessmodell	Linearitätsverlust_ Prozessmodell	Leistungsverlust_ Prozessmodell	OPE_ Prozessmodell
#	108,6 min	45,4 min	63,2 min	32,0 %	5,4 %	4,4 %	58,2 %

Abbildung 6.6: Aufbau Datentabelle OPE_Prozessmodell

Anschließend erfolgt zur Unterstützung von Entscheidungen in der Prozessanalyse und -gestaltung die Berechnung der OPE-Verluste einzelner Prozessschwachstellen und OPE-Potenziale einzelner Maßnahmen in der Datentabelle *Entscheidungsliste*. Diese Datentabelle bildet gleichzeitig die Informationsgrundlage für die Benutzeroberfläche (vgl. Abbildung 6.1). Zur Berechnung der OPE-Verluste und -Potenziale auf Ebene der Prozessinstanz (vgl. Tabelle 5.7 und Tabelle 5.10) wird die Datentabelle *Prozessschwachstellenliste* iterativ nach jeder Prozessinstanz gefiltert und aus der Datentabelle *OPE_Prozessinstanz* die Zykluszeit der Prozessinstanz entnommen. Anschließend wird iterativ für jedes Ereignis der jeweiligen Prozessinstanz das Vorliegen einer Prozessschwachstelle überprüft. Die prozentuale Auswirkung der Prozessschwachstelle bestimmt sich gemäß Tabelle 5.7 als Quotient der Verlustzeit einer Prozessschwachstelle (in Datentabelle *Prozessschwachstellenliste* bspw. Spalte *T_SRED* für die zeitliche Auswirkung einer redundanten Aktivität) und der Zykluszeit. Das OPE-Potenzial einer Maßnahme auf Ebene der Prozessinstanz erfordert das Auslesen der zugehörigen Maßnahmenauswirkung aus der Datentabelle *Prozessschwachstellenliste*, beispielsweise *T_SRED_MELI*, und erfolgt mathematisch entsprechend der

Formeln in Tabelle 5.10. Nach Quantifizierung der OPE-Verluste und -Potenziale auf Ebene der Prozessinstanz werden die identifizierten Prozessschwachstellen anhand der in Datentabelle *Prozessschwachstellenliste* vergebenen Prozessschwachstellenidentifikatoren gemäß dem Rechensystem in Abbildung 5.23 prozessinstanzübergreifend aggregiert und in der Datentabelle *Entscheidungsliste* mit folgenden Spalten gespeichert: *Prozessschwachstellenidentifikator, Prozessschwachstellentyp, Verlustart, betroffene Aktivitäten, Ø-Dauer Prozessschwachstelle, Ø-OPE-Verlust Prozessinstanz, Anteil betroffener Prozessinstanzen, OPE-Verlust Prozessmodell, Maßnahme 1, OPE-Potenzial Maßnahme 1, Maßnahme 2, OPE-Potenzial Maßnahme 2.* Die berechneten Werte werden zusätzlich als Zeile in einer Datentabelle *Entscheidungsliste* hinzugefügt.

Prozessschwachstellenidentifikator	Prozessschwachstellentyp	Verlustart	Betroffene Aktivität (en)	Ø-Dauer Prozessschwachstelle	Ø-OPE-Verlust Prozessinstanz	Anteil betroffener Prozessinstanzen	OPE-Verlust Prozessmodell	Maßnahme 1	OPE-Potenzial Maßnahme 1	Maßnahme 2	OPE-Potenzial Maßnahme 2
Redundante Aktivität_ Fräsen	Redundante Aktivität	Linearität	Fräsen	8,0 min	8,0 %	10/85	0,9 %	Aktivitätenelimination	0,6 %		

Abbildung 6.7: Aufbau Datentabelle Entscheidungsliste

Abschließend werden sämtliche Datentabellen und Listen im .xlsx-Format und das visualisierte Prozessmodell im .jpg-Format gespeichert, die *Entscheidungsliste* nach absteigendem OPE-Verlust sortiert und reindiziert.

6.1.2.3 Dynamisierung

Die in den vorangegangenen Kapiteln erläuterte prototypische Umsetzung der Entscheidungsunterstützung bildet die initiale Ausführung der Entscheidungsunterstützung ab. Gemäß der in Kapitel 5.4.2 entwickelten Vorgehensweise ist die Prozessexploitation mithilfe der Entscheidungsunterstützung ein iterativer Prozess, bei dem eine in der Entscheidungsunterstützung ausgewiesene Prozessschwachstelle untersucht, hinsichtlich ihrer Validität bewertet und für sie eine der vorgeschlagenen Maßnahme oder keine Maßnahme ausgewählt wird. Sowohl die Entscheidung über die Validität als auch für oder gegen eine Maßnahme haben einen Einfluss auf das Prozessmodell und die Entscheidungsunterstützung. Auf dieser Basis wird der zugrundeliegende Eventlog angepasst und die Entscheidungsunterstützung neu ausgeführt, bevor die nächste Prozessschwachstelle untersucht wird. Diese Dynamisierung der Methodik befähigt eine aktive Prozessgestaltung in der Entscheidungsunterstützung.

Zur Umsetzung dieser Logik wird bei Auswahl einer Maßnahme der Eventlog angepasst. Dazu werden anhand des Prozessschwachstellenidentifikators die betroffenen Ereignisse in jeder Prozessinstanz des Eventlogs gesucht und die prozessstrukturellen und zeitlichen Auswirkungen der ausgewählten Maßnahme ausgeführt (bspw. Elimination der Aktivität inklusive der Bearbeitungszeit und der vorgelagerten Übergangszeit). Mittels einer Funktion werden die Nachfolgeereignisse aufgerufen und die aus der Maßnahmenauswirkung resultierenden Zeitpunktverschiebungen angewandt. Anschließend wird der angepasste Eventlog als *Eventlog_angepasst* gespeichert und wieder in die Entscheidungsunterstützung eingelesen (vgl. Abbildung 6.1).

Die Validitätsprüfung ermöglicht in der Anwendung, datenbasiert identifizierte Prozessschwachstellen aufgrund von Kontextwissen als „invalide" zu kennzeichnen. Eine als invalide gekennzeichnete Prozessschwachstelle wird bei anschließenden Ausführungen der Entscheidungsunterstützung nicht mehr als Prozessschwachstelle gelistet. Bei Auswahl der Schaltfläche zur Kennzeichnung einer invaliden Prozessschwachstelle wird in der Datentabelle *Eventlog_erweitert* (vgl. Abbildung 6.1) die jeweilige Spalte *SRED_Validität, SLOP_Validität, SUNS_Validität STRA_Validität* oder *SPAR_Validität* für den gefilterten Prozessschwachstellenidentifikator mit dem String „invalide" versehen (vgl. Abbildung 6.3). Dadurch wird die Prozessschwachstelle bei Ausführung der Entscheidungsunterstützung nicht mehr als Prozessschwachstelle berücksichtigt.

6.1.3 Ausgabe der Entscheidungsunterstützung

Als Ausgabe der Entscheidungsunterstützung dient eine in *vue.js* visualisierte Benutzeroberfläche, in der die Ergebnisse der Methodik präsentiert und Entscheidungen zur Prozessgestaltung ausgeführt werden. Dabei werden die drei Informationsarten Prozessmodell, Geschäftsprozessleistungsinformationen und die Entscheidungsliste dargestellt (vgl. Kapitel 5.4.2). In ihrer Gesamtheit bilden sie einen Leitstand für die Prozessanalyse und -gestaltung, der in Abbildung 5.25 beispielhaft abgebildet ist. Der strukturelle Aufbau der Entscheidungsunterstützung ist in Abbildung 6.8 visualisiert und wird in den nachfolgenden Absätzen erläutert.

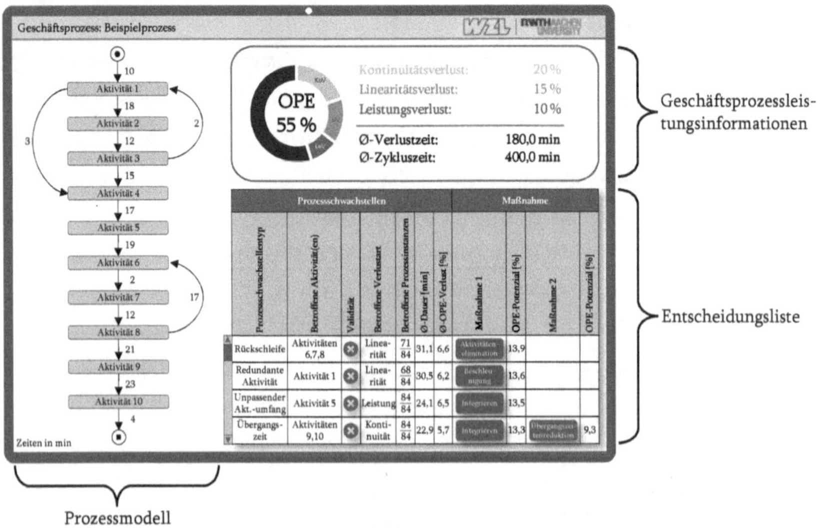

Abbildung 6.8: Benutzeroberfläche der Entscheidungsunterstützung

Das Prozessmodell visualisiert den Prozessablauf historischer Prozessinstanzen. Zur Visualisierung eines Prozessmodells aus dem eingelesenen Eventlog wird die *pm4py* als Open-Source-Bibliothek für Process Mining verwendet. Für die Prozessmodellierung wird die Funktion *pm4py.discovery.discover_performance_dfg* eingesetzt, die eine Implementierungsform des Process Mining Inductive Miners ist. Diese generiert zur Visualisierung des Prozessmodells einen *Directly-Follows-Graph*, der im Vergleich zu anderen Darstellungsformen wie Petri-Netzen intuitiv und ohne besondere Methodenkenntnis interpretierbar ist. Anhand des Prozessmodells wird die Prozessstruktur und -komplexität nachvollziehbar. Prozessstrukturelle Prozessschwachstellen, wie beispielsweise Rückschleifen, werden graphisch transparent und ungewollte Aktivitäten über die Aktivitätsbezeichnungen in Prozessmodellen sichtbar. Die Verbinder zwischen den Prozessaktivitäten indizieren Übergangszeiten. Abbildung 6.9 stellt ein exemplarisches Prozessmodell in der Entscheidungsunterstützung dar.

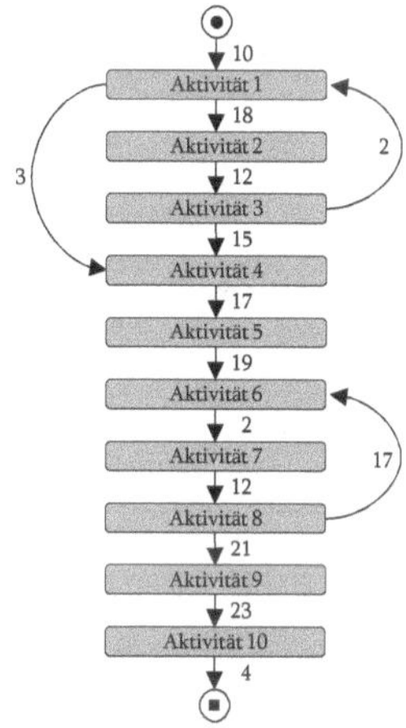

Abbildung 6.9: Benutzeroberfläche: Prozessmodell

Als Geschäftsprozessleistungsinformationen werden die OPE sowie die Kontinuitäts-, Linearitäts- und Leistungsverluste auf Ebene des Prozessmodells als Ringdiagramm und textuell dargestellt (vgl. Abbildung 6.10). Die Transparenz über die Aufteilung der OPE-Verluste nach Verlustarten indiziert grundsätzliche Problemschwerpunkte und hilft bei der Fokussierung von Ressourcen für die Prozessanalyse.

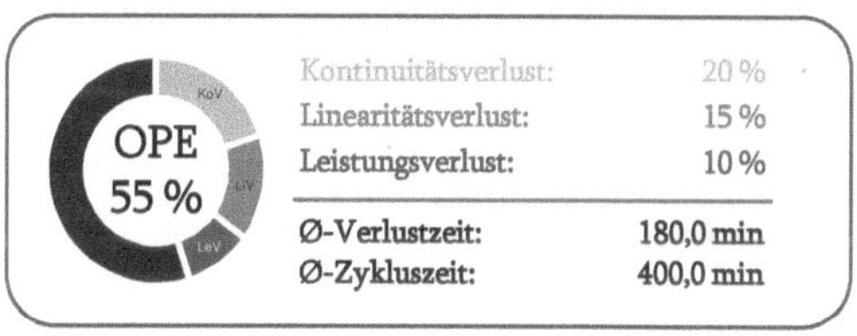

Abbildung 6.10: Benutzeroberfläche: Geschäftsprozessleistungsinformationen

Das zentrale Element der Entscheidungsunterstützung ist die Visualisierung der Datentabelle *Entscheidungsliste*. Dort wird jede auftretende Prozessschwachstelle auf Ebene des Prozessmodells mit allen entscheidungsunterstützenden Informationen konsolidiert. Sie ist absteigend nach dem OPE-Verlust sortiert, d. h. Prozessschwachstellen mit hoher Verlustwirkung auf die OPE des Geschäftsprozesses werden vorrangig angezeigt. Zu jeder Prozessschwachstelle werden entscheidungsrelevante Informationen über ihr Auftreten (betroffene Aktivitäten, Häufigkeit), ihre Auswirkung sowie Maßnahmenvorschläge und -potenziale bereitgestellt (vgl. Abbildung 6.11).

Prozessschwachstellen							Maßnahme			
Prozessschwachstellentyp	Betroffene Aktivität(en)	Validität	Betroffene Verlustart	Betroffene Prozessinstanzen	Ø-Dauer [min]	Ø-OPE-Verlust [%]	Maßnahme 1	OPE-Potenzial [%]	Maßnahme 2	OPE-Potenzial [%]
Rückschleife	Aktivitäten 6,7,8	⊗	Linearität	$\frac{71}{84}$	31,1	6,6	Aktivitätenelimination	13,9		
Redundante Aktivität	Aktivität 1	⊗	Linearität	$\frac{68}{84}$	30,5	6,2	Beschleunigung	13,6		
Unpassender Akt.-umfang	Aktivität 5	⊗	Leistung	$\frac{84}{84}$	24,1	6,5	Integrieren	13,5		
Übergangszeit	Aktivitäten 9,10	⊗	Kontinuität	$\frac{84}{84}$	22,9	5,7	Integrieren	13,3	Übergangszeitenreduktion	9,3

Abbildung 6.11: Benutzeroberfläche: Entscheidungsliste

Neben der Bereitstellung entscheidungsrelevanter Informationen werden in der Benutzeroberfläche der Entscheidungsunterstützung auch Entscheidungen der Prozessanalyse und -gestaltung ausgeführt. Über eine Schaltfläche können Prozessschwachstellen als „invalide" gekennzeichnet und damit aus der OPE-Kalkulation exkludiert werden. Diese Funktionalität bildet die Phase der Prozessschwachstellenvalidierung ab (vgl. Kapitel 5.4.2.3). Zudem können für jede Prozessschwachstelle die vorgeschlagenen und quantifizierten Maßnahmenvorschläge über Schaltflächen ausgeführt werden. Gemäß Abbildung 5.13 stehen für einen Prozessschwachstellentyp maximal zwei Maßnahmenvorschläge zur Auswahl. Bei Auswahl einer Maßnahme wird der Eventlog gemäß der in Kapitel 5.2 beschriebenen Maßnahmenauswirkungen angepasst und die Entscheidungsunterstützung neu geladen. Darin sind das Prozessmodell, die Geschäftsprozessleistungsinformationen und die Entscheidungsliste für die historischen Prozessinstanzen nach der Maßnahmenauswahl aktualisiert.

6.2 Anwendung der Methodik am Fallbeispiel der Maschinenbau GmbH

Basierend auf der implementierten Entscheidungsunterstützung erfolgt die Anwendung der Methodik auf Eventlogs von Geschäftsprozessen. Der Schwerpunkt des ersten Fallbeispiels liegt auf der Validierung der technischen Funktionsfähigkeit der prototypischen Implementierung. Dadurch soll nachgewiesen werden, dass die implementierte Methodik die Zielsetzung gemäß Kapitel 1.2 sowie die Anforderungen gemäß Kapitel 4.1 erfüllt. Konkret soll validiert werden, ob die Entscheidungsunterstützung in einem Eventlog Prozessschwachstellen vollständig und richtig identifiziert, deren Auswirkungen richtig quantifiziert, geeignete Maßnahmentypen ableitet, deren Maßnahmenauswirkungen richtig quantifiziert und die Prozessleistung OPE korrekt berechnet. Zur Validierung der Funktionsfähigkeit der Methodik müssen sämtliche Prozessschwachstellen- und Maßnahmentypen validiert werden. Eventlogs aus der Praxis enthalten häufig nicht sämtliche Prozessschwachstellentypen. Zudem sind diese zu umfangreich, um die durch die Methodik automatisierten Quantifizierungen manuell in vertretbarer Zeit nachzuprüfen. Deshalb wurde ein synthetischer Eventlog generiert, der einen typischen Auftragsabwicklungsprozess in produzierenden Unternehmen abbildet und sämtliche Prozessschwachstellentypen enthält.

6.2.1 Input der Entscheidungsunterstützung

Das Fallbeispiel untersucht einen Auftragsabwicklungsprozess eines Unternehmens, das Maschinen herstellt. Nachfolgend wird das Unternehmen als Maschinenbau GmbH bezeichnet. Die Maschinenbau GmbH konstruiert und fertigt Maschinen gemäß Kundenauftrag, d. h. gemäß dem Prinzip *engineer-to-order*. Der Auftragsabwicklungsprozess beginnt mit der Kundenanfrage, auf deren Basis ein Angebot erstellt wird. Nach Bestellung durch den Kunden erfolgt eine bestätigende Auftragsannahme durch die Maschinenbau GmbH. Es folgt die Konstruktion der Maschine und die Auftragseinplanung in der Produktion. Im nachfolgenden Schritt der Materialbestellung werden sämtliche für die Maschine benötigten Teile extern bei Lieferanten oder intern in Lagern bestellt beziehungsweise abgerufen. Nach der Warenannahme beginnt der eigentliche Herstellungsprozess mit der mechanischen Fertigung. In der anschließenden Vormontage werden die bestellten und gefertigten Bauteile zu Baugruppen montiert. In der Endmontage erfolgt der Zusammenbau der Baugruppen zur fertigen Maschine. Die fertige Maschine durchläuft anschließend die Qualitätsprüfung und die Verpackung. Abschließend erfolgen die Versandvorbereitung und der Versand.

Der im Fallbeispiel betrachtete Eventlog enthält drei Kundenaufträge und 50 Ereignisse. Zu jedem Ereignis liegen die Attribute *Prozessinstanz, Aktivitätsbezeichnung, Startzeitstempel* und *Endzeitstempel* vor. Als Konfiguration der Entscheidungsunterstützung wird für den Grenzvariationskoeffizienten der Wert 50 % gewählt. Dadurch werden diejenigen Aktivitäten als „Unpassender Aktivitätenumfang“ deklariert, bei denen die Standardabweichung der Bearbeitungszeit mehr als die Hälfte der durchschnittlichen Bearbeitungszeit beträgt. Zur Quantifizierung der Maßnahme Beschleunigen wird das Quantil der Bearbeitungszeit auf 90 % gesetzt. Für den Maßnahmentyp *Beschleunigung* wird damit angenommen, dass die „90 %-schnellste" historische Bearbeitungszeit als grundsätzlich erreichbare Soll-Bearbeitungszeit gilt, wenn die betroffene Prozessaktivität standardisiert wird. Zur Quantifizierung der Maßnahme Übergangszeitenreduktion wird das Quantil der Übergangszeit mit 90 % festgelegt. Als erreichbare Ziel-Übergangszeit zwischen zwei Aktivitäten wird daher die historische Übergangszeit angenommen, die kleiner als 90 % der historischen Übergangszeiten für diese Aktivitätenkombination war. Als ungewollte Aktivität wird die Versandvorbereitung deklariert, weil sie als nicht-wertschöpfende Prozessaktivität keinen Mehrwert für das Prozessergebnis liefert und eliminierbar ist.

6.2.2 Prozessexploitation mithilfe der Entscheidungsunterstützung

Die konfigurierte Entscheidungsunterstützung wurde auf den Eventlog des beschriebenen Auftragsabwicklungsprozesses bei der Maschinenbau GmbH angewandt. Nachfolgend werden die Ergebnisse der Entscheidungsunterstützung vorgestellt. Die Vorstellung der Entscheidungsunterstützung folgt dabei der in Kapitel 6.1.3 vorgestellten Aufteilung der Benutzeroberfläche in das Prozessmodell, Geschäftsprozessleistungsinformationen und die Entscheidungsliste. Abbildung 6.12 visualisiert die Entscheidungsunterstützung nach initialer Ausführung als Ausgangspunkt für die Prozessexploitation.

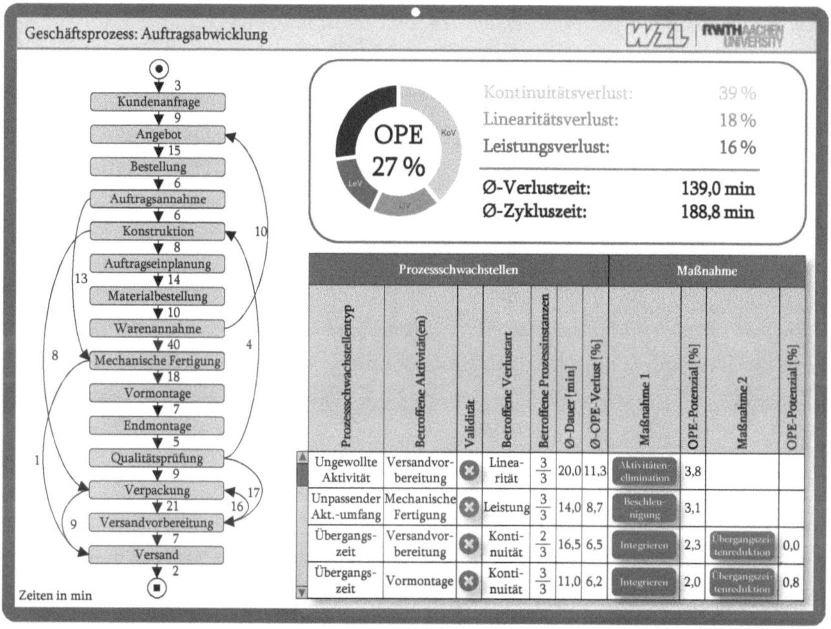

Abbildung 6.12: Ist-Prozess Auftragsabwicklung der Maschinenbau GmbH

Das *Prozessmodell* des Auftragsabwicklungsprozesses indiziert graphisch das Vorliegen einiger Prozessschwachstellen. Die rückwärtigen Kanten zu den Aktivitäten Angebot, Konstruktion, mechanische Fertigung und Versandvorbereitung lassen auf redundante Aktivitäten beziehungsweise Rückschleifen schließen. Die Versandvorbereitung ist durch die Aktivitätsbezeichnung als ungewollte Aktivität erkenntlich. Das Prozessmodell liefert keine Informationen über die Auftretenshäufigkeit dieser Prozessschwachstellen. Im Prozessmodell existieren einige vorwärtige Kanten, bei denen mehrere Aktivitäten übersprungen werden. Anhand des Prozessmodells ist jedoch nicht erkennbar, ob in historischen Prozessinstanzen tatsächlich Aktivitäten übersprungen werden, oder dies nur die Nachfolgekanten von redundanten Aktivitäten oder Rückschleifen sind, die spät im Prozessverlauf iterieren. Der Directly Follows Graph notiert an den Kanten jeweils die Übergangszeit und je nach Länge der Übergangszeit sind die Kanten stärker und dunkler eingefärbt. Anhand dessen ist zwischen den Aktivitäten Warenannahme und mechanische Fertigung eine lange Übergangszeit von 40 Minuten erkennbar.

Die *allgemeinen Geschäftsprozessleistungsinformationen* liefern Informationen über die OPE, Verlustarten und Prozesszeiten des Auftragsabwicklungsprozesses der Maschinenbau GmbH. Die OPE des Auftragsabwicklungsprozesses beträgt 26,6 %, d. h. fast drei Viertel der aufgewendeten Zykluszeit ist schwachstellenbehaftet. Die bei der Abwicklung der einzelnen Aufträge auftretenden Prozessschwachstellen verursachen Kontinuitätsverluste in Höhe von 39,7 %. Während dieser Zykluszeiten wurde aufgrund von Übergangszeiten nicht am Auftrag gearbeitet. Die zweitgrößte Verlustart bilden die Linearitätsverluste, die sich für den Auftragsabwicklungsprozess auf 17,7 % belaufen. Demnach entfallen fast ein Fünftel der aufgewendeten Zykluszeit auf fehlerhafte Prozessausführungen wie Rückschleifen sowie redundante und ungewollte Aktivitäten. Im Unterschied zu den Übergangszeiten bedeuten diese Prozessschwachstellen neben dem Zeitverlust auch weitere Ressourcenaufwände (bspw. Personal). Als dritte Verlustart entfallen 16,0 % der Zykluszeit auf Leistungsverluste. Diese entstehen durch Aktivitäten mit unpassendem Aktivitätenumfang und stellen demnach ein Potenzial zur beschleunigten Prozessausführung dar. Die durchschnittliche Zykluszeit der betrachteten Aufträge betrug 188,8 Minuten, davon sind durchschnittlich 139,0 Minuten verlustbehaftet. Die Differenz von 49,8 Minuten gibt die Zykluszeit einer theoretisch prozessschwachstellenfreien Prozessausführung an. Dabei sei erwähnt, dass dies eine vollständige Elimination der Übergangszeiten erfordert.

Die *Entscheidungsliste* detailliert die allgemeinen Geschäftsprozessleistungsinformationen und dient zusätzlich der Aufnahme von Entscheidungen in der Prozessanalyse und -gestaltung. Nachfolgend wird die dynamische Ausführung der Entscheidungsunterstützung mittels der Prozessschwachstellenliste für den Auftragsabwicklungsprozess der Maschinenbau GmbH beschrieben. Die größte Prozessschwachstelle im Auftragsabwicklungsprozess der Maschinenbau GmbH ist eine ungewollte Aktivität in Form der Prozessaktivität Versandvorbereitung. Diese Prozessschwachstelle ist in jedem der untersuchten Aufträge aufgetreten und hat im Durchschnitt 20 Minuten Übergangszeiten und Bearbeitungszeiten verursacht. Der OPE-Verlust durch die Prozessschwachstelle beträgt 11,3 %, d. h. durchschnittlich 11,3 % der Zykluszeit entfallen auf die Versandvorbereitung. Dies ist ein Linearitätsverlust, da während der Versandvorbereitung zwar am Auftrag gearbeitet wurde, diese Aktivität jedoch ungewollt ist und keine Wertschöpfung darstellt. Als Maßnahme zur Behebung der ungewollten Aktivität wird die Maßnahme Aktivitätenelimination mit einem OPE-Potenzial von

3,8 % vorgeschlagen. Diese wird im Rahmen der Prozessexploitation für den Auftragsabwicklungsprozess ausgeführt. Zu dieser Maßnahmenausführung in der Entscheidungsunterstützung muss in der Prozessimplementierung eine Operationalisierung für eine verbesserte Prozessausführung erfolgen. Nach der Aktualisierung ist die Versandvorbereitung nicht mehr im Prozessmodell enthalten, die OPE erwartungstreu auf gerundet 30,5 % gestiegen (Abweichung um 0,1 % aufgrund Rundung auf eine Dezimalstelle) und die durchschnittliche Zykluszeit des Auftragsabwicklungsprozesses auf 119 Minuten gesunken. Nach der ersten Maßnahmenausführung verbleibt als größte Prozessschwachstelle in der Auftragsabwicklung der unpassende Aktivitätenumfang der mechanischen Fertigung. Aufgrund stark streuender Bearbeitungszeiten wurde diese Aktivität prozessinstanzübergreifend als Prozessschwachstelle identifiziert. Im Durchschnitt hat die Mechanische Fertigung 14,0 Minuten länger gedauert als die schnellste historische Bearbeitungszeit und verursacht dadurch einen OPE-Verlust von 9,1 %. Die Entscheidungsunterstützung schlägt die Maßnahme Beschleunigen vor, bei der gemäß der Konfiguration die Bearbeitungszeit der mechanischen Fertigung auf das 90%-Quantil der historischen Ausführung der vorgeschlagenen Maßnahme beschleunigt wird. Diese Maßnahme verspricht eine OPE-Steigerung von 3,4 % und ist in der Praxis durch eine hohe Mechanisierung und Automatisierung der mechanischen Fertigung realistisch. Nach Anwendung dieser Maßnahme weist die Entscheidungsunterstützung eine OPE von 33,9 % bei einer durchschnittlichen Zykluszeit von 152,1 Minuten aus. Die größte verbleibende Prozessschwachstelle ist die Übergangszeit zwischen der mechanischen Fertigung und der Vormontage mit durchschnittlich 11 Minuten Dauer und einem OPE-Verlust von 7,7 %. Die Entscheidungsunterstützung schlägt neben der Integration der beiden Prozessaktivitäten mit einem OPE-Potenzial von 3,1 % eine Übergangszeitenreduktion mit einem Potenzial von 1,3 % vor. Die Integration zweier Produktionsschritte wie im Beispiel der mechanischen Fertigung und der Vormontage würden eine starre Verkettung erfordern, die in der Praxis aufgrund unterschiedlicher Ausbringungsmengen pro Zeiteinheit oft nicht umsetzbar ist. Eine Übergangszeitenreduktion auf ein stabiles, reduziertes Niveau ist durch bestandsgeführte Zwischenlager (z. B. als FIFO-Strecke oder Kanban-Lager) hingegen realistisch, weshalb die Übergangszeitenreduktion ausgeführt wird. Diese Maßnahmenanwendung resultiert im Auftragsabwicklungsprozess zu einer OPE-Steigerung auf 35,2 % und Reduktion der durchschnittlichen Zykluszeit auf 148,1 Minuten. Durch die Anwendung der ersten drei Maßnahmen konnte demnach die OPE des Auftragsabwicklungsprozesses in der Entscheidungsunterstützung von 26,6 % auf 35,2 % gesteigert werden. Die ausgeführten Maßnahmen verändern dabei den historisch ausgeführten Ist-Prozess zu einem verbesserten Soll-Prozess, dessen gesteigerte OPE durch eine Operationalisierung und Implementierung der ausgewählten Maßnahmen erreicht wird. Das zugehörige Prozessmodell visualisiert die Entscheidungsunterstützung. Zum Zwecke der Validierung wurden anschließend sechs weitere Maßnahmen ausgeführt, um Übergangszeiten, Rückschleifen und redundante Aktivitäten zu eliminieren und weitere Prozessaktivitäten zu beschleunigen. Zwei identifizierte Prozessschwachstellen wurden zudem als invalide bewertet. Danach verbleibt ein Soll-Prozess der Auftragsabwicklung mit einer OPE von 56,5 % und einer durchschnittlichen Zykluszeit von 117 Minuten. Das Prozessmodell des Auftragsabwicklungsprozesses zeigt einen gerichteten Ablauf. Abbildung 6.13 visualisiert die Benutzeroberfläche nach Anwendung dieser Maßnahmen. Weitere OPE-Verbesserungen sind nur durch Behebung der verbleibenden Übergangszeiten möglich.

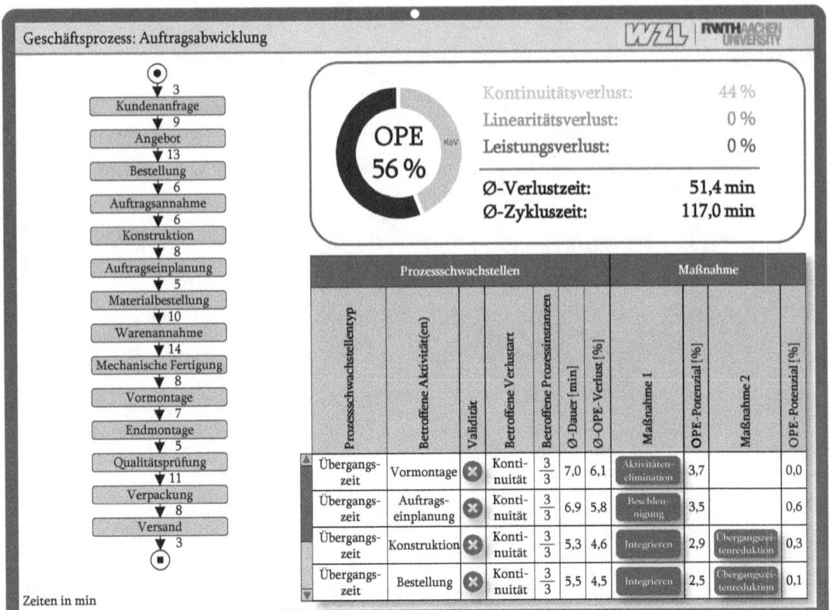

Prozessschwachstellen							Maßnahme			
Prozessschwachstellentyp	Betroffene Aktivität(en)	Validität	Betroffene Verlustart	Betroffene Prozessinstanzen	Ø-Dauer [min]	Ø-OPE-Verlust [%]	Maßnahme 1	OPE-Potenzial [%]	Maßnahme 2	OPE-Potenzial [%]
Übergangs-zeit	Vormontage	✖	Konti-nuität	3/3	7,0	6,1	Aktivitäten-elimination	3,7		0,0
Übergangs-zeit	Auftrags-einplanung	✖	Konti-nuität	3/3	6,9	5,8	Beschleu-nigung	3,5		0,6
Übergangs-zeit	Konstruktion	✖	Konti-nuität	3/3	5,3	4,6	Integrieren	2,9	Übergangszei-tenreduktion	0,3
Übergangs-zeit	Bestellung	✖	Konti-nuität	3/3	5,5	4,5	Integrieren	2,5	Übergangszei-tenreduktion	0,1

Abbildung 6.13: Soll-Prozess Auftragsabwicklung der Maschinenbau GmbH

6.2.3 Bewertung der Ergebnisse

Die Validierung am Beispiel des synthetischen Eventlogs bildet repräsentativ einen Auftragsabwicklungsprozess eines Maschinenbauunternehmens ab. Sie diente der technischen Validierung der entwickelten Methodik, im Besonderen der Entscheidungsunterstützung. Dazu wurden die Ergebnisse der Entscheidungsunterstützung durch manuelle Überprüfungen und Berechnungen im Eventlog überprüft.

Die Entscheidungsunterstützung hat im Eventlog des Auftragsabwicklungsprozesses der Maschinenbau GmbH 32 Prozessschwachstellen identifiziert. Dies entspricht genau den Prozessschwachstellen, die bei Generierung des synthetischen Eventlogs „eingebaut" wurden, um die Funktionalität der Prozessschwachstellenidentifizierung zu validieren. Zusätzlich wurde der synthetische Eventlog des Auftragsabwicklungsprozesses manuell auf Prozessschwachstellen untersucht. Dabei wurden keine zusätzlichen Prozessschwachstellen identifiziert. Die Maßnahmenableitung wurde ebenfalls als korrekt validiert. Zu jeder Prozessschwachstelle wurde mindestens ein Maßnahmentyp als Vorschlag zugewiesen und diese sind – ohne Informationen zum Auftretenskontext – zur Behebung der Prozessschwachstelle geeignet. Die durch die Entscheidungsunterstützung ausgewiesenen Berechnungsergebnisse der Zykluszeiten, Auftretenshäufigkeiten von Prozessschwachstellen, Verlustzeiten, OPE-Verluste, OPE-Potenziale sowie die OPE mit den jeweiligen Verlustgraden wurden manuell überprüft und als richtig validiert. Dies wurde für alle 32 identifizierten Prozessschwachstellen in der ersten Ausführung der Entscheidungsunterstützung überprüft. Die Funktionalität der Entscheidungsunterstützung ist damit bestätigt und die Anforderung an eine objektive Prozessanalyse und -gestaltung gegeben.

Hinsichtlich der Aufwandsgerechtigkeit wurde der Zeitaufwand der Entscheidungsunterstützung mit einer manuellen Ausführung der Prozessschwachstellenidentifizierung, -quantifizierung, Quantifizierung der OPE, Maßnahmenableitung und -quantifizierung verglichen. Die manuelle Ausführung wird dabei unterstützt durch das Tabellenkalkulationsprogramm *Microsoft Excel* und repräsentiert die Vorgehensweise zur Prozessanalyse und -gestaltung für einen Eventlog ohne die Entscheidungsunterstützung dieser Arbeit. Die Konfiguration der Entscheidungsunterstützung hat fünf Minuten in Anspruch genommen und umfasste das Auswählen des Eventlogs sowie die Festlegung der Quantile für die Ziel-Durchführungszeit und Ziel-Übergangszeit sowie den Grenzvariationskoeffizienten und die Ungewollte Aktivität. Die Ausführung der Entscheidungsunterstützung hat nur wenige Sekunden gedauert. Die manuelle Identifizierung von Prozessschwachstellen anhand des Prozessmodells und des Eventlogs unter Zuhilfenahme von *Microsoft Excel* hat für die drei Prozessinstanzen mit insgesamt 50 Ereignissen zwei Stunden in Anspruch genommen. Während prozessstrukturelle Prozessschwachstellen wie beispielsweise redundante Aktivitäten oder Rückschleifen vergleichsweise schnell erkennbar sind, erfordert die Erkennung von unpassenden Aktivitätenumfängen weiterführende Berechnungen von Standardabweichungen und Mittelwerten für jede auftretende Aktivität. In der industriellen Praxis würden diese Berechnungen aufgrund des hohen Analyseaufwands vermutlich nicht oder nur für ausgewählte Prozessaktivitäten durchgeführt. Die manuelle Maßnahmenableitung in Einzelarbeit hat für die 32 identifizierten Prozessschwachstellen rund 30 Minuten Zeitaufwand erzeugt. Die einmalige Quantifizierung der Prozessschwachstellenverluste und Maßnahmenpotenziale (bezogen auf die Prozesszeit und die OPE) sowie die Kalkulation der OPE, Verlustarten und Prozesszeiten haben mit 10 Stunden den größten Aufwand in der Prozessanalyse und -gestaltung verursacht. Die Gesamtaufwände für die beschriebenen Aufgaben der Prozessanalyse und -gestaltung (also bis zur Maßnahmenentscheidung) beläuft sich für die Entscheidungsunterstützung auf 20 Minuten und für die manuelle Vorgehensweise auf zwölfeinhalb Stunden. Die mit der Prozessanalyse und -gestaltung verbundenen Aufwände konnten für die untersuchten Aufgaben im vorliegenden Fall folglich um 97,3 % gesenkt werden. Dabei ist zu erwähnen, dass es sich bei dem synthetischen Eventlog des Auftragsabwicklungsprozesses um einen kleinen Datensatz handelt. Für umfangreichere Eventlogs Datensätze steigt zwar der Rechenaufwand der Entscheidungsunterstützung, gleichzeitig steigt jedoch auch der Aufwand für die manuelle Vorgehensweise. Zusätzlich wurden im vorliegenden Fall die Prozessschwachstellenidentifizierung sowie die Maßnahmenableitung durch einen Methodenexperten in Einzelarbeit durchgeführt. Der Einsatz von in der Praxis üblichen Workshops und Interviews mit Methodenexperten und Prozessbeteiligten würde die Aufwände für die manuelle Vorgehensweise um mehrere Stunden erhöhen. Zuletzt sei erwähnt, dass die manuelle Quantifizierung von Prozessschwachstellen und Maßnahmen sowie der OPE nur einmalig durchgeführt wurde. Anders als in der Entscheidungsunterstützung kann dieser Vorgang bei Auswahl einer Maßnahme nicht dynamisch wiederholt werden. Der dargelegte Aufwand fällt also nach jeder Entscheidung für die Anwendung einer Maßnahme erneut an. Aus diesen Ergänzungen folgt, dass die Aufwandsreduktion durch die Entscheidungsunterstützung in der Realität noch höher einzuschätzen ist. Die betriebliche Praxis zeigt, dass der hohe Aufwand zur Quantifizierung der Prozessleistung sowie der Prozessschwachstellen und Maßnahmen nicht betrieben wird.

Ergänzend sei an dieser Stelle ein Vergleich zur existierenden Process Mining Lösungen aufgeführt. Die reine Prozessaufnahme mit Process Mining liefert lediglich die bei Vorstellung des *Prozessmodells* (vgl. Kapitel 6.2.2) beschriebenen Erkenntnisse. Durch den abstrahierenden Modellierungsvorgang geben Process Mining Algorithmen repräsentative Modelle vergangener Prozessausführung aus. Dabei gehen jedoch Informationen über einzelne Prozessinstanzen und darin enthaltene Prozessschwachstellen verloren. Dies verdeutlicht, dass eine Prozessanalyse und -gestaltung rein auf Basis eines mit Process Mining Algorithmen generierten Prozessmodells wesentlich weniger und kaum quantifizierte Erkenntnisse über Geschäftsprozesse bietet und durch den verallgemeinernden Modellierungsvorgang nur bedingt Rückschluss auf einzelne Prozessinstanzen zulässt. Demgegenüber liefert die in dieser Arbeit entwickelte Entscheidungsunterstützung vollständige und quantifizierte Erkenntnisse über Prozessschwachstellen in historischen Prozessausführungen und stellt Maßnahmenvorschläge für die Prozessgestaltung bereit.

6.3 Anwendung der Methodik am Fallbeispiel der Fahrzeug GmbH

Die Fahrzeug GmbH ist ein produzierendes Unternehmen, das an einem Standort in Deutschland Elektroautomobile in Vorserienversionen herstellt. Das Hauptprodukt der Fahrzeug GmbH ist ein Kleinwagen, den Endverbraucher kundenspezifisch konfigurieren. Die Produktion des Kleinwagens lässt sich in den kundenanonymen Rohbau und eine kundenspezifische Montage unterscheiden. Im Rohbau wird mithilfe von Schweiß-, Niet-, Schraub- und Klebeprozessen ein Aluminiumprofilrahmen des Kleinwagens hergestellt. Die kundenspezifische Montage des Kleinwagens erfolgt anschließend auf 28 aufeinanderfolgenden Montagestationen, die nach dem Fließprinzip angeordnet sind. Auf die Montage folgen die Endprüfung, eine Dichtigkeitsprüfung in der Regenkabine und gegebenenfalls Nacharbeiten. Abschließend wird der Kleinwagen dem Warenausgang übergeben. Die Produktion erfolgt in einem Schichtsystem mit fünf Schichten pro Woche zwischen montags und freitags. Im Zuge einer Geschäftsprozessverbesserung sollen im vorliegenden Fall die Produktionsprozesse der Montagestationen 11 und 12 untersucht werden. Um keine Rückschlüsse auf das reale Unternehmen und die Geschäftsprozessleistung zuzulassen, wurden der Unternehmensname, die verwendeten Daten und Ergebnisinterpretationen rekonstruiert. Bei diesem Anonymisierungsvorgang wurde darauf geachtet, dass der Aussagegehalt des Fallbeispiels nicht beeinträchtigt wird.

6.3.1 Input der Entscheidungsunterstützung

In den Montagestationen 11 und 12 erfolgen neun Montageschritte im Cockpit, am Lenksystem, den Bremsen sowie den Scheibenwischern. Konkret erfolgen die Montage des Halters vom Infotainment-System, der Infotainment Head Unit, des Scheibenwischermotors vorne, der Luftauslassdüsen, der Bedieneinheit, des Bremsflüssigkeitsbehälters mit Nachlaufleitung, des Kombiinstruments, Lenksystemschlosses und eines Hebels am Lenkrad. Die aufgeführten Montageschritte werden sequenziell ausgeführt, die Ausführungsreihenfolge der Montageschritte variiert. Die Montageschritte werden im ME-System *PSIPenta* erfasst. Der zugehörige Eventlog hat die Datenattribute *Fahrgestellnummer*, *Station*, *Prozessbeschreibung* sowie *Start-* und *Endzeitstempel.* Für die Durchführung der Fallstudie dienen die *Fahrgestellnummer* als Prozessinstanz, die *Prozessbeschreibung* als Aktivitätsbezeichnung und die *Start- und Endzeitstempel* als ebensolche. Die Bezeichnung der *Station* definiert den Betrachtungsbereich der Fallstudie.

Der im Fallbeispiel betrachtete Eventlog enthält 42 Fahrgestellnummern und 379 Ereignisse zwischen Juli und September 2019. Die Anzahl der Fahrzeuge stellt nur eine Stichprobe der Vorserienfertigung dar. Dies beeinträchtigt die Validität der Methodik jedoch nicht. Zu jedem Ereignis werden die Attribute *Fahrgestellnummer*, *Prozessbeschreibung*, *Startzeitstempel* und *Endzeitstempel für* die Analyse herangezogen. Der Eventlog wurde vor dem Einlesen in die Entscheidungsunterstützung um die nichtproduktiven Zeiten außerhalb des Schichtsystems, d. h. außerhalb der Tagschicht und Wochenenden, bereinigt. Als Konfiguration der Entscheidungsunterstützung wird für den Grenzvariationskoeffizienten der Wert 20 % gewählt. Dadurch werden diejenigen Aktivitäten als „Unpassender Aktivitätenumfang“ deklariert, bei denen die Standardabweichung der Bearbeitungszeit mehr als 20 % der durchschnittlichen Bearbeitungszeit beträgt. Einzelne Montageprozesse in der Automobilproduktion weisen typischerweise eine sehr hohe Standardisierbarkeit auf, sodass auch ein niedrigerer, d. h.

„strengerer" Grenzvariationskoeffizient vertretbar wäre. Da es sich bei dem Fahrzeug in der Fallstudie um eine Vorserienproduktion handelt, sind insgesamt größere Schwankungen der Bearbeitungszeiten zu erwarten. Mit zunehmender Produktionshäufigkeit ist eine Senkung des Grenzvariationskoeffizienten zweckdienlich, um eine kontinuierliche Verbesserung der Standardisierung zu überwachen. Zur Quantifizierung der Maßnahme Beschleunigen wird das Quantil der Bearbeitungszeit auf 95 % gesetzt. Für den Maßnahmentyp *Beschleunigung* wird damit angenommen, dass die „95 %-schnellste" historische Bearbeitungszeit als grundsätzlich erreichbare Soll-Bearbeitungszeit gilt. Zur Quantifizierung der Maßnahme Übergangszeitenreduktion wird das Quantil der Übergangszeit auf 95 % festgelegt. Als erreichbare Ziel-Übergangszeit zwischen zwei Aktivitäten wird daher die historische Übergangszeit angenommen, die kleiner als 90 % der historischen Übergangszeiten für diese Aktivitätenkombination war. Keiner der auftretenden Montageschritte wird als ungewollte Aktivität deklariert.

6.3.2 Prozessexploitation mithilfe der Entscheidungsunterstützung

Die konfigurierte Entscheidungsunterstützung wurde auf den Eventlog der beschriebenen Montageprozesse bei der Fahrzeug GmbH angewandt. Nachfolgend werden die Ergebnisse der Entscheidungsunterstützung (vgl. Abbildung 6.14) und Entscheidungen im Rahmen der Prozessexploitation vorgestellt. Die Vorstellung der Entscheidungsunterstützung folgt der in Kapitel 6.1.3 vorgestellten Aufteilung der Benutzeroberfläche in das Prozessmodell, Geschäftsprozessleistungsinformationen und die Entscheidungsliste.

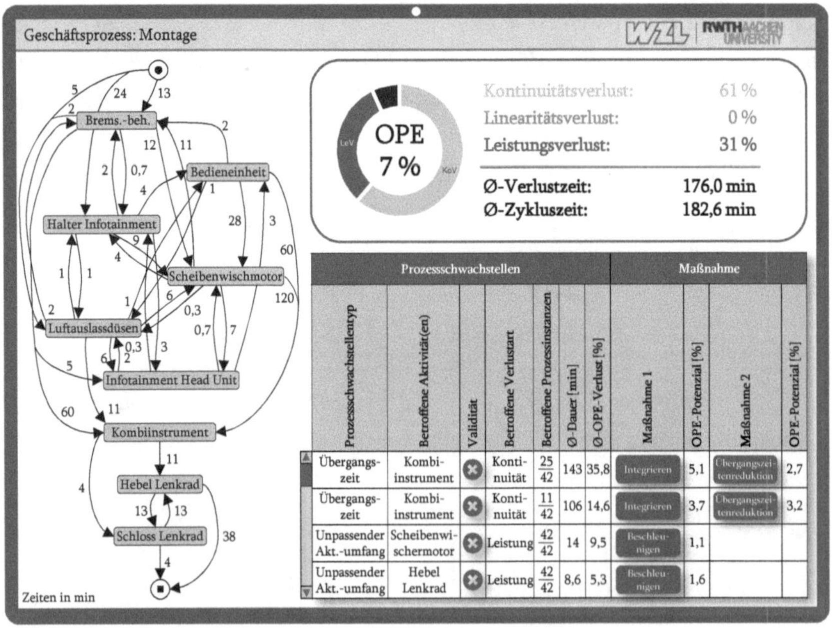

Abbildung 6.14: Ist-Prozess Montage der Fahrzeug GmbH

Im Prozessmodell der untersuchten Montageprozesse ist die Reihenfolge der Prozessschritte kaum erkennbar. Der Directly-Follows Graph zeigt drei verschiedene Startaktivitäten. Die meisten Aktivitäten haben Kanten zu fünf bis zehn Vorgänger- oder Nachfolgeraktivitäten. Dies indiziert eine häufig variierende Ausführungsreihenfolge der Montageschritte. Lediglich die Montage des Kombiinstruments, des Hebels am Lenkrad und des Lenksystemschlosses zeigen weniger unterschiedliche Kanten. Einer der beiden Montageprozesse am Lenksystem bilden gemäß dem Prozessmodell das Prozessende der betrachteten Montagestationen. Auffällig lange Wartezeiten treten gemäß des Directly-Follows Graphen vor der Montage des Kombiinstruments auf, insbesondere, wenn sie nach der Montage des Scheibenwischermotors vorne, des Bremsflüssigkeitsbehälters oder der Bedieneinheit auftritt.

Die *allgemeinen Geschäftsprozessleistungsinformationen* liefern Informationen über die OPE, die OPE-Verlustarten und Prozesszeiten des betrachteten Partialprozesses für die beiden Montagestationen der Fahrzeug GmbH. Die Geschäftsprozessleistung OPE des Auftragsabwicklungsprozesses beträgt 7,1 %. Die geringe Geschäftsprozessleistung begründet sich vor allem durch viele und hohe Übergangszeiten, die Kontinuitätsverluste in Höhe von 61,4 % verursachen. Demnach wurde in nahezu zwei Drittel der erfassten Zeiträume nicht am Fahrzeug montiert. Dies ist ein Indiz für eine geringe Prozessreife bzw. unnivellierte Arbeitsverteilung der Montageprozesse über die unterschiedlichen Montagestationen. Die restlichen Verluste ergeben sich aus Leistungsverlusten, d. h. Aktivitäten, deren Bearbeitungszeiten mehr als der Grenzvariationskoeffizient von 20 % schwanken. Linearitätsverluste durch Rückschleifen oder redundante bzw. ungewollte Aktivitäten treten nicht auf. Die durchschnittliche Zykluszeit zur Ausführung der untersuchten Montageschritte für die 42 Fahrzeuge betrug 182,6 Minuten.

Die *Entscheidungsliste* detailliert die Erkenntnisse über den untersuchten Geschäftsprozess der beiden Montagestationen. Wie auch anhand des Prozessmodells erkennbar, entstehen vor der Montage des Kombiinstruments auffällig lange Übergangszeiten. Je nach Vorgängeraktivität wartet das Fahrzeug zwischen durchschnittlich circa 80 Minuten beziehungsweise 143 Minuten auf die Montage des Kombiinstruments. Bezogen auf den Realprozess findet vor der Montage des Kombiinstruments ein Arbeitsstationswechsel zwischen den beiden betrachteten Arbeitsstationen statt. Diese sind im Hallenlayout benachbart und die Fahrzeuge werden auf fahrerlosen Flurförderfahrzeugen bewegt, sodass keine hohen Transportzeiten anfallen. Demnach treten am Stationsübergang lange Wartezeiten auf, beispielsweise durch einen Engpass an nachgelagerten Montagestationen oder Arbeitsumfänge unter der festgelegten Taktzeit. Diese Prozessschwachstelle indiziert eine unzureichende Arbeitsverteilung im Rahmen der Austaktung der Montagestationen. Die Entscheidungsunterstützung schlägt als Maßnahmen „Integrieren" und „Übergangszeitenreduktion" vor. Eine Integration der Montageschritte erfordert eine vollständige Verkettung der Montageprozesse beider Montagestationen, die zwar grundsätzlich anzustreben aber angesichts der geringen Prozessreife als nicht-unmittelbar erreichbar bewertet wird. Aus diesem Grund wird für die drei unterschiedlichen Übergangszeiten vor der Montage des Kombiinstruments die Maßnahme Übergangszeitenreduktion auf das 95 %-Quantil der historisch kürzesten Übergangszeiten angewandt. Für die Operationalisierung der Maßnahme in der Prozessimplementierung ist die Austaktung der Montageprozesse am Kundentakt mithilfe von Arbeitsverteilungsdiagrammen geeignet. Aus den Übergangszeitenreduktionen am Stationswechsel resultiert eine Erhöhung der OPE auf 13,7 % und eine Reduktion der durchschnittlichen Zykluszeit auf 72,8 Minuten. Zur

Interpretation der OPE sei darauf hingewiesen, dass die durchschnittliche Zykluszeit zwar um über 60 % sinkt, die OPE jedoch nur um 6,6 Prozentpunkte steigt. Dies liegt daran, dass die OPE als Zykluszeiteffizienz immer den Anteil nicht-verlustbehafteter Zykluszeit an der gesamten Zykluszeit betrachtet, und nicht die absolute Reduktion der Zykluszeit. Wenn trotz großer Reduktion der Zykluszeit die OPE nur geringfügig steigt, liegen noch einige weitere OPE-Verluste durch Prozessschwachstellen vor. Nach Reduktion der Übergangszeiten zwischen den Montagestationen bietet als nächste Maßnahme die Beschleunigung der Montage des Scheibenwischermotors mit 2,3 % das höchste OPE-Potenzial und wird ausgeführt. Ebenso weisen alle übrigen betrachteten Prozessaktivitäten eine Streuung der Bearbeitungszeit über dem Grenzvariationskoeffizienten auf, was bei korrekten Ereignisdaten ein Indiz für die geringe Standardisierung der Prozessausführung bestätigt. Im Hinblick auf die Vorserienfertigung in der Anlaufphase eines Produktes ist dies nachvollziehbar, in der vorliegenden Fallstudie jedoch auch ein großer Verlusttreiber hinsichtlich der Geschäftsprozessleistung. Da zum Zwecke einer getakteten Flussfertigung die Standardisierung der Bearbeitungszeiten in der Montage notwendig ist und mit zunehmender kumulierter Produktionsstückzahl Lernkurveneffekte angenommen werden, wird die Umsetzung der Maßnahme Beschleunigung in der Entscheidungsunterstützung für alle Prozessaktivitäten durchgeführt. Daraus ergibt sich eine OPE von 39,5 %. Danach verbleiben lediglich Übergangszeiten innerhalb der Montagestationen, die für durchschnittlich 24,0 Minuten von 33,3 Minuten Montagezeit verantwortlich sind. Innerhalb einer Montagestation sollten keine Übergangszeiten zwischen einzelnen Montageschritten auftreten. Werden die Montageschritte in der Entscheidungsunterstützung integriert, sinkt die durchschnittliche Zykluszeit auf 21,8 Minuten, von denen 12,5 Minuten auf den Stationsübergang entfallen. In der Praxis dienen dazu Maßnahmen der Arbeitsplatzgestaltung unter besonderer Berücksichtigung der Betriebsmittel- und Materialbereitstellung. Nach Integration sämtlicher Übergangszeiten innerhalb der Montagestationen ergibt sich eine reine Montagezeit von 9,3 Minuten und eine OPE von 54,9 %. Unter der Annahme, dass innerhalb einer Montagestation keine Übergangszeiten auftreten, würden die Montageschritte der beiden Montagestationen inklusive der Übergangszeit zwischen beiden Montagestationen weniger als zehn Minuten Zykluszeit erfordern.

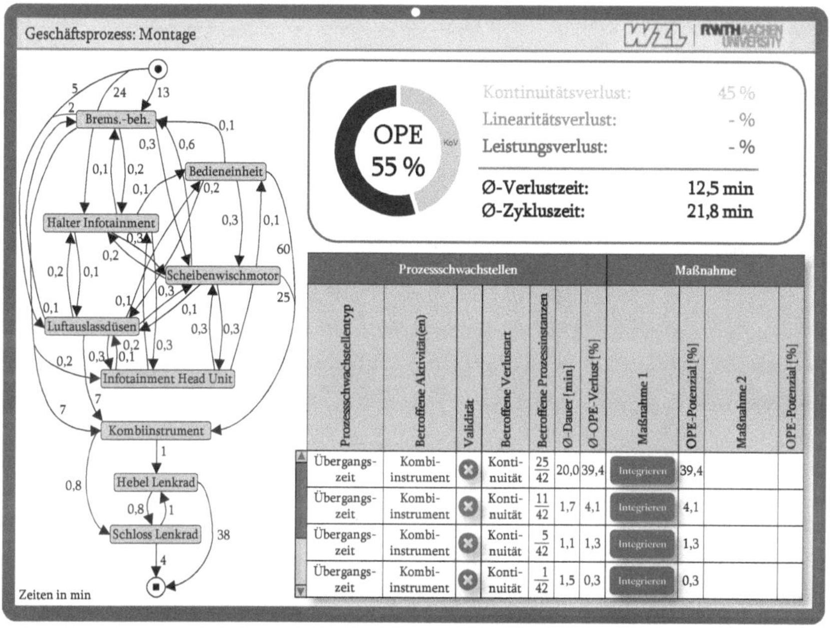

Abbildung 6.15: Soll-Prozess Montage der Fahrzeug GmbH

Das weiterhin unübersichtliche Prozessmodell verdeutlicht, dass trotz der reduzierten Bearbeitungs- und Übergangszeiten die Ausführungsreihenfolge der Montageschritte nicht standardisiert ist. Die Visualisierung bietet damit Erkenntnisse für die anschließende Prozessexploration zur weiteren Verbesserung des Geschäftsprozesses.

6.3.3 Bewertung der Ergebnisse

Die Anwendung der Entscheidungsunterstützung auf die betrachteten Montageprozesse der Fahrzeug GmbH hilft bei deren Verbesserung. Die Visualisierung des Prozessmodells veranschaulicht die unstandardisierte Ausführungsreihenfolge der Prozessaktivitäten und indiziert bereits hohe Übergangszeiten beim Übergang der Montagestation. Die allgemeinen OPE-Informationen geben Aufschluss über die sehr hohen Zykluszeiten und geringe Geschäftsprozessleistung der betrachteten Partialprozesse. Die Detailanalyse in der Prozessanalyse quantifiziert dabei die Probleme, die bei der Montage in der Vorserienproduktion auftreten. Diese sind insbesondere hohe Übergangszeiten beim Stationsübergang, das Auftreten von Übergangszeiten innerhalb von Montagestationen und große Streuung der Bearbeitungszeiten innerhalb der

Montagestationen. Aus den quantifizierten Prozessschwachstellen lässt sich mithilfe des Kontextwissens über den Montageprozess und das Unternehmen auf die Ursachen schließen. Diese liegen in der unzureichenden Arbeitsverteilung der Montageprozesse auf die Montagestationen unter Berücksichtigung eines Kundentakts und der unstandardisierten Ausführung der einzelnen Montageschritte. Anhand der dynamischen Entscheidungsunterstützung ist das Potenzial der Übergangszeitenreduktionen und Aktivitätenbeschleunigungen auf die OPE und die Zykluszeit quantifizierbar. Dies ermöglicht in der operativen Praxis eine quantifizierte Problemtransparenz und die Priorisierung von Maßnahmen zur Verbesserung der Montageprozesse bei der Fahrzeug GmbH. Dadurch können Montageprozesse mit besonders hohen Beschleunigungspotenzialen vorrangig operationalisiert werden. Diese objektiv quantifizierte Problemtransparenz liegt innerhalb weniger Sekunden nach Ausführung der konfigurierten Entscheidungsunterstützung vor, sodass die Prozessanalyse und -gestaltung aufwandsarm und dadurch auch regelmäßig durchgeführt werden kann.

Das Fallbeispiel der Fahrzeug GmbH plausibilisiert die Grundlogik der Entscheidungsunterstützung, da eine schlanke Produktion mit standardisierten Prozessaktivitäten und ohne Übergangszeiten eine OPE von (nahezu) 100 % erreichen könnten. Gleichzeitig verdeutlicht es, dass die variierende Ausführungsreihenfolge nicht als Prozessschwachstellentyp erkannt wird. Da dies jedoch im Prozessmodell der Benutzeroberfläche der Entscheidungsunterstützung erkennbar ist und die variierende Ausführungsreihenfolge nicht grundsätzlich als Charakteristikum für eine Prozessschwachstelle in jeglicher Art von Geschäftsprozessen gewertet wird, soll dies nicht als zusätzlicher Prozessschwachstellentyp in die Methodik aufgenommen werden.

6.4 Kritische Reflexion der Methodik

Die prototypische Anwendung der Methodik anhand der Fallbeispiele in Kapitel 6.2 und 6.3 bestätigt die Unterstützung der Prozessanalyse und -gestaltung durch die Anwendung von formalisiertem Methodenwissen auf die Ereignisdaten von Geschäftsprozessen. Durch die Nutzung von Daten und Formalisierung von Methodenwissen werden subjektive Einflüsse auf die Prozessanalyse und -gestaltung reduziert und eine Automatisierung ermöglich. Dadurch bietet die Methodik eine objektive und aufwandsgerechte Lösung für die Analyse und Gestaltung von Geschäftsprozessen. Diese ist in ihrer Durchführung wirtschaftlicher als konventionelle Methoden und liefert gleichzeitig vollständige, quantifizierte und fundiertere Ergebnisse.

Die in Kapitel 4.1.1 formulierten inhaltlichen Anforderungen werden durch die Methodik erfüllt. Hinsichtlich der wissensbezogenen Anforderungen aus der Praxis wird die Verfügbarkeit von Methodenwissen über Prozessschwachstellen- und Maßnahmentypen durch die formalisierten Prozessschwachstellen- und Maßnahmenmodelle sichergestellt. Anhand dieser Modelle identifiziert die Entscheidungsunterstützung in Eventlogs sämtliche auftretende Prozessschwachstellen der definierten Typen. Zusätzliche Prozessschwachstellentypen wurden in den Fallbeispielen nicht gefunden, sodass der Anspruch auf Vollständigkeit vorbehaltlich weiterer Praxisanwendungen als validiert gilt. Die standardisierte Zuordnung von Maßnahmen- zu Prozessschwachstellentypen wird durch die Prozessschwachstellen-Maßnahmen-Matrix sichergestellt. Nachfolgend wird die Erfüllung der methodischen Anforderungen aus der Praxis diskutiert. Datenbasierte Methoden zur aufwandsgerechten und objektiven Schwachstellenidentifizierung sind durch die programmatische Umsetzung der Methodik zur Anwendung der Prozessschwachstellenmodelle auf Ereignisdaten in Form von Eventlogs gegeben. Diese Automatisierung stellt einen geringen manuellen Aufwand sicher, die eindeutig formalisierten Prozessschwachstellenmodelle gewährleisten die personenunabhängige Ergebnisobjektivität. Der Aufwandsreduktion durch die Automatisierung stehen zusätzliche Aufwände für die Datenvorverarbeitung und die einmalige Konfiguration der Entscheidungsunterstützung entgegen. Die Fallbeispiele zeigen für die Konfiguration jedoch nur geringe Aufwände. Hinsichtlich der Datenvorverarbeitung wird die Automatisierung in zukünftigen Softwareanwendungen empfohlen. Die Praxisanforderung nach Objektivität im Rahmen der Maßnahmenableitung wird durch automatisierte Anwendung der Prozessschwachstellen-Maßnahmen-Matrix gewährleistet. Als holistische Kennzahl zur Beschreibung der Geschäftsprozessleistung dient die OPE. In den Fallstudien hat sich die von der OEE-Kennzahl adaptierte Logik als intuitiv und zweckdienlich erwiesen. Durch ihre Gültigkeit für das gesamte Prozessmodell eines Geschäftsprozesses und die Berücksichtigung sämtlicher Verluste durch Prozessschwachstellen bestätigt sich der holistische Grundgedanke. Jedoch ist die Kennzahl auf zeitliche Auswirkungen auf die Zykluszeit limitiert. In der Praxis sind Effekte auf die Durchlaufzeit ebenfalls relevant, beispielsweise zur Bewertung der Kapitalbindung oder Wartezeit für Kunden. Die Bewertung der Auswirkungen auf die Durchlaufzeit ist für sämtliche Prozessschwachstellentypen analog zu den Kapiteln 5.1.3 und 5.2.2 möglich, wenn parallele Prozesspfade erkannt werden können. Dies ist allein auf Basis des Eventlogs nicht möglich und erfordert für künftige Lösungen den Einsatz beziehungsweise die Entwicklung von Process Mining-Algorithmen sowie den Einsatz von Prozesssimulationen. Die Auswirkungen von Prozessschwachstellen und Nutzenpotenziale durch Maßnahmen wird durch die Quantifizierungsmodelle und die OPE-Kennzahl sichergestellt. Dies ermöglichte für die untersuchten Fallbeispiele die Priorisierung von Prozessschwachstellen und Auswahl zwischen alternativen Maßnahmenvorschlägen. Hinsichtlich der Anwendung wird die kontextuale Validierung der Prozessschwachstellen und Maßnahmen durch die entwickelte hybride Vorgehensweise ermöglicht, bei der in der Prozessexploitation jede untersuchte Prozessschwachstelle durch Anwendende validiert und jeweils eine Maßnahmenoption ausgewählt werden muss. Die in der Vorgehensweise beschriebene Prozessexploration ermöglicht die Berücksichtigung nicht-standardisierter Verbesserungsideen von Prozessbeteiligten. An dieser Stelle wird die programmatische Umsetzung einer „Drag&Drop"-Lösung zur Anpassung des Prozessmodells und daraus resultierende Anpassung der Prozesszeiten für das Soll-Prozessmodell in einer noch nicht existenten neuen Software-Anwendung empfohlen. Die Anforderung nach Eventlogs als Datenbasis für die Prozessanalyse und -gestaltung ist erfüllt. Die Theorieanforderungen an die Methodik konnten durch die prototypische Umsetzung ebenfalls validiert werden. Die Prozessschwachstellenmodelle erfüllen die Anforderung nach einer eventlogbasierten Formalisierung von Methodenwissen über Prozessschwachstellen- und Maßnahmentypen. Die quantitative Beschreibung der Auswirkungen von Prozessschwachstellen- und Maßnahmentypen auf eine holistische Geschäftsprozessleistungskennzahl sind – wie bereits erläutert – mit der Limitation auf die Zykluszeit erfüllt. Die hybride Vorgehensweise integriert in den Phasen der Prozessexploitation und der Prozessexploration das formalisierte Methodenwissen aus der datenbasierten Entscheidungsunterstützung und das kontextspezifische Expertenwissen der Anwendenden.

Die formalen Anforderungen an die Methodik gemäß Kapitel 4.1.2 werden ebenfalls als erfüllt bewertet. Die Erfüllung wird nachfolgend für die einzelnen Anforderungen erläutert. Durch die empirische Anwendung der datenbasierten Entscheidungsunterstützung auf die Datensätze der Fallbeispiele wurde die empirische Richtigkeit der Methodik bewertet. Für sequenzielle Geschäftsprozesse ist die Anforderung nach empirischer Richtigkeit vollständig erfüllt. Im Falle paralleler Prozessflüsse werden Übergangszeiten teilweise inkorrekt ausgewiesen, da die Vorgänger-Nachfolger-Beziehungen anhand des Eventlogs nicht eindeutig bestimmbar sind. Diese Limitation betrifft jedoch nicht die Methodik in ihrer Gesamtheit, sondern lediglich die Bestimmung der Ereignisreihenfolge ausgehend von der Datenbasis Eventlogs. Daher wird die empirische Richtigkeit der Methodik grundsätzlich als erfüllt bewertet. Alternative Lösungsansätze wie der Einsatz von Process Mining Algorithmen vor der Auswertung mit der Entscheidungsunterstützung wurden im Rahmen der Validierung konzeptionell diskutiert und getestet. Trotz einer verbesserten Erkennung von parallelen Prozesspfaden sind sie aufgrund ihres verallgemeinernden Charakters und Modellunschärfen zum jetzigen Forschungsstand jedoch nicht als vorgelagerter Schritt zur Entscheidungsunterstützung geeignet. Die Relevanz der Methodik ist bestätigt, da sie sämtliche für den Anwendungszusammenhang der Prozessanalyse und -gestaltung relevanten Aufgaben umfasst und in der Entscheidungsunterstützung beziehungsweise der Vorgehensweise abbildet. Dabei werden nur entscheidungsbezogene Informationen generiert. Die Wirtschaftlichkeit der Methodik ergibt sich aus der weitreichenden Automatisierung der Aufgaben der Prozessanalyse und -gestaltung. Die untersuchten Fallbeispiele bestätigen dies durch Aufwandsreduktionen von über 90 % für entscheidungsvorbereitende Aufgaben der Prozessanalyse und -gestaltung. Durch die Modellierung des Methodenwissens in der Entscheidungsunterstützung werden die Ergebnisse der Prozessanalyse und -gestaltung unabhängig vom Wissen der Anwendenden. Eine intuitive Präsentation der Ergebnisse sichert dabei die Klarheit der Methodik. Die Modelle der Methodik weisen einen einheitlichen Abstraktionsgrad auf und sind auf unterschiedliche Geschäftsprozesse in unterschiedlichen Unternehmen und Branchen anwendbar. Ähnliche Geschäftsprozesse werden durch die Methodik, insbesondere die Quantifizierung der Geschäftsprozessleistung vergleichbar. Durch den Objektbereich der Eventlogs bietet die Methodik eine einfache Verknüpfbarkeit zu Process Mining Lösungen für die Prozessaufnahme. Der Grundsatz des systematischen Aufbaus wird daher als erfüllt bewertet. Es werden weitere Validierungen in der Praxis empfohlen, um die inhaltlichen und formalen Anforderungen zusätzlich zu bestätigen und weitere Aspekte der Methodik zu reflektieren.

7 Zusammenfassung und Ausblick

Die Leistung von Geschäftsprozessen ist entscheidender Wettbewerbsfaktor für produzierende Unternehmen. Als „Arterien betrieblicher und betriebsübergreifender Versorgungsnetze" erzeugen Geschäftsprozesse durch die Verkettung wertschöpfender Aktivitäten eine Leistung für interne oder externe Kunden und sollen dabei der Unternehmensstrategie dienen.[419] Die Relevanz von Geschäftsprozessen ergibt sich aus ihrem Einfluss auf die Kundenleistung und gleichzeitig auf die interne Effizienz der Leistungserbringung.[420] Zur Sicherstellung der Wettbewerbsfähigkeit führen Unternehmen Geschäftsprozessverbesserungen durch. Die entscheidenden Phasen der Geschäftsprozessverbesserung sind die Prozessanalyse und die Prozessgestaltung. In der Prozessanalyse werden aufgenommene Ist-Prozesse hinsichtlich leistungshemmender Prozessschwachstellen untersucht und die Prozessleistung quantifiziert. In der Prozessgestaltung werden Maßnahmen zur Behebung der Prozessschwachstellen sowie Steigerung der Geschäftsprozessleistung abgeleitet und ein neuer Soll-Prozess gestaltet. Die Kenntnis über die Geschäftsprozessleistung bildet für beide Phasen die zentrale Entscheidungsgrundlage. Für die der Prozessanalyse vorangehenden Prozessaufnahme existiert bereits eine datenbasierte Unterstützung durch Anwendung von Process Mining Algorithmen auf Eventlogs. Für die Prozessanalyse und -gestaltung fehlen praxistaugliche datenbasierte Lösungen, wenngleich die grundsätzliche Formalisierbarkeit von Methodenwissen über einzelne Aufgaben der Prozessanalyse und -gestaltung durch existierende methodische Ansätze bestätigt wird. Mangels datenbasierter Lösungen liegen die wesentlichen Praxisherausforderungen für die Prozessanalyse und -gestaltung in hohen Aufwänden und subjektiven Einflüssen durch konventionelle workshopbasierte Vorgehensweisen begründet. Daraus resultieren

[419] Vgl. Schmelzer, H./Sesselmann, W. (2020) Geschäftsprozessmanagement in der Praxis, S. 64; Rosemann, M. (2021) Geleitwort Grundlagen des Geschäftsprozessmanagements.

[420] Vgl. Dumas, M. et al. (2021) Grundlagen des Geschäftsprozessmanagements, S. 8.

unvollständige Prozessanalysen, unstandardisierte Maßnahmenableitungen und unquantifizierte Entscheidungen. Die fehlende Kenntnis der Prozessleistung(-sauswirkungen) führt zur Fehlallokation von Ressourcen für die Problembehebung. Der hohe Aufwand ist ein Hemmnis für regelmäßige Leistungsverbesserung in Geschäftsprozessen. Insgesamt hemmen die Herausforderungen die methodische Effektivität und Effizienz von Geschäftsprozessverbesserungen.

Das Ziel und Ergebnis dieser Arbeit ist objektive und aufwandsgerechte Analyse und Gestaltung von Geschäftsprozessen durch Formalisierung von Methodenwissen über Prozessschwachstellen, Maßnahmen und die Geschäftsprozessleistung zur automatisierten Anwendung auf Eventlogs. Dadurch wird die methodische Effizienz und Effektivität von Geschäftsprozessverbesserungen insgesamt verbessert (Kapitel 1.2).

In Kapitel 2 wurden die Grundlagen und Herausforderungen zum Betrachtungsbereich der Geschäftsprozesse, der Geschäftsprozessverbesserung sowie der Prozessanalyse und -gestaltung beschrieben. Zunächst wurden Geschäftsprozesse definiert und die Leistung von Geschäftsprozessen beschrieben. Darauf aufbauend wurde die Geschäftsprozessverbesserung vorgestellt, in verschiedene Typen klassifiziert und eine exploitative Vorgehensweise zur Geschäftsprozessverbesserung vorgestellt. Zudem wurde die Phase der Prozessaufnahme erläutert und konventionelle und datenbasierte Methoden zur Modellierung von Geschäftsprozessen wurden unterschieden. Anschließend wurden die Aufgaben der Prozessanalyse dargelegt, qualitative und quantitative Methoden unterschieden und relevante Prozessschwachstellentypen aus Vorarbeiten des Autors vorgestellt. Analog wurden die Aufgaben der Prozessgestaltung erläutert, kreative und analytische Methoden unterschieden und relevante Maßnahmentypen aus Vorarbeiten des Autors vorgestellt. Basierend auf der Literatur und den Erfahrungen des Autors wurde inhomogenes und defizitäres Methodenwissen über Prozessschwachstellen und Maßnahmen als Herausforderung identifiziert. Methodisch fehlt eine aufwandsgerechte und objektive Prozessschwachstellenidentifizierung und Maßnahmenableitung sowie die Quantifizierung der Geschäftsprozessleistung. Bezogen auf die Anwendung stellen die Integration von Kontextwissen der Prozessbeteiligten sowie die praxisrelevante Erweiterung bestehender eventlogbasierter Lösungen aktuelle Herausforderungen dar.

Zu den identifizierten Herausforderungen wurden in Kapitel 3 Anforderungen an eine Methodik zur datenbasierten hybriden Analyse und Gestaltung von Geschäftsprozessen formuliert. Sechzehn Ansätze aus der Literatur wurden analysiert und hinsichtlich der Erfüllung dieser Anforderungen bewertet. Die nur eingeschränkte Erfüllung dieser Anforderungen begründete den Forschungsbedarf und weiteren Handlungsbedarf für eine datenbasierte hybride Analyse und Gestaltung von Geschäftsprozessen.

Zur Deckung des Praxis- und Forschungsbedarfs wurde in Kapitel 4 das Grobkonzept der Methodik hergeleitet, das sich als adaptierter Ansatz zur Prozessanalyse und -gestaltung in die Geschäftsprozessverbesserung einordnen lässt. Die Methodik besteht aus vier Lösungsmodulen, die im Kapitel 5 detailliert vorgestellt wurden. Im ersten Lösungsmodul erfolgte die Formalisierung der Prozessanalyse zur datenbasierten Identifizierung und Quantifizierung von Prozessschwachstellen. Dazu wurden für relevante Prozessschwachstellentypen zunächst Datenbedarfe an einen Eventlog formuliert und mit regelbasierten Beschreibungen als Identifizierungsregeln, Anforderungen an den ausführenden Algorithmus und der Ausgabeform zu Prozessschwachstellenmodellen für die datenbasierte Identifizierung in Eventlogs vervollständigt. Darauf aufbauend wurden die Auswirkungen der Prozessschwachstellentypen auf die Prozesszeit mathematisch beschrieben. Das zweite Lösungsmodul formalisierte die Prozessgestaltung zur standardisierten Ableitung und datenbasierten Quantifizierung von Maßnahmen. Zur Standardisierung der Maßnahmenableitung wurden relevante Maßnahmentypen den Prozessschwachstellentypen aus dem ersten Lösungsmodul zugeordnet, die sie beheben oder deren Auswirkungen sie reduzieren. Die Auswirkungen der Maßnahmentypen auf die Prozesszeit wurden anschließend analog zu den Prozessschwachstellenauswirkungen mathematisch beschrieben. Im dritten Lösungsmodul wurden die Ergebnisse der ersten beiden Lösungsmodule integriert und zu einer datenbasierten Entscheidungsunterstützung erweitert. Initial wurde eine Kennzahl Overall Process Efficiency (OPE) entwickelt, die die Geschäftsprozessleistung sowie die Leistungsverluste durch Prozessschwachstellen und Leistungspotenziale durch Maßnahmen abbildet. Auf dieser Basis wurde ein Kalkulationsmodell zur OPE-Bewertung von Prozessinstanzen und Prozessmodellen entwickelt. Die anschließende OPE-Bewertung einzelner Prozessschwachstellen und Maßnahmen vervollständigte die datenbasierte Entscheidungsunterstützung. Die Anwendung der datenbasierten Entscheidungsunterstützung in der Praxis wurde im vierten Lösungsmodul entwickelt. Durch Konsolidierung von Phasenmodellen zur Geschäftsprozessverbesserung wurden referentielle Aufgaben der Prozessanalyse und -gestaltung identifiziert. Nachfolgend wurde bewertet, inwiefern die Funktionalitäten der datenbasierten Entscheidungsunterstützung diese Aufgaben automatisiert, adaptiert, eliminiert oder erweitert. Im dritten Schritt wurde eine neue Vorgehensweise für die Prozessanalyse und -gestaltung entwickelt, die beide Phasen zu einer gemeinsamen Phase integriert, die formalisiertes Methodenwissen in der datenbasierten Entscheidungsunterstützung und Kontextwissen sowie Kreativität der Prozessbeteiligten hybrid integriert.

Die entwickelte Methodik wurde in Kapitel 6 an zwei Fallbeispielen angewendet. Das erste Fallbeispiel diente dem Zweck, die Richtigkeit der entwickelten Identifizierungs- und Quantifizierungsregeln zu überprüfen. Dazu wurde die Entscheidungsunterstützung auf einen synthetischen Datensatz eines Auftragsabwicklungsprozesses angewandt, der sämtliche modellierten Prozessschwachstellentypen mindestens einmal enthält. Die vollständige und korrekte Funktionsfähigkeit der Entscheidungsunterstützung wurde durch eine manuelle Durchführung der Prozessanalyse und -gestaltung bestätigt. Dabei war die Zeitdauer für die Konfiguration, Ausführung und Anwendung der Entscheidungsunterstützung über 95 % geringer als bei der manuellen Prozessanalyse und -gestaltung, obwohl diese durch das Tabellenkalkulationsprogramm *Microsoft Excel* unterstützt wurde. Durch Anwendung der Methodik auf die Montageprozesse im Fallbeispiel der Fahrzeug GmbH konnten signifikante OPE-Verluste durch Übergangszeiten beim Stationswechsel und unstandardisierte Ausführung der Montageschritte identifiziert werden. Der Mehrwert der Entscheidungsunterstützung lag für die betrachteten Prozesse mit Prozessschwachstellen an jeder Prozessaktivität insbesondere in der Quantifizierung der OPE-Verluste und -Potenziale. Diese ermöglicht eine fokussierte Operationalisierung von Verbesserungsaktivitäten zur Umsetzung des in der Entscheidungsunterstützung generierten Soll-Prozesses mit einer um 47 Prozentpunkte gesteigerten OPE.

Weiterer Forschungsbedarf ergibt sich zum Umgang der Entscheidungsunterstützung mit parallelen Prozesspfaden, dem Einsatz von Prozesssimulationen, der Benutzerfreundlichkeit der Software-Anwendung und der Anwendung auf weitere Geschäftsprozesse. Aus den Validierungen ergaben sich methodische Unschärfen bei der Verarbeitung paralleler Prozesspfade. Da die historische Ereignisfolgen anhand von Zeitstempeln rekonstruiert werden, kann es bei parallelen Prozessaktivitäten zu Fehlern bei der Quantifizierung von Übergangszeiten kommen. Es ist zu prüfen, ob durch den Einsatz von Process Mining Algorithmen die Erkennung von Ereignisfolgen im Vergleich zur Untersuchung von Anfangszeitstempeln und somit die Quantifizierung von Übergangszeiten verbessert werden kann, ohne dass durch den Modellierungsvorgang

Detailinformationen über Prozessschwachstellen in einzelnen Prozessinstanzen verloren gehen. Der Einsatz von Prozesssimulationen verspricht eine präzisere und leistungsfähigere Umsetzung einer Prozessanpassung per „Drag&Drop" in der Prozessexploration. Im Hinblick auf die Praxisanwendung ist zudem einer Weiterentwicklung der Benutzeroberfläche der Software-Anwendung zweckdienlich. Dabei soll sich die Visualisierung des Prozessmodells an praxiserprobten Process Mining-Anwendungen orientieren und zusätzlich die identifizierten Prozessschwachstellen visualisieren. Zur Sicherstellung der Benutzeroberfläche ist bei dieser Weiterentwicklung der Austausch mit Prozessbeteiligten ratsam. Die Anwendung der Methodik auf weitere Geschäftsprozesse ist sinnvoll, um die Vollständigkeit der Prozessschwachstellen- und Maßnahmentypen fortlaufend zu validieren und weitere Anforderungen und Optimierungspotenziale aus der Praxis zu identifizieren.

Über die inkrementelle Verbesserung der Methodik und der Softwarelösung hinausgehend ergeben sich aus den aktuellen Nachhaltigkeitsbestrebungen in der produzierenden Industrie weitere Forschungsbedarfe. Aufgrund ihrer zentralen Rolle für die Erreichung strategischer Unternehmensziele (vgl. Kapitel 1.1) müssen Geschäftsprozesse zukünftig nicht nur ökonomische Zieldimensionen wie Zeit, Kosten und Qualität erfüllen, sondern auch zur Erfüllung von ökologischen und soziale Zielen beitragen. Aufbauend auf der entwickelten Entscheidungsunterstützung ist zu untersuchen, inwiefern Geschäftsprozesse mithilfe von Eventlogs hinsichtlich dieser zusätzlichen Zieldimensionen bewertbar sind. Neben dem Einfluss in der Prozessanalyse entstehen durch ökologische und soziale Ziele potenziell auch neue Maßnahmen und Lösungsideen für die Prozessgestaltung, welche die bestehende Methodik erweitern. Eine initial grundsätzliche Untersuchung des Einflusses von Nachhaltigkeitsanforderungen auf Geschäftsprozesse und ihre Verbesserung wird als sinnvoll erachtet.

8 Literaturverzeichnis

Aamodt, A.; Nygård, M. (1995)
Different roles and mutual dependencies of data, information, and knowledge — An AI perspective on their integration. In: Data & Knowledge Engineering, Nr. 3, 16. Jg., 1995, S. 191 - 222.

Afflerbach, P.; Hohendorf, M.; Manderscheid, J. (2017)
Design it like Darwin - A value-based application of evolutionary algorithms for proper and unambiguous business process redesign. In: Information Systems Frontiers, Nr. 5, 19. Jg., 2017, S. 1101 - 1121.

Aguirre, S.; Parra, C.; Alvarado, J. (2012)
Combination of Process Mining and Simulation Techniques for Business Process Redesign: A Methodological Approach, 2012.

Allweyer, T. (2012)
Geschäftsprozessmanagement - Strategie, Entwurf, Implementierung, Controlling, (5. Nachdr) W3L-Verl., Herdecke, Bochum, 2012.

Andrews, R.; Wynn, M.; Vallmuur, K.; Hofstede, A.; Bosley, E. (2020)
A Comparative Process Mining Analysis of Road Trauma Patient Pathways. In: International Journal of Environmental Research and Public Health, Nr. 10, 17. Jg., 2020.

Armistead, C. (1999)
Knowledge management and process performance. In: Journal of Knowledge Management, Nr. 2, 3. Jg., 1999, S. 143 - 157.

Association for Computing Machinery (2020)
Proceedings of the 2020 3rd International Conference on Big Data Technologies, ICBDT 2020: 2020 3rd International Conference on Big Data Technologies, 18 09 2020 20 09 2020. Association for Computing Machinery, New York, NY, United States (2020) .

Bach, N. (2017)
Organisation - Gestaltung wertschöpfungsorientierter Architekturen, Prozesse und Strukturen, (2. Aufl. 2017) Springer Gabler, Wiesbaden, 2017.

Bayer, F. (2013)
Prozessmanagement Für Experten - Impulse Für Aktuelle und Wiederkehrende Themen, (1st ed.) Springer Berlin / Heidelberg, Berlin, Heidelberg, 2013.

Becker, J.; Bergener, P.; Weiß, B.; Winkelmann, A. (2010)
Pattern-Based Semi-Automatic Analysis of Weaknesses in Semantic Business Process Models in the Banking Sector. In: ECIS 2010 Proceedings, 2010.

Becker, J.; Kugeler, M.; Rosemann, M. (2012)
Prozessmanagement - Ein Leitfaden zur prozessorientierten Organisationsgestaltung, (Siebte, korrigierte und erweiterte Auflage) Springer Gabler, Berlin, Heidelberg, 2012.

Becker, M.; Buchkremer, R. (2019)
A practical process mining approach for compliance management. In: Journal of Financial Regulation and Compliance, Nr. 4, 27. Jg., 2019, S. 464 - 478.

Becker, T. (2008)
Prozesse in Produktion und Supply Chain optimieren, Springer Berlin Heidelberg, Berlin, Heidelberg, 2008.

Behrens, B.; Brosius, A.; Drossel, W.; Hintze, W.; Ihlenfeldt, S.; Nyhuis, P. (2022)
Production at the Leading Edge of Technology, Springer International Publishing, Cham, 2022.

Behrens, B.; Brosius, A.; Hintze, W.; Ihlenfeldt, S.; Wulfsberg, J. (2020)
Production at the leading edge of technology - WGP 2020. Lecture Notes in Production Engineering, Springer, Berlin, Heidelberg, 2020.

Beierle, C.; Kern-Isberner, G. (2019)
Methoden wissensbasierter Systeme, Springer Fachmedien Wiesbaden, Wiesbaden, 2019.

Bergener, P.; Delfmann, P.; Weiss, B.; Winkelmann, A. (2015)
Detecting potential weaknesses in business processes. In: Business Process Management Journal, Nr. 1, 21. Jg., 2015, S. 25 - 54.

Bodendorf, F. (2006)
Daten- und Wissensmanagement, (Zweite, aktualisierte und erweiterte Auflage) Springer Berlin Heidelberg, Berlin, Heidelberg, 2006.

Brocke, J.; Rosemann, M. (2010)
Handbook on Business Process Management 2 - Strategic Alignment, Governance, People and Culture, Springer-Verlag Berlin Heidelberg, Berlin, Heidelberg, 2010.

Cherni, J.; Martinho, R.; Ghannouchi, S. (2019)
Towards Improving Business Processes based on preconfigured KPI target values, Process Mining and Redesign Patterns. In: Procedia Computer Science, 164. Jg., 2019, S. 279 - 284.

Cho, M.; Song, M.; Comuzzi, M.; Yoo, S. (2017)
Evaluating the effect of best practices for business process redesign: An evidence-based approach based on process mining techniques. In: Decision Support Systems, 104. Jg., 2017, S. 92 - 103.

Christ, J. P. (2015)
Intelligentes Prozessmanagement, Springer Fachmedien Wiesbaden, Wiesbaden, 2015.

Coskun, S.; Basligil, H.; Baracli, H. (2008)
A weakness determination and analysis model for business process improvement. In: Business Process Management Journal, Nr. 2, 14. Jg., 2008, S. 243 - 261.

Dalmaris, P.; Tsui, E.; Hall, B.; Smith, B. (2007)
A framework for the improvement of knowledge-intensive business processes. In: Business Process Management Journal, Nr. 2, 13. Jg., 2007, S. 279 - 305.

Daniel, F.; Barkaoui, K.; Dustdar, S. (2012)
Business process management workshops - Part I, Springer-Verlag, Berlin, 2012.

Daniel, F.; Sheng, Q.; Motahari, H. (2019)
Business Process Management Workshops, Springer International Publishing, Cham, 2019.

Davenport, T.; Spanyi, A. (2019)
What Process Mining Is, and Why Companies Should Do It. URL: https://hbr.org/2019/04/what-process-mining-is-and-why-companies-should-do-it. Zuletzt geprüft am 14.01.2022.

Davenport, T. H. (1993)
Process innovation - Reengineering work through information technology, Harvard Business School Press, Boston Mass., 1993.

Deiser, O. (2010)
Einführung in die Mengenlehre, Springer Berlin Heidelberg, Berlin, Heidelberg, 2010.

Dooner, M.; Ellis, T.; Swift, K. (2001)
A technique for revealing and agreeing an agenda for process improvement. In: Journal of Materials Processing Technology, Nr. 1-3, 118. Jg., 2001, S. 216 - 218.

Duden (2022)
Duden. URL: https://www.duden.de/node/94549/revision/1227248. Zuletzt geprüft am 30.12.2022.

Dumas, M.; La Rosa, M.; Mendling, J.; Reijers, H. (2021)
Grundlagen des Geschäftsprozessmanagements - Übersetzt von Thomas Grisold, Steven Groß, Jan Mendling, Bastian Wurm, (1. Aufl. 2021) Springer Berlin Heidelberg, Berlin, Heidelberg, 2021.

Dumas, M.; La Rosa, M.; Mendling, J.; Reijers, H. A. (2018)
Fundamentals of Business Process Management, Springer Berlin Heidelberg, Berlin, Heidelberg, 2018.

Eberle, B. (1996)
Scamper - Games for Imagination Development, Prufrock Press Inc, 1996.

Ehrlenspiel, K.; Meerkamm, H. (2013)
Integrierte Produktentwicklung - Denkabläufe, Methodeneinsatz, Zusammenarbeit, (5., überarb. und erw. Aufl., [elektronische Ressource]) Hanser Verlag, München, 2013.

Fahland, D. (2020)
Process-Mining: Prozessanalyse mit Ereignisdaten. In: Laue, R./Koschmider, A./ et al. (Hrsg.): Prozessmanagement und Process-Mining - Grundlagen, 1. Auflage; De Gruyter; De Gruyter Oldenbourg, Berlin/München/Boston, 2020, S. 165 - 198.

Fakorede, O.; Davies, P. (2020)
Quantitative Measurable Concepts to Visualize Business Process Improvement. In: Association for Computing Machinery (Hrsg.): Proceedings of the 2020 3rd International Conference on Big Data Technologies, Association for Computing Machinery, New York, NY, United States, 2020, S. 147 - 154.

Falk, T. (2017)
Evaluation of a pattern-based approach for business process improvement. In: Leimeister, J. M./Brenner, W. (Hrsg.): Proceedings der 13. Internationalen Tagung der Wirtschaftsinformatik - Towards thought leadership in digital transformation,, 2017.

Falk, T.; Griesberger, P.; Johannsen, F.; Leist, S. (2013)
Patterns For Business Process Improvement - A First Approach. In: ECIS 2013 Completed Research, Nr. 151, 2013.

Falk, T.; Griesberger, P.; Leist, S. (2013)
Patterns as an Artifact for Business Process Improvement - Insights from a Case Study. In: Hutchison, D./Kanade, T./ et al. (Hrsg.): Design Science at the Intersection of Physical and Virtual Design, Springer Berlin Heidelberg, Berlin, Heidelberg, 2013, S. 88 - 104.

Fischer, M.; Imgrund, F.; Janiesch, C.; Winkelmann, A. (2020)
Strategy archetypes for digital transformation: Defining meta objectives using business process management. In: Information & Management, Nr. 5, 57. Jg., 2020.

Fleischmann, A.; Oppl, S.; Schmidt, W.; Stary, C. (2018)
Ganzheitliche Digitalisierung von Prozessen, Springer Fachmedien Wiesbaden, Wiesbaden, 2018.

Fluxicon (2022)
Lean-Six-Sigma_and_Process-Mining_Part-1, 2022.

Fowler, M. (2010)
Analysis patterns - Reusable object models, Addison-Wesley, Boston, 2010.

Front, A.; Rieu, D.; Santorum, M.; Movahedian, F. (2017)
A participative end-user method for multi-perspective business process elicitation and improvement. In: Software & Systems Modeling, Nr. 3, 16. Jg., 2017, S. 691 - 714.

Gadatsch, A. (2015)
Geschäftsprozesse analysieren und optimieren - Praxistools zur Analyse, Optimierung und Controlling von Arbeitsabläufen, Springer Vieweg, Wiesbaden, 2015.

Gadatsch, A. (2017)
Datenmodellierung für Einsteiger - Einführung in die Entity-Relationship-Modellierung und das Relationenmodell, Springer Vieweg, Wiesbaden, 2017.

Gadatsch, A. (2020)
Grundkurs Geschäftsprozess-Management, Springer Fachmedien Wiesbaden, Wiesbaden, 2020.

Galic, G.; Wolf, M. (2021)
Delivering Value with Process Analytics - Process Mining adoption and success factors, 2021.

Garcia, C.; Meincheim, A.; Filho, F.; Santos, E.; Scalabrin, E. (2019)
Getting Insights to Improve Business Processes with Agility: A Case Study Using Process Mining. In: 2019 IEEE International Conference on Systems, Man and Cybernetics (SMC), 2019. Jg., 2019, S. 1336 - 1343.

Gernert, C.; Köppen, V. (2006)
Geschäftsprozesse optimal gestalten. In: Wind, M./Kröger, D. (Hrsg.): Handbuch IT in der Verwaltung, Springer Berlin Heidelberg, 2006, S. 195 - 223.

Grisold, T.; Mendling, J.; Otto, M.; vom Brocke, J. (2021)
Adoption, use and management of process mining in practice. In: Business Process Management Journal, Nr. 2, 27. Jg., 2021, S. 369 - 387.

Gross, S.; Yeshchenko, A.; Djurica, D.; Mendling, J. (2020)
Process Mining Supported Process Redesign: Matching Problems with Solutions, CEUR, Riga, 2020.

Günther, C.; Rozinat, A.; van der Aalst, W. (2010)
Activity Mining by Global Trace Segmentation. In: Rinderle-Ma, S./Sadiq, S./ et al. (Hrsg.): Business Process Management Workshops - BPM 2009, Springer Berlin Heidelberg, Berlin, Heidelberg, 2010, S. 128 - 139.

Hammer, M. (2015)
What is Business Process Management. In: vom Brocke, J./Rosemann, M. (Hrsg.): Handbook on Business Process Management 1, Springer Berlin Heidelberg, Berlin, Heidelberg, 2015, S. 3 - 16.

Hammer, M.; Champy, J. (2001)
Reengineering the corporation - A manifesto for business revolution, HarperCollins Publishers, 2001.

Hansen, H. R.; Mendling, J.; Neumann, G. (2019)
Wirtschaftsinformatik - Grundlagen und Anwendungen, (12. völlig neu bearbeitete Auflage) De Gruyter, Berlin, Boston, 2019.

Hariyanti, E.; Djunaidy, A.; Siahaan, D. (2021)
Information security vulnerability prediction based on business process model using machine learning approach. In: Computers & Security, 110. Jg., 2021.

Heckl, D.; Moormann, J. (2010)
Process Performance Management. In: Brocke, J./Rosemann, M. (Hrsg.): Handbook on Business Process Management 2 - Strategic Alignment, Governance, People and Culture, Springer-Verlag Berlin Heidelberg, Berlin, Heidelberg, 2010, S. 115 - 135.

Heine, M.; Rehder, S. A.; Müller, M.; Madani, R.; Wagner, D. (2017)
Geschäftsprozessmanagement, (1st ed.) Kohlhammer Verlag, Stuttgart, 2017.

Hierzer, R. (2020)
Prozessoptimierung 4.0 - Den digitalen Wandel als Chance nutzen, (2. Auflage) Haufe Group, Freiburg, München, Stuttgart, 2020.

Hofmann, M. (2020)
Prozessoptimierung als ganzheitlicher Ansatz, Springer Fachmedien Wiesbaden, Wiesbaden, 2020.

Höhenberger, S.; Delfmann, P. (2015)
Supporting Business Process Improvement through Business Process Weakness Pattern Collections. In: Thomas, O./Teuteberg, F. (Hrsg.): Smart enterprise engineering - 12. Internationale Tagung Wirtschaftsinformatik (WI 2015): Tagungsband, Universität Osnabrück, Osnabrück, 2015, S. 378 - 392.

Horatzek, S. (2019)
Toolbox Prozessmanagement - Vorgehensmodell und praktische Methoden für Industrie und Dienstleistung, Hanser, München, 2019.

Hutchison, D.; Kanade, T.; Kittler, J.; Kleinberg, J.; Mattern, F.; Mitchell, J.; Naor, M.; Nierstrasz, O.; Pandu Rangan, C.; Steffen, B.; Sudan, M.; Terzopoulos, D.; Tygar, D.; Vardi, M.; Weikum, G.; v. Brocke, J.; Hekkala, R.; Ram, S.; Rossi, M. (2013)
Design Science at the Intersection of Physical and Virtual Design, Springer Berlin Heidelberg, Berlin, Heidelberg, 2013.

Hyötyläinen, T. (2015)
Steps to Improved Firm Performance with Business Process Management - Adding Business Value with Business Process Management and its Systems, Springer Gabler, Wiesbaden, 2015.

Jansen-Vullers, M.; Kleingeld, P.; Netjes, M. (2008)
Quantifying the Performance of Workflows. In: Information Systems Management, Nr. 4, 25. Jg., 2008, S. 332 - 343.

Jeston, J. (2017)
Business Process Management - Practical Guidelines to Successful Implementations, (4th ed.) Taylor and Francis, Milton, 2017.

Kaplan, R.; Norton, D. (2008)
Mastering the management system. In: Harvard Business Review, 2008, S. 1 - 17.

Koch, C.; Fedtke, S. (2020)
Robotic Process Automation, Springer Berlin Heidelberg, Berlin, Heidelberg, 2020.

Köhler, R. (1977)
Empirische und handlungstheoretische Forschungskonzeptionen in der Betriebswirtschaftslehre - Bericht über d. Tagung in Aachen, März 1976, Poeschel, Stuttgart, 1977.

Kohn, W.; Öztürk, R. (2011)
Statistik für Ökonomen, Springer Berlin Heidelberg, Berlin, Heidelberg, 2011.

Kornmeier, M. (2007)
Wissenschaftstheorie und wissenschaftliches Arbeiten - Eine Einführung für Wirtschaftswissenschaftler, Physica-Verlag HD, Heidelberg, 2007.

Krause, O.; Mertins, K. (2006)
Performance Management, (1. Aufl.) DUV Deutscher Universitäts-Verlag, 2006.

Kubicek, H. (1977)
Heuristische Bezugsrahmen und heuristisch angelegte Forschungsdesigns als Elemente einer Konstruktionsstrategie empirischer Forschung. In: Köhler, R. (Hrsg.): Empirische und handlungstheoretische Forschungskonzeptionen in der Betriebswirtschaftslehre - Bericht über d. Tagung in Aachen, März 1976, Poeschel, Stuttgart, 1977, S. 3 - 36.

Kumar, A.; Liu, R. (2020)
Business Workflow Optimization Through Process Model Redesign. In: IEEE Transactions on Engineering Management, 2020, S. 1 - 17.

Laue, R.; Koschmider, A.; Fahland, D. (2020)
Prozessmanagement und Process-Mining - Grundlagen, (1. Auflage) De Gruyter; De Gruyter Oldenbourg, Berlin/München/Boston, 2020.

Laufenberg, L. (1996)
Methodik zur integrierten Projektgestaltung für die situative Umsetzung des simultaneous engineering, Shaker, Aachen, 1996.

Leimeister, J.; Brenner, W. (2017)
Proceedings der 13. Internationalen Tagung der Wirtschaftsinformatik - Towards thought leadership in digital transformation, 13. Internationale Tagung Wirtschaftsinformatik, 12.-15.02.2017 (2017).

Liebetruth, T. (2020)
Analyse von Prozessen und Servicequalität. In: Liebetruth, T. (Hrsg.): Prozessmanagement in Einkauf und Logistik - Instrumente und Methoden für das Supply Chain Process Management, 2., aktualisierte und erweiterte Auflage; Springer Gabler, Wiesbaden, Germany, 2020, S. 67 - 105.

Liebetruth, T. (2020)
Prozessmanagement in Einkauf und Logistik - Instrumente und Methoden für das Supply Chain Process Management, (2., aktualisierte und erweiterte Auflage) Springer Gabler, Wiesbaden, Germany, 2020.

Liebetruth, T. (2020)
Prozessmodellierung. In: Liebetruth, T. (Hrsg.): Prozessmanagement in Einkauf und Logistik - Instrumente und Methoden für das Supply Chain Process Management, 2., aktualisierte und erweiterte Auflage; Springer Gabler, Wiesbaden, Germany, 2020, S. 27 - 65.

Liewald, M.; Verl, A.; Bauernhansl, T.; Möhring, H.-C. (2023)
Production at the Leading Edge of Technology - WGP 2022, (1st ed. 2023) Springer International Publishing; Imprint Springer, Cham, 2023.

Limam Mansar, S.; Reijers, H. (2007)
Best practices in business process redesign: use and impact. In: Business Process Management Journal, Nr. 2, 13. Jg., 2007, S. 193 - 213.

Lohrmann, M.; Reichert, M. (2016)
Effective application of process improvement patterns to business processes. In: Software & Systems Modeling, Nr. 2, 15. Jg., 2016, S. 353 - 375.

Manderscheid, J.; Röglinger, M.; Ruby, T.; Seyfried, J. (2017)
Design it like Darwin 2.0 - An Evolutionary Algorithm for Automatic Process Redesign, 2017.

Meise, V. (2001)
Ordnungsrahmen zur prozessorientierten Organisationsgestaltung. Modelle für das Management komplexer Reorganisationsprojekte, Verlag Dr. Kovac GmbH, Hamburg, 2001.

Mueller-Wickop, N.; Schultz, M. (2013)
ERP Event Log Preprocessing: Timestamps vs. Accounting Logic. In: Hutchison, D./Kanade, T./ et al. (Hrsg.): Design Science at the Intersection of Physical and Virtual Design, Springer Berlin Heidelberg, Berlin, Heidelberg, 2013, S. 105 - 119.

Nakajima, S. (1988)
Introduction to TPM - Total productive maintenance, Productivity Press, Cambridge, Massachusetts, 1988.

Netjes, M. (2010)
Process improvement: the creation and evaluation of process alternatives, Technische Universiteit Eindhoven, 2010.

Nguyen, G.-T. (2020)
Siemens: Driving Global Change with the Digital Fit Rate in Order2Cash. In: Reinkemeyer, L. (Hrsg.): Process Mining in Action, Springer International Publishing, Cham, 2020, S. 49 - 57.

Niedermann, F. (2015)
Deep Business Optimization - Concepts and Architecture for an Analytical Process Optimization Platform, Institut für Parallele und Verteilte Systeme (IPVS) der Universität Stuttgart, 2015.

Obermeier, S.; Fischer, H.; Fleischmann, A.; Dirndorfer, M. (2014)
Geschäftsprozesse realisieren, Springer Fachmedien Wiesbaden, Wiesbaden, 2014.

Osborn, A. F. (1953)
Applied imagination - Principles and procedures of creative thinking, Charles Scribner's sons, New York, 1953.

Outmazgin, N.; Soffer, P. (2016)
A process mining-based analysis of business process work-arounds. In: Software & Systems Modeling, Nr. 2, 15. Jg., 2016, S. 309 - 323.

Park, S.; Kang, Y. (2016)
A Study of Process Mining-based Business Process Innovation. In: Procedia Computer Science, 91. Jg., 2016, S. 734 - 743.

Peters, R.; Nauroth, M. (2019)
Process-Mining, Springer Fachmedien Wiesbaden, Wiesbaden, 2019.

Peters, R.; Nauroth, M. (2019)
Process-Mining im Vergleich zu anderen Methoden. In: Peters, R./Nauroth, M. (Hrsg.): Process-Mining, Springer Fachmedien Wiesbaden, Wiesbaden, 2019, S. 17 - 24.

Peters, R.; Nauroth, M. (2019)
Was ist Process-Mining. In: Peters, R./Nauroth, M. (Hrsg.): Process-Mining, Springer Fachmedien Wiesbaden, Wiesbaden, 2019, S. 3 - 16.

Pfeiffer, D. (2007)
Constructing comparable conceptual models with domain specific languages. In: ECIS 2007 Proceedings, Nr. 154, 2007.

Povey, B. (1998)
The development of a best practice business process improvement methodology. In: Benchmarking for Quality Management & Technology, Nr. 1, 5. Jg., 1998, S. 27 - 44.

Presley, A.; Liles, D. (1995)
The use of IDEF0 for the design ans specification of methodologies. In: Proceedings of the 4th industrial engineering research conference, 1995.

Quick, D.; Eissen, J.; Genge, N. (2019)
How Intelligent Processes Differentiate Best-Run Businesses in the Digital Economy - Using Process Mining and Process Monitoring to Create a Foundation for Data-Based Process Excellence, 2019.

Reijers, H.; Liman Mansar, S. (2005)
Best practices in business process redesign: an overview and qualitative evaluation of successful redesign heuristics. In: Omega, Nr. 4, 33. Jg., 2005, S. 283 - 306.

Reijers, H. A. (2003)
Design and Control of Workflow Processes - Business Process Management for the Service Industry, Springer-Verlag Berlin Heidelberg, Berlin, Heidelberg, 2003.

Reinkemeyer, L. (2020)
Challenges, Pitfalls, and Failures. In: Reinkemeyer, L. (Hrsg.): Process Mining in Action, Springer International Publishing, Cham, 2020, S. 37 - 40.

Reinkemeyer, L. (2020)
People: The Human Factor. In: Reinkemeyer, L. (Hrsg.): Process Mining in Action, Springer International Publishing, Cham, 2020, S. 27 - 30.

Reinkemeyer, L. (2020)
Process Mining in a Nutshell. In: Reinkemeyer, L. (Hrsg.): Process Mining in Action, Springer International Publishing, Cham, 2020, S. 3 - 10.

Reinkemeyer, L. (2020)
Process Mining in Action, Springer International Publishing, Cham, 2020.

Richter, M. M. (1992)
Prinzipien der Künstlichen Intelligenz, Vieweg+Teubner Verlag, Wiesbaden, 1992.

Rinderle-Ma, S.; Sadiq, S.; Leymann, F. (2010)
Business Process Management Workshops - BPM 2009, Springer Berlin Heidelberg, Berlin, Heidelberg, 2010.

Rittmeier, F.; Engels, G.; Teetz, A. (2019)
Process Weakness Patterns for the Identification of Digitalization Potentials in Business Processes. In: Daniel, F./Sheng, Q. Z./ et al. (Hrsg.): Business Process Management Workshops, Springer International Publishing, Cham, 2019, S. 531 - 542.

Robbins, S. P.; Judge, T. A. (2013)
Essentials of Organizational Behavior, (12) Pearson, 2013.

Rohrbach, B. (1969)
Kreativ nach Regeln–Methode 635, eine neue Technik zum Lösen von Problemen. In: Absatzwirtschaft, Nr. 19, 1969, S. 73 - 76.

Rosemann, M. (2014)
Proposals for Future BPM Research Directions. In: van der Aalst, W./Mylopoulos, J./ et al. (Hrsg.): Asia Pacific Business Process Management, Springer International Publishing, Cham, 2014, S. 1 - 15.

Rosemann, M. (2021)
Geleitwort Grundlagen des Geschäftsprozessmanagements. In: Dumas, M./La Rosa, M./ et al. (Hrsg.): Grundlagen des Geschäftsprozessmanagements - Übersetzt von Thomas Grisold, Steven Groß, Jan Mendling, Bastian Wurm, 1. Aufl. 2021; Springer Berlin Heidelberg, Berlin, Heidelberg, 2021.

Rosemann, M.; Schwegmann, A.; Delfmann, P. (2012)
Vorbereitung der Prozessmodellierung. In: Becker, J./Kugeler, M./ et al. (Hrsg.): Prozessmanagement - Ein Leitfaden zur prozessorientierten Organisationsgestaltung, Siebte, korrigierte und erweiterte Auflage; Springer Gabler, Berlin, Heidelberg, 2012, S. 47 - 111.

Rupp, C.; die SOPHISTen (2014)
Requirements-Engineering und -Management, Carl Hanser Verlag GmbH & Co. KG, München, 2014.

Rupp, C.; Joppich, R. (2014)
Anforderungsschablonen – der MAST e R-Plan für gute Anforderungen. In: Rupp, C./die SOPHISTen (Hrsg.): Requirements-Engineering und -Management, Carl Hanser Verlag GmbH & Co. KG, München, 2014, S. 215 - 246.

Sandhya, N.; Sri Lalitha, Y.; Sowmya, V.; Anuradha, K.; Govardhan, A. (2011)
Analysis of Stemming Algorithm for Text Clustering,, 2011.

Schiefer, H.; Schiefer, F. (2018)
Statistik für Ingenieure, Springer Fachmedien Wiesbaden, Wiesbaden, 2018.

Schmelzer, H. J.; Sesselmann, W. (2013)
Geschäftsprozessmanagement in der Praxis - Kunden zufriedenstellen, Produktivität steigern, Wert erhöhen, (8., überarbeitete und erweiterte Auflage) Hanser, München, 2013.

Schmelzer, H. J.; Sesselmann, W. (2020)
Geschäftsprozessmanagement in der Praxis - Kunden zufriedenstellen, Produktivität steigern, Wert erhöhen, (9., vollständig überarbeitete Auflage) Carl Hanser Verlag GmbH & Co. KG, München, 2020.

Schmitz, S.; Renneberg, F.; Cremer, S.; Gützlaff, A.; Schuh, G. (2020)
Definition of Process Performance Indicators for the Application of Process Mining in End-to-End Order Processing Processes. In: Behrens, B./Brosius, A./ et al. (Hrsg.): Production at the leading edge of technology - WGP 2020. Lecture Notes in Production Engineering, Springer, Berlin, Heidelberg, 2020, S. 670 - 679.

Schopen, M.; Geesmann, L.; Schmitz, S.; Gützlaff, A.; Schuh, G. (2022)
Databased Decision Support for the Design of Business Processes in Manufacturing Companies. In: Behrens, B./Brosius, A./ et al. (Hrsg.): Production at the Leading Edge of Technology, Springer International Publishing, Cham, 2022, S. 565 - 573.

Schopen, M.; Schmitz, S.; Gützlaff, A.; Schuh, G. (2023)
Data-based Measure Derivation for Business Process Design. In: Liewald, M./Verl, A./ et al. (Hrsg.): Production at the Leading Edge of Technology - WGP 2022, 1st ed. 2023; Springer International Publishing; Imprint Springer, Cham, 2023, S. 564 - 573.

Schuh, G. (2006)
Change management - Prozesse strategiekonform gestalten, Springer, Berlin, 2006.

Schuh, G.; Boos, W.; Kuhlmann, K.; Rittstieg, M. (2010)
Bewertung von Geschäftsprozessen in indirekten Bereichen. In: ZWF Zeitschrift für wirtschaftlichen Fabrikbetrieb, Nr. 4, 105. Jg., 2010, S. 265 - 270.

Schuh, G.; Guetzlaff, A.; Schmitz, S.; Schopen, M.; Broehl, F. (2021)
Event Log-based Weaknesses Detection in Business Processes. In: 2021 IEEE International Conference on Industrial Engineering and Engineering Management (IEEM), 2021. Jg., 2021, S. 734 - 738.

Schuh, G.; Guetzlaff, A.; Schmitz, S.; Schopen, M.; Obladen, A. (2022)
Performance-based Decision Support for Business Process Analysis and Design. In: 2022 IEEE International Conference on Industrial Engineering and Engineering Management (IEEM), 2022. Jg., 2022, S. 1376 - 1380.

Schuh, G.; Gützlaff, A.; Schmitz, S.; van der Aalst, W. (2020)
Data-based description of process performance in end-to-end order processing. In: CIRP Annals, Nr. 1, 69. Jg., 2020, S. 381 - 384.

Schuh, G.; Kampker, A. (2011)
Strategie und Management produzierender Unternehmen - Handbuch Produktion und Management 1, (2., vollst. neu bearb. und erw. Aufl.) Springer-Verlag Berlin Heidelberg, Berlin, Heidelberg, 2011.

Schuh, G.; Kampker, A.; Stich, V.; Kuhlmann, K. (2011)
Prozessmanagement. In: Schuh, G./Kampker, A. (Hrsg.): Strategie und Management produzierender Unternehmen - Handbuch Produktion und Management 1, 2., vollst. neu bearb. und erw. Aufl.; Springer-Verlag Berlin Heidelberg, Berlin, Heidelberg, 2011, S. 327 - 382.

Schuh, G.; Schmitz, S.; Schopen, M. (2023)
Procedure for Hybrid Process Analysis and Design. In: Proceedings of the Conference on Production Systems and Logistics: CPSL 2023, 2023.

Schulte-Zurhausen, M. (2013)
Organisation, Vahlen, 2013.

Schwab, J. (2013)
Geschäftsprozessmanagement mit Visio, ViFlow und MS Project, (3., überarb. Aufl.) Hanser, München, 2013.

Schwegmann, A.; Laske, M. (2012)
Istmodellierung und Istanalyse. In: Becker, J./Kugeler, M./ et al. (Hrsg.): Prozessmanagement - Ein Leitfaden zur prozessorientierten Organisationsgestaltung, Siebte, korrigierte und erweiterte Auflage; Springer Gabler, Berlin, Heidelberg, 2012, S. 165 - 194.

Seeliger, A.; Nolle, T.; Mühlhäuser, M. (2018)
ProcessExplorer: An Interactive Visual Recommendation System for Process Mining. In: KDD 2018 Workshop on Interactive Data Exploration and Analytics, London, UK, 2018.

Seethamraju, R.; Marjanovic, O. (2009)
Role of process knowledge in business process improvement methodology: a case study. In: Business Process Management Journal, Nr. 6, 15. Jg., 2009, S. 920 - 936.

Shah, L.; Etienne, A.; Siadat, A.; Vernadat, F. (2012)
(Value, Risk)-based Performance Evaluation of Manufacturing Processes. In: IFAC Proceedings Volumes, Nr. 6, 45. Jg., 2012, S. 1586 - 1591.

Sharma, A.; Khan, F.; Sharma, D.; Gupta, S. (2020)
Python: the programming language of future. In: International Journal of Innovative Research in Technology, Nr. 12, 6. Jg., 2020, S. 115 - 118.

Sharp, A.; McDermott, P. (2009)
Workflow modeling - Tools for process improvement and applications development, (Second edition) Artech House, Boston, London, 2009.

Sommerfeld, J. (1974)
Mathematik, Gabler Verlag, Wiesbaden, 1974.

Speck, M.; Schnetgöke, N. (2012)
Sollmodellierung und Prozessoptimierung. In: Becker, J./Kugeler, M./ et al. (Hrsg.): Prozessmanagement - Ein Leitfaden zur prozessorientierten Organisationsgestaltung, Siebte, korrigierte und erweiterte Auflage; Springer Gabler, Berlin, Heidelberg, 2012, S. 195 - 228.

Stöger, R. (2018)
Prozessmanagement - Kundennutzen, Produktivität, Agilität, (4., überarbeitete Auflage) Schäffer-Poeschel Verlag für Wirtschaft Steuern Recht GmbH, Stuttgart, 2018.

Styczynski, Z. A.; Rudion, K.; Naumann, A. (2017)
Einführung in Expertensysteme, Springer Berlin Heidelberg, Berlin, Heidelberg, 2017.

Tarski, A. (1936)
Einführung in die Mathematische Logik - Und in die Methoologie der Mathematik, 1936.

Tenera, A.; Pinto, L. (2014)
A Lean Six Sigma (LSS) Project Management Improvement Model. In: Procedia - Social and Behavioral Sciences, 119. Jg., 2014, S. 912 - 920.

Thomas, O.; Teuteberg, F. (2015)
Smart enterprise engineering - 12. Internationale Tagung Wirtschaftsinformatik (WI 2015): Tagungsband, Universität Osnabrück, Osnabrück, 2015.

Tomczak, T. (1992)
Forschungsmethoden in der Marketingwissenschaft - Ein Plädoyer für den qualitativen Forschungsansatz. In: Marketing ZFP, Nr. 2, 14. Jg., 1992, S. 77 - 87.

Ulrich, H.; Dyllick, T.; Probst, G. (1984)
Management, Haupt, Bern & Stuttgart, 1984.

Ulrich, P.; Hill, W. (1976)
Wissenschaftstheoretische Grundlagen der Betriebswirtschaftslehre. In: WiSt Wirtschaftswissenschaftliches Studium - Zeitschrift für Ausbildung und Hochschulkontakt, Nr. 7, 5. Jahrgang, 1976, S. 304 - 309.

van den Ingh, L.; Eshuis, R.; Gelper, S. (2021)
Assessing performance of mined business process variants. In: Enterprise Information Systems, Nr. 5, 15. Jg., 2021, S. 676 - 693.

van der Aalst, W. (2016)
Data Science in Action. In: van der Aalst, W. (Hrsg.): Process Mining - Data Science in Action, Springer Berlin Heidelberg, Berlin, Heidelberg, 2016, S. 3 - 23.

van der Aalst, W. (2016)
Getting the Data. In: van der Aalst, W. (Hrsg.): Process Mining - Data Science in Action, Springer Berlin Heidelberg, Berlin, Heidelberg, 2016, S. 125 - 162.

van der Aalst, W. (2016)
Process Mining - Data Science in Action, Springer Berlin Heidelberg, Berlin, Heidelberg, 2016.

van der Aalst, W. (2016)
Process Mining: The Missing Link. In: van der Aalst, W. (Hrsg.): Process Mining - Data Science in Action, Springer Berlin Heidelberg, Berlin, Heidelberg, 2016, S. 25 - 52.

van der Aalst, W. (2021)
Hybrid Intelligence: to automate or not to automate, that is the question,, 2021.

van der Aalst, W.; Adriansyah, A.; Medeiros, A. de; Arcieri, F.; Baier, T.; Blickle, T.; Bose, J.; van den Brand, P.; Brandtjen, r.; Buijs, J.; Burattin, A.; Carmona, J.; Castellanos, M.; Claes, J.; Cook, J.; Costantini, N.; Curbera, F.; Damiani, E.; Leoni, M. de; Delias, P.; van Dongen, B.; Dumas, M.; Dustdar, S.; Fahland, D.; Ferreira, D.; Gaaloul, W.; van Geffen, F.; Goel, S.; Günther, C.; Guzzo, A.; Harmon, P.; ter Hofstede, A.; Hoogland, J.; Ingvaldsen, J.; Kato, K.; Kuhn, R.; Kumar, A.; La Rosa, M.; Maggi, F.; Malerba, D.; Mans, R.; Manuel, A.; McCreesh, M.; Mello, P.; Mendling, J.; Montali, M.; Motahari-Nezhad, H.; zur Muehlen, M.; Munoz-Gama, J.; Pontieri, L.; Ribeiro, J.; Rozinat, A.; Seguel Pérez, H.; Seguel Pérez, R.; Sepúlveda, M.; Sinur, J.; Soffer, P.; Song, M.; Sperduti, A.; Stilo, G.; Stoel, C.; Swenson, K.; Talamo, M.; Tan, W.; Turner, C.; Vanthienen, J.; Varvaressos, G.; Verbeek, E.; Verdonk, M.; Vigo, R.; Wang, J.; Weber, B.; Weidlich, M.; Weijters, T.; Wen, L.; Westergaard, M.; Wynn, M. (2012)
Process Mining Manifesto. In: Daniel, F./Barkaoui, K./ et al. (Hrsg.): Business process management workshops - Part I, Springer-Verlag, Berlin, 2012, S. 169 - 194.

van der Aalst, W.; Desel, J.; Oberweis, A. (2000)
Business Process Management, Springer Berlin Heidelberg, Berlin, Heidelberg, 2000.

van der Aalst, W.; La Rosa, M.; Santoro, F. (2016)
Business Process Management. In: Business & Information Systems Engineering, Nr. 1, 58. Jg., 2016, S. 1 - 6.

van der Aalst, W.; Mylopoulos, J.; Rosemann, M.; Shaw, M.; Szyperski, C.; Ouyang, C.; Jung, J.-Y. (2014)
Asia Pacific Business Process Management, Springer International Publishing, Cham, 2014.

van Hee, K.; Reijers, H. (2000)
Using Formal Analysis Techniques in Business Process Redesign. In: van der Aalst, W./Desel, J./ et al. (Hrsg.): Business Process Management, Springer Berlin Heidelberg, Berlin, Heidelberg, 2000, S. 142 - 160.

van Looy, A.; Shafagatova, A. (2016)
Business process performance measurement: a structured literature review of indicators, measures and metrics. In: SpringerPlus, Nr. 1, 5. Jg., 2016, S. 1797.

Vergidis, K.; Tiwari, A.; Majeed, B. (2008)
Business Process Analysis and Optimization: Beyond Reengineering. In: IEEE Transactions on Systems, Man, and Cybernetics, Part C (Applications and Reviews), Nr. 1, 38. Jg., 2008, S. 69 - 82.

vom Brocke, J.; Rosemann, M. (2015)
Handbook on Business Process Management 1, Springer Berlin Heidelberg, Berlin, Heidelberg, 2015.

Wagner, K. W.; Patzak, G. (2020)
Performance Excellence - der Praxisleitfaden zum effektiven Prozessmanagement, (3., überarbeitete und erweiterte Auflage) Hanser, München, 2020.

Wannes, A.; Ghannouchi, S. (2019)
KPI-Based Approach for Business Process Improvement. In: Procedia Computer Science, 164. Jg., 2019, S. 265 - 270.

Weske, M. (2012)
Business Process Management, Springer Berlin Heidelberg, Berlin, Heidelberg, 2012.

Weske, M. (2012)
Introduction. In: Weske, M. (Hrsg.): Business Process Management, Springer Berlin Heidelberg, Berlin, Heidelberg, 2012, S. 3 - 23.

Weske, M. (2019)
Business Process Management, Springer Berlin Heidelberg, Berlin, Heidelberg, 2019.

Wiendahl, H.-P.; Wiendahl, H.-H. (2020)
Betriebsorganisation für Ingenieure, (9., vollständig überarbeitete Auflage) Hanser, München, 2020.

Wind, M.; Kröger, D. (2006)
Handbuch IT in der Verwaltung, Springer Berlin Heidelberg, 2006.

Wolf, E.; Appelhans, L.; Klose, R. (2013)
Organisatorische Prozessoptimierung. In: Bayer, F. (Hrsg.): Prozessmanagement Für Experten - Impulse Für Aktuelle und Wiederkehrende Themen, 1st ed.; Springer Berlin / Heidelberg, Berlin, Heidelberg, 2013, S. 203 - 221.

You, E. (2023)
Introduction | Vue.js - What is Vue. URL: https://vuejs.org/guide/introduction.html#what-is-vue. Zuletzt geprüft am 07.04.2023.

zur Mühlen, M.; Hansmann, H. (2012)
Workflowmanagement. In: Becker, J./Kugeler, M./ et al. (Hrsg.): Prozessmanagement - Ein Leitfaden zur prozessorientierten Organisationsgestaltung, Siebte, korrigierte und erweiterte Auflage; Springer Gabler, Berlin, Heidelberg, 2012, S. 367 - 400.

Betreute studentische Arbeiten

Während der Erstellung der Dissertation hat der Autor unter wissenschaftlicher und inhaltlicher Leitung verschiedene studentische Arbeiten betreut, die Teilaspekte einer datenbasierten hybriden Analyse und Gestaltung von Geschäftsprozessen untersuchen. Die Erkenntnisse wurden im Rahmen der vorliegenden Dissertation an unterschiedlichen Stellen aufgegriffen:

Bröhl, Florian

Modellierung von Schwachstellen in Geschäftsprozessen für die datenbasierte Identifikation mit Process Mining, Masterarbeit, 2021. Die Erkenntnisse sind in Kapitel 2, 3.2, 5.1.1 und 5.1.2 eingeflossen.

Alpaydin, Efe

Modeling of process improvement measures in business processes for data-based derivation with process mining, Masterarbeit, 2021. Die Erkenntnisse sind in Kapitel 2, 3.2 und 5.2 eingeflossen.

Obladen, Alexander

Datenbasierte Leistungsbewertung und Entscheidungsunterstützung für die Gestaltung von Geschäftsprozessen, Masterarbeit, 2021. Die Erkenntnisse sind in Kapitel 2, 3.2, 5.1.3 und 5.3 eingeflossen.

Kaschel, Carolin

Implementierung und Validierung einer datenbasierten Entscheidungsunterstützung für die Prozessgestaltung, Masterarbeit, 2023. Die Erkenntnisse sind in Kapitel 5.3 und 6 eingeflossen.

9 Anhang

9.1 Ergänzende Erläuterungen Prozessschwachstellen

Identifizierung Prozessschwachstellentyp „Unpassender Aktivitätenumfang" über den Variationskoeffizienten

Die Identifizierung des Prozessschwachstellentyps *Unpassender Aktivitätenumfang* erfolgt über den Variationskoeffizienten, um bei Prozessaktivitäten mit einer geringen Standardisierung Beschleunigungspotenziale zu identifizieren. Die Betrachtung absoluter Beschleunigungen unabhängig von der Variation der Bearbeitungszeiten ist im Anwendungskontext nicht zielführend. Ziel- bzw. Planwerte für einzelne Aktivitäten liegen nicht vor und deren Bestimmung für jede Prozessaktivität wäre sehr aufwändig. Alternativ immer die Bearbeitungszeiten einzelner Prozessaktivitäten gegen die historisch minimal gemessene Bearbeitungszeit zu vergleichen, würde dazu führen, dass in allen anderen Prozessinstanzen an diesem Prozessschritt der Prozessschwachstellentyp „Unpassender Umfang" erkannt werden würde. Dies würde die Ergebniskomplexität und den Verarbeitungsaufwand um ein Vielfaches erhöhen und damit einer der Ziele der Methodik, der Aufwandsreduktion, widerstreben.

9.2 Ergänzende Quantifizierungsannahmen Prozessschwachstellen

Redundante Aktivität

Die Deklarierung der zweiten Ausführung einer Aktivität als schwachstellenbehaftet angenommen wird, beruht auf folgender Annahme: Dem Eventlog können keine Information darüber entnommen werden, welche Ursache die redundante Aktivitätenausführung ausgelöst hat. Liegt der Grund für die Redundanz in einer unvollständigen ersten Ausführung müssten für die Schwachstellenbewertung sowohl Zeitanteile der initialen wie auch der folgenden Ausführungen berücksichtigt werden. Ist ein Fehler in der ersten Ausführung Auslöser der Wiederholung, müsste nur diese Fehlerzeit als Schwachstelle bewertet werden. Dabei kann nicht bestimmt werden, ob die benötigte

Zeit der wiederholten Ausführung in von partiellen Ergebnissen der ersten Ausführung profitieren würde und somit kürzer als für eine vollständige Ausführung erforderlich ausfällt. Da diese Unklarheit hinsichtlich des Auslösers der Redundanz nicht aus den Eventlogs ermittelt werden kann wird die oben beschriebene Annahme getroffen. Damit wird dem Ansatz Rechnung getragen, dass die erste Ausführung zwar unvollständig erfolgte, jedoch bereits einen Großteil der erforderlichen Umfänge korrekt ausgeführt wurde. Somit stellt die Verwendung dieser Zeit als schwachstellenfreie Zeit die am besten geeignete Annäherung dar. Die damit einhergehende Unschärfe wird aufgrund ungenügender Eingangsinformationen akzeptiert.

Rückschleife

Der Quantifizierungsannahme, dass die zweite Ausführung einer Aktivitätensequenz als schwachstellenbehaftet angenommen wird, liegt dieselbe Annahme wie bei der redundanten Aktivität zugrunde.

9.3 Quantifizierungsschemata für Prozessschwachstellen

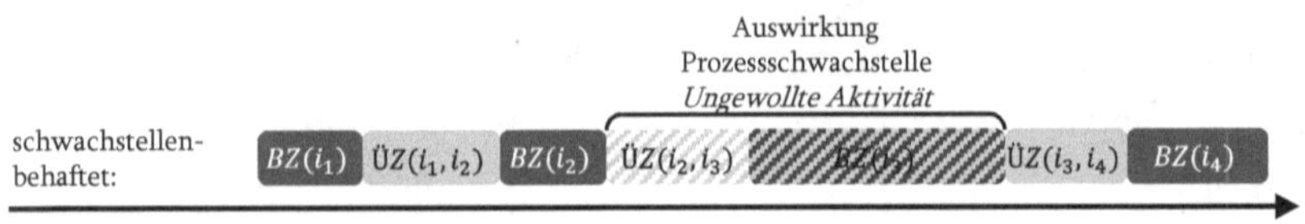

Abbildung 9.1: Prozessschwachstellenauswirkung: Ungewollte Aktivität

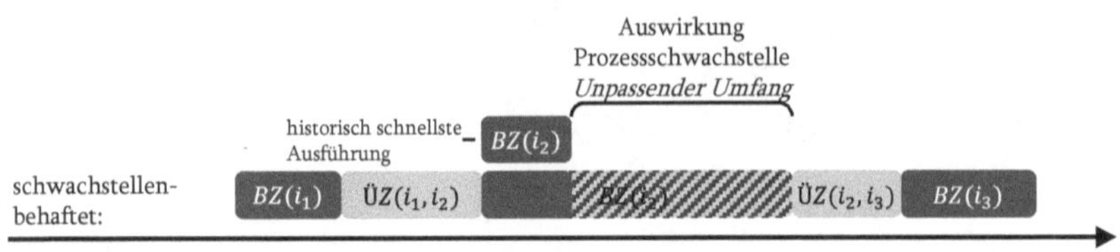

Abbildung 9.2: Prozessschwachstellenauswirkung: Unpassender Umfang

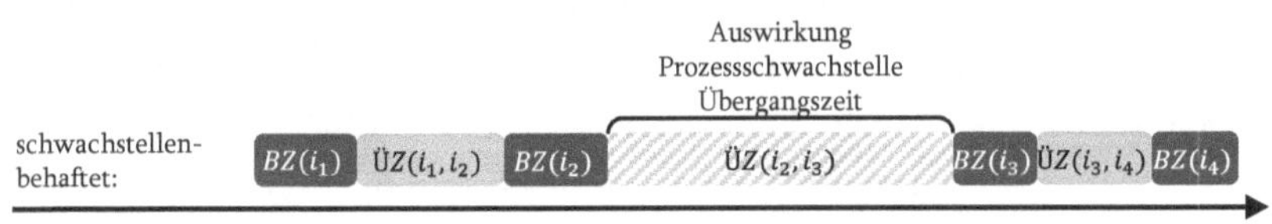

Abbildung 9.3: Prozessschwachstellenauswirkung: Übergangszeit

9.4 Quantifizierung Parallelisierungspotenzial

Parallelisierungspotenziale haben keine Auswirkung auf die in der Entscheidungsunterstützung berücksichtigte Zykluszeit. Da Parallelisierungspotenziale und ihr Effekt auf die Durchlaufzeit in der betrieblichen Praxis relevant für die Geschäftsprozessverbesserung sind, soll die zeitliche Schwachstellenauswirkung durch (ungenutzte) Parallelisierungspotenziale dennoch erläutert werden. Der Durchlaufzeitenverlust beläuft sich auf die Zeitdifferenz zwischen der erfassten sequenziellen Durchlaufzeit und der Durchlaufzeit im parallelisierten Zustand. Die Herausforderung bei der Schwachstellenquantifizierung ist es, unter den potenziell parallelisierbaren Ereignissen den kritischen Pfad, also das Ereignis mit der längsten Summe aus Bearbeitungs- und Übergangszeiten, zu identifizieren. Der kritische Pfad bestimmt die verbleibende minimale Durchlaufzeit nach Parallelisierung und damit die Durchlaufzeit im fehlerfreien Zustand. Da die Schwachstellenquantifizierung mehrere Aktivitäten umfasst, erfolgt die Quantifizierung für die Durchlaufzeit (DLZ) auf Prozessinstanzebene.

Formel 9.1: Schwachstellenauswirkung (DLZ): Parallelisierungspotenzial

$$T_{SPAR}(i_*, i_{**}, m) = \begin{Bmatrix} t_{end}(i_{**}, m) - t_{start}(i_*, m), für\ i_* = i_1 \\ t_{end}(i_{**}, m) - t_{end}(i_{*-1}, m), für\ i_* \in \{i_2, \dots, i_k\} \end{Bmatrix}$$
$$- \begin{Bmatrix} \max_{i \in \{i_*, i_{**}\}} t_{end}(i, m) - t_{start}(i, m)\,, für\ i = i_1 \\ \max_{i \in \{i_*, i_{**}\}} t_{end}(i, m) - t_{end}(i_{-1}, m)\,, für\ i \in \{i_2, \dots, i_k\} \end{Bmatrix}$$
$$mit\ (i_*, i_{**}) \in P_{SPAR}(n^*, n^{**})$$

mit (i_*, i_{**}) Ereignistupel der parallelisierbaren Ereignisse

Zur Untersuchung der prozessstrukturellen Auswirkung der Maßnahme *Parallelisierung* werden die Ereignisse der zu parallelisierenden Aktivitäten in vergangenen Prozessinstanzen parallelisiert. Dabei bleiben die Übergangszeiten vor den Ereignissen erhalten, d.h. die parallelen Prozesspfade beginnen mit den Übergangszeiten der zu parallelisierenden Ereignisse. Die beiden Prozesspfade konvergieren dann zeitlich am Endzeitpunkt des Ereignisses mit der größten Summe aus Übergangs- und Bearbeitungszeit. Für eine Prozessinstanz bestimmt sich die retrograd-kalkulatorische Maßnahmenauswirkung durch die Differenz der Durchlaufzeit im sequenziellen und im kalkulatorisch parallelisierten Zustand. In beiden Fällen ergibt sich die Durchlaufzeit des Prozessabschnitts aus der Zeitspanne vom Beginn der Übergangszeit des ersten zu parallelisierenden Ereignisses bis zum Ende des letzten Ereignisses des zu parallelisierenden Prozessabschnitts. Die Auswirkung des Maßnahmentyps ist in Abbildung 9.4 schematisch dargestellt.

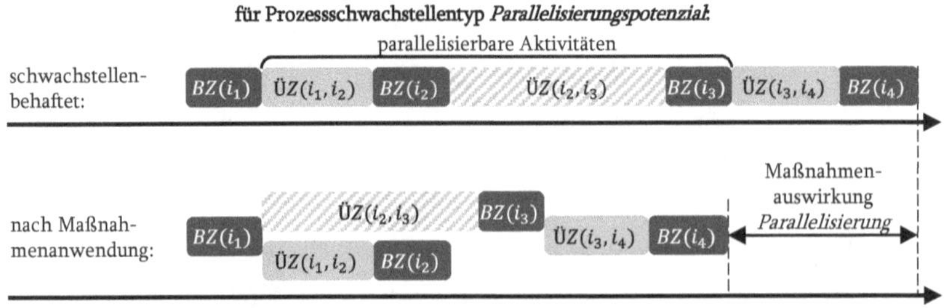

Abbildung 9.4: Maßnahmenauswirkung: Parallelisierung

Die Auswirkung des Maßnahmentyps *Parallelisierung* auf die Durchlaufzeit kann mathematisch wie folgt ausgedrückt werden

Formel 9.2: Maßnahmenauswirkung (DLZ): Parallelisierung

$$T_{MPAR}(i_*, i_{**}, m) = \begin{Bmatrix} t_{end}(i_{**}, m) - t_{start}(i_*, m), für\ i_* = i_1 \\ t_{end}(i_{**}, m) - t_{end}(i_{*-1}, m), für\ i_* \in \{i_2, \dots, i_k\} \end{Bmatrix}$$
$$- \begin{Bmatrix} \max_{i \in \{i_*, i_{**}\}} t_{end}(i, m) - t_{start}(i, m), für\ i = i_1 \\ \max_{i \in \{i_*, i_{**}\}} t_{end}(i, m) - t_{end}(i_{-1}, m), für\ i \in \{i_2, \dots, i_k\} \end{Bmatrix}$$
$$mit\ (i_*, i_{**}) \in P_{SPAR}(n^*, n^{**})$$

mit (i_*, i_{**}) Ereignistupel der parallelisierbaren Ereignisse

9.5 Quantifizierung OPE-relevanter Kennzahlen und Zeiten

9.5.1 Prozessinstanzebene

Formel 9.3: Kontinuitätsverlust [%] der Prozessinstanz

$$KoV(m) = \frac{T_{relKoV}(m)}{ZZ(m)}$$

Formel 9.4: Linearitätsverlust [%] der Prozessinstanz

$$LiV(m) = \frac{T_{relLiV}(m)}{ZZ(m)}$$

Formel 9.5: **Leistungsverlust [%] der Prozessinstanz**

$$LeV(m) = \frac{T_{relLeV}(m)}{ZZ(m)}$$

Formel 9.6: **Gesamtverlust [%] der Prozessinstanz**

$$GeV(m) = KoV(m) + LiV(m) + LeV(m)$$

Formel 9.7: **Kontinuitätsgrad [%] der Prozessinstanz**

$$KoG(m) = \frac{ZZ(m) - T_{relKoV}(m)}{ZZ(m)}$$

Formel 9.8: **Linearitätsgrad [%] der Prozessinstanz**

$$LiG_m = \frac{ZZ(m) - T_{relKoV}(m) - T_{relLiG}(m)}{ZZ(m) - T_{relKoV}(m)}$$

Formel 9.9: **Leistungsgrad [%] der Prozessinstanz**

$$LeG_m = \frac{ZZ(m) - T_{relKoV}(m) - T_{relLiV}(m) - T_{relLeV}(m)}{ZZ(m) - T_{relKoV}(m) - T_{relLiV}(m)}$$

9.5.2 Prozessmodellebene

Formel 9.10: **Relevante Kontinuitätsverlustzeit des Prozessmodells**

$$T_{relKoV}(M) = \frac{\sum_{m\in M}^{M} T_{relSTRA}(i_1, i_2, m)}{|M|}$$

Formel 9.11: **Relevante Linearitätsverlustzeit des Prozessmodells**

$$T_{relLiV}(M) = \frac{\sum_{m\in M}^{M} T_{relSRED}(i_*, m)}{|M|} + \frac{\sum_{m\in M}^{M} T_{relSLOP}(i_*, \dots, i_{*+k}, m)}{|M|} + \frac{\sum_{m\in M}^{M} T_{relSUNW}(i_*, m)}{|M|}$$

Formel 9.12: **Relevante Leistungsverlustzeit des Prozessmodells**

$$T_{relLeV}(M) = \frac{\sum_{m\in M}^{M} T_{relSUNS}(i_*, m)}{|M|}$$

Formel 9.13: **Relevante Gesamtverlustzeit des Prozessmodells**

$$T_{relGeV}(M) = T_{relKoV}(M) + T_{relLiV}(M) + T_{relLeV}(M)$$

Formel 9.14: **Durchschnittliche Zykluszeit des Prozessmodells**

$$ZZ(M) = \frac{\sum_{m \in M}^{M} ZZ(m)}{|M|}$$

Formel 9.15: **Prozessschwachstellenfreie Zykluszeit Prozessmodell**

$$ZZ_{Sfrei}(M) = \frac{\sum_{m \in M}^{M} ZZ_{Sfrei}(m)}{|M|} = \frac{\sum_{m \in M}^{M} ZZ(m) - T_{relGeV}(m)}{|M|}$$

Formel 9.16: **Kontinuitätsverlust [%] des Prozessmodells**

$$KoV(M) = \frac{\sum_{m \in M}^{M} KoV(m)}{|M|} = \frac{\sum_{m \in M}^{M} \left(1 - \frac{T_{relKoV}(m)}{ZZ(m)}\right)}{|M|}$$

Formel 9.17: **Linearitätsverlust [%] des Prozessmodells**

$$LiV(M) = \frac{\sum_{m \in M}^{M} LiV(m)}{|M|} = \frac{\sum_{m \in M}^{M} \left(1 - \frac{T_{relLiV}(m)}{ZZ(m)}\right)}{|M|}$$

Formel 9.18: **Leistungsverlust [%] des Prozessmodells**

$$LeV(M) = \frac{\sum_{m \in M}^{M} LeV(m)}{|M|} = \frac{\sum_{m \in M}^{M} \left(1 - \frac{T_{relLeV}(m)}{ZZ(m)}\right)}{|M|}$$

Formel 9.19: **Gesamtverlust [%] des Prozessmodells**

$$GeV(M) = KoV(M) + LiV(M) + LeV(M)$$

Formel 9.20: **Kontinuitätsgrad [%] des Prozessmodells**

$$KoG(M) = \frac{\sum_{m \in M}^{M} KoG(m)}{|M|} = \frac{\sum_{m \in M}^{M} \left(\frac{ZZ(m) - T_{relKoV}(m)}{ZZ(m)}\right)}{|M|}$$

Formel 9.21: **Linearitätsgrad [%] des Prozessmodells**

$$LiG(M) = \frac{\sum_{m \in M}^{M} LiG(m)}{|M|} = \frac{\sum_{m \in M}^{M} \left(\frac{ZZ(m) - T_{relKoV}(m) - T_{relLiV}(m)}{ZZ(m) - T_{relKoV}(m)}\right)}{|M|}$$

Formel 9.22: Leistungsgrad [%] des Prozessmodells

$$LeG(M) = \frac{\sum_{m\in M}^{M} LeG(m)}{|M|}$$

$$= \frac{\sum_{m\in M}^{M} \left(\frac{ZZ(m) - T_{relKoV}(m) - T_{relLiV}(m) - T_{relLeV}(m)}{ZZ(m) - T_{relKoV}(m) - T_{relLiV}(m)} \right)}{|M|}$$

9.6 Ergänzende Erläuterung OPE-Potenzial Beschleunigung

Die Grundlogik zur Quantifizierung von OPE-Potenzialen gemäß Formel 5.29 gilt für alle Maßnahmentypen außer den Sonderfall der Maßnahme *Beschleunigung* zur Behebung des Prozessschwachstellentyps *Unpassender Aktivitätenumfang*. Bei Ausführung einer Beschleunigung sinkt die Zykluszeit einer Prozessinstanz nur um die Maßnahmenauswirkung der *Beschleunigung* (z. B. Beschleunigung der Bearbeitungszeit eines Ereignisses um 30 Minuten gemäß dem Ziel-Quantil), die relevante Gesamtverlustzeit sinkt jedoch um den Zeitumfang der Prozessschwachstellenauswirkung, da nach *Beschleunigung* der Aktivitäten der Variationskoeffizient der Bearbeitungszeiten unter den Grenzvariationskoeffizienten fällt und damit keine Prozessschwachstelle mehr vorliegt. Nachfolgendes fiktives Beispiel soll den Sachverhalt exemplarisch darlegen: Der prozessinstanzübergreifende Variationskoeffizient der Bearbeitungszeit einer Aktivität „Vormontage" übersteigt mit 50 % den Grenzvariationskoeffizienten von 30 % und wird daher als Prozessschwachstelle *Unpassender Aktivitätenumfang* identifiziert. In einer betrachteten Prozessinstanz beträgt die Bearbeitungszeit der Vormontage 50 Minuten. Die minimale Bearbeitungszeit der Vormontage in allen historischen Prozessinstanzen beträgt 10 Minuten, das 90 %-Quantil der kürzesten Bearbeitungszeiten beträgt 20 Minuten. Die Verlustwirkung der Prozessschwachstelle an der Vormontage in der betrachteten Prozessinstanz beträgt (vgl. Formel 5.14) demnach 40 Minuten als Zeitdifferenz gegenüber der historisch schnellsten Aktivitätenausführung (vgl. Formel 5.14). Die zeitliche Maßnahmenauswirkung an der Vormontage in der betrachteten Prozessinstanz beträgt 30 Minuten als Zeitdifferenz gegenüber dem Ziel-Quantil der Bearbeitungszeit für die zu beschleunigende Aktivität (vgl. Formel 5.18). Durch Anwendung der Maßnahme wird die Bearbeitungszeit der Vormontage in der betrachteten Prozessinstanz um 30 Minuten beschleunigt, sodass auch die Zykluszeit der Prozessinstanz um 30 Minuten sinkt. Die Verlustzeit der Prozessinstanz sinkt bezogen auf dieses Ereignis jedoch nicht um 30 Minuten, sondern um

40 Minuten. Durch die kalkulatorische *Beschleunigung* der Aktivität auf das 90 %-Quantil von 20 Minuten werden retrograd-kalkulatorisch rund 90 % der Ereignisse dieser Aktivität auf 20 Minuten beschleunigt. Der Variationskoeffizient der Bearbeitungszeit der Vormontage sinkt dadurch unter den Grenzvariationskoeffizienten von 30 %, sodass die Prozessschwachstelle behoben ist. Die noch verbleibende Differenz zwischen der Ziel-Bearbeitungszeit von 20 Minuten und der minimalen Bearbeitungszeit von 10 Minuten werden aufgrund der Unterschreitung des Grenzvariationskoeffizienten demnach nicht mehr als Verlustzeit ausgewiesen. Da die Prozessschwachstelle *Unpassender Aktivitätenumfang* an der Aktivität Vormontage gänzlich entfällt, reduziert sich die Verlustzeit in der betrachteten Prozessinstanz um 40 Minuten, obwohl nur eine *Beschleunigung* und damit Zykluszeitreduktion um 30 Minuten ausgeführt wurde. Dass der Variationskoeffizient durch eine Beschleunigung unter den Grenzvariationskoeffizienten fällt, wird aus mehreren Gründen angenommen. Inhaltlich soll die Beschleunigung einer Prozessaktivität die zugrundeliegende Prozessschwachstelle *Unpassender Aktivitätenumfang* vollständig beheben. Mathematisch werden durch die Verkürzung der Bearbeitungszeit auf ein Ziel-Quantil, das in der Praxis im Bereich zwischen 80 % und 100 % erwartet wird, dementsprechend 80 % bis 100 % der auftretenden Bearbeitungszeiten einer Aktivität auf einen gleichen Wert, den des Quantils, angepasst. Die Streuung der Stichprobe wird dadurch auf einen sehr kleinen Wert reduziert, der einen erwartungsgemäßen Grenzvariationskoeffizienten in der Praxis unterschreitet. Aus diesem Grund weicht die Formel zur Quantifizierung des OPE-Potenzials für die Maßnahme *Beschleunigung* von den anderen Quantifizierungen ab (vgl. Tabelle 5.10).

In der Reihe **Ergebnisse aus der Produktionstechnik** zuletzt erschienen:

Schopen, Marco:
Datenbasierte hybride Analyse und Gestaltung von Geschäftsprozessen
ISBN: 978-3-98555-217-7
Erscheinungsdatum: 22.05.2024

Seelbach, Tobias:
Prädiktion der Maßhaltigkeit beim Räumen von Profilnuten
ISBN: 978-3-98555-213-9
Erscheinungsdatum: 21.05.2024

Theling, Julian:
Auslegung von Planetengetrieben im elastischen Verzahnungsumfeld unter Berücksichtigung der Wechselwirkungen des Mehrfacheingriffes
ISBN: 978-3-98555-205-4
Erscheinungsdatum: 26.03.2024

Schukat, Esben:
Kapazitätsorientierte Auftragsfreigabe in matrixstrukturierten Montagesystemen
ISBN: 978-3-98555-189-9
Erscheinungsdatum: 20.02.2024

Metzmacher, Amelie Isabel:
Beschäftigungsfähigkeit im produzierenden Sektor – Entwicklung des Predictive Model of Industrial Employability
ISBN: 978-3-98555-201-6
Erscheinungsdatum: 13.02.2024

Scholzen, Philipp:
Auslegung geräuschoptimierter pulvermetallurgischer Stirnradverzahnungen
ISBN: 978-3-98555-216-0
Erscheinungsdatum: 21.05.2024

Fiedler, Falko:
Produkt- und prozessseitige Auslegung von bauteilintegrierten Vorrichtungsfunktionen
ISBN: 978-3-98555-206-1
Erscheinungsdatum: 02.04.2024

Hohenstein, Steffen:
Multidirektionaler Aufbau in der additiven Fertigung von Kunststoffen
ISBN: 978-3-98555-203-0
Erscheinungsdatum: 05.03.2024

Ochel, Janis:
Datengetriebene Strukturierung von NC-Zerspanprozessen
ISBN: 978-3-98555-204-7
Erscheinungsdatum: 14.02.2024

Schulz, Malena:
Digital Twin Methodology for the Automated Fiber Placement with In-situ Consolidation of Thermoplastic Tape
ISBN: 978-3-98555-195-8
Erscheinungsdatum: 30.01.2024

Edition Wissenschaft
Apprimus

Olivier, Marcel:
Abtragmechanismen beim drahtfunkenerosiven Bearbeiten elektrisch leitfähiger Keramiken im kohlenwasserstoffbasierten Dielektrikum
ISBN: 978-3-98555-200-9
Erscheinungsdatum: 30.01.2024

Schweins, Julian:
Datengestützte Gestaltung des nachhaltigen Werkzeuglebenszyklus
ISBN: 978-3-98555-197-2
Erscheinungsdatum: 22.01.2024

Landwehr, Markus:
Modellierung und Vorhersage des eigenspannungsbedingten Bauteilverzugs bei der Fräsbearbeitung
ISBN: 978-3-98555-194-1
Erscheinungsdatum: 09.01.2024

Ecker, Christian:
Flexible Inbetriebnahme roboterbasierter Montagesysteme durch Prozessdemonstration
ISBN: 978-3-98555-189-7
Erscheinungsdatum: 11.12.2023

Goergen, Fabian:
Analogieversuch zur Erzeugung von Zahnflankenbrüchen an Stirnrädern
ISBN: 978-3-98555-191-0
Erscheinungsdatum: 11.12.2023

Padberg, Melanie:
Ansätze der inhärent sicheren Konstruktion modifizierbarer, cyberphysischer Produktionssysteme
ISBN: 978-3-98555-184-2
Erscheinungsdatum: 07.12.2023

Studerus, Bastian:
Gestaltung von Kooperationen zwischen Technologiekonzernen und Start-ups
ISBN: 978-3-98555-186-6
Erscheinungsdatum: 04.12.2023

Wlecke, Shari:
Industrialisierung hochiterativ entwickelter Produkte
ISBN: 978-3-98555-171-2
Erscheinungsdatum: 13.11.2023

Riedel, Jörn:
Scannendes Verfahren zur flexiblen Messung asphärischer Optiken
ISBN: 978-3-98555-177-4
Erscheinungsdatum: 31.10.2023

Müller, Clemens:
Elektrische Widerstandserwärmung von Blechwerkstoffen zur Steigerung der Umformbarkeit
ISBN: 978-3-98555-175-0
Erscheinungsdatum: 16.10.2023

Buckhorst, Armin Friedrich:
Planung und Steuerung von Abläufen in linienlosen mobilen Montagesystemen
ISBN: 978-3-98555-174-3
Erscheinungsdatum: 26.09.2023

Scheuer, Thomas:
Fähigkeitsbündel zur Steigerung der Arbeitsproduktivität für intelligente produzierende Unternehmen
ISBN: 978-3-98555-173-6
Erscheinungsdatum: 25.09.2023

Edition Wissenschaft
Apprimus

MIX
Papier | Fördert gute Waldnutzung
FSC® C083411

Zeitfracht Medien GmbH
Ferdinand-Jühlke-Straße 7
99095 Erfurt, Deutschland
produktsicherheit@kolibri360.de